はじめて学ぶ
生命科学の基礎

畠山智充・小田達也 編著

ESSENTIALS OF LIFE SCIENCE

化学同人

● 編　者

畠山　智充　　長崎大学大学院工学研究科　教授
小田　達也　　長崎大学大学院水産・環境科学総合研究科　教授

● 著　者（五十音順）

小田　達也	長崎大学大学院水産・環境科学総合研究科　教授	1, 7, 8章
木村　吉伸	岡山大学大学院自然科学研究科　教授	3章
郷田秀一郎	創価大学糖鎖生命システム融合研究所　教授	4, 5, 9章
田中　修司	長崎大学大学院工学研究科　准教授	6章
新留　琢郎	熊本大学大学院自然科学研究科　教授	2章
畠山　智充	長崎大学大学院工学研究科　教授	1, 4, 8, 9章

まえがき

　生命科学とよばれる学問分野は，近年，急速に進展しており，毎日のように多くの新しい研究成果が発表されている．生命に関する知識は，われわれ自身の体や生活に密接に関係するものであり，この分野を専門にしている人たちのみならず，一般的な知識として，多くの人たちにとっても重要なものになっている．例えば，インフルエンザやエイズをはじめとするさまざまなウイルス病に対する予防や治療，アレルギーなどの自己免疫疾患の問題，遺伝病，さらに日常の食生活にも密接にかかわる遺伝子組換え食品など，これらは，いずれも生命科学の研究成果と密接に関連する話題である．大学においても，生物や生命に関連する基礎的な授業は教養課程(全学教育課程)などにおいて広く行われているが，今日の生命科学にかかわる範囲は膨大なものであり，工学系や文系などの，高校時代に生物学にあまり触れてこなかった人たちにとっては，まずこの分野の大まかな内容を知るための基礎的な教科書が有用であろう．

　本書は，特に生物学を専門としていない学部生や，より本格的な生物学，生化学，分子生物学等を学ぶ前に基本的事項を学ぼうという人たちに読んでいただくことを想定している．そのため，できるだけそれぞれの項目の要点のみを抽出し，分量がコンパクトになるように要約した．しかし，そのようななかにも生命科学を本格的に勉強するうえで必要不可欠な事項を網羅するように努めたつもりである．

　現代の生命科学を理解するためには，DNAの二重らせん構造の発見に象徴されるように，生体を構成する分子の構造と機能を理解することが不可欠である．本書でも，第1章で生命のはじまりと細胞の基本構造について述べた後，第2章と第3章では，生体分子の基本的な構造と性質についてまず解説している．第4章から第6章では，これらの生体分子が細胞の基本的な機能においてどのように働いているかを述べ，第7章と第8章では，細胞の増殖，情報伝達，免疫など，細胞どうしのコミュニケーションが重要な役割を果たしている現象について取り上げた．そして最後の第9章では，生物の進化と多様性について解説している．近年，分子レベルでの突然変異と進化との関係が特に大きな注目を集めているので，このことについても解説を加えている．

　このように，本書は，生物の基本単位である細胞の機能を，生体分子の相互作用から理解することに特に重点をおいている．一見，複雑で何か不思議な力で生きているように見える生物も，実は生体分子一つ一つの巧妙な働きによって生命が保たれてい

るのである.それらを知ることによって,より深く生命の不思議を実感できるのではないだろうか.本書を通じて,生命科学のおもしろさ,奥深さ,さらにこれからの大きな将来性に興味をもつ人たちが増えることを期待したい.

　最後に,本書の出版にあたって多大なご尽力をいただいた(株)化学同人の稲見國男さんと浅井　歩さんに,深く感謝致します.

著者一同

目　次

第1章　生命のはじまり　　1

1.1　生命の起源と生物の分類 …………………………………………………………… 1
- 1.1.1　生命の起源　*1*
- 1.1.2　生物の自己複製能　*3*
- 1.1.3　生物の進化と遺伝的変異　*5*
- 1.1.4　生物の分類　*6*
- 1.1.5　特殊な存在 ——ウイルス　*8*

1.2　細胞の基本的な構造と機能 ………………………………………………………… 10
- 1.2.1　細胞は生命の基本単位　*10*
- 1.2.2　真核細胞と原核細胞　*10*
- 1.2.3　生体膜の構造　*12*
- 1.2.4　細胞小器官　*14*

章末問題　*18*

Column　メンデルの発見　*6*／顕微鏡あれこれ　*13*／ミトコンドリアと葉緑体の起源　*16*

第2章　生体分子 I　—アミノ酸，タンパク質，核酸　　19

2.1　アミノ酸とタンパク質 ……………………………………………………………… 19
- 2.1.1　アミノ酸の構造　*20*
- 2.1.2　ペプチド結合　*23*
- 2.1.3　タンパク質の一次構造決定法　*24*
- 2.1.4　タンパク質の二次構造　*26*
- 2.1.5　タンパク質の超二次構造　*29*
- 2.1.6　タンパク質の三次構造　*29*
- 2.1.7　タンパク質の四次構造　*31*
- 2.1.8　タンパク質の変性と再生　*32*

2.2　核　酸 ………………………………………………………………………………… 33
- 2.2.1　DNA　*33*
- 2.2.2　DNAの二重らせん構造　*34*
- 2.2.3　RNA　*37*
- 2.2.4　RNAの多様な構造　*37*

章末問題　*38*

Column　ペプチド結合の立体構造　*26*

第3章　生体分子 II　—糖質，脂質　　39

3.1　糖　質 ………………………………………………………………………………… 39
- 3.1.1　糖質の役割　*40*
- 3.1.2　単　糖 ——糖の最小単位　*40*
- 3.1.3　単糖の立体構造とコンフォメーション　*43*
- 3.1.4　単糖の誘導体　*45*

3.2　グリコシド結合の形成と二糖・多糖・複合糖質 ……………………………………… 47

3.2.1 二 糖　48	3.2.3 複合糖質　52
3.2.2 多 糖　49	3.2.4 糖タンパク質・糖脂質の糖鎖機能　54

3.3 脂　質 ･･･ 56
　　3.3.1 脂質の役割　56　　　　　　　　3.3.2 脂質の分類と構造　57
　章末問題　65

Column 　グルコースの構造にみる動的平衡　44 ／がんと糖鎖　55 ／トランス脂肪酸　59

第4章　タンパク質の構造と機能　　67

4.1 酸素運搬タンパク質 ―ミオグロビンとヘモグロビン ････････････････････ 67
　　4.1.1 ミオグロビンとヘモグロビンの構造　69　　4.1.3 ヘモグロビンにおける酸素結合と構造の
　　4.1.2 ミオグロビンとヘモグロビンにおける機能　　　　関係　72
　　　　　の違い　71

4.2 酵　素 ･･･ 75
　　4.2.1 酵素の特異性　75　　　　　　4.2.4 酵素反応の特徴　79
　　4.2.2 酵素の分類　77　　　　　　　4.2.5 基質濃度と酵素の反応速度論　79
　　4.2.3 酵素を構成する物質　77　　　4.2.6 酵素反応の制御　81

4.3 力を生みだすタンパク質 ･･･ 82
　　4.3.1 筋肉を構成するタンパク質と筋収縮の仕組　4.3.2 細胞の運動や細胞内物質輸送にかかわるタ
　　　　　み　82　　　　　　　　　　　　　　　　　ンパク質　84
　章末問題　88

Column 　タンパク質のかたちを知る　72 ／"やわらかい"タンパク質　76

第5章　細胞内のエネルギー代謝　　89

5.1 エネルギーの通貨 ATP と酸化還元補酵素 ･････････････････････････････ 90
5.2 糖の酸化的分解と ATP 生産 ･･ 92
　　5.2.1 解糖系　92　　　　　　　　　5.2.4 糖新生　95
　　5.2.2 解糖系の反応の制御　93　　　5.2.5 クエン酸回路　96
　　5.2.3 ピルビン酸のゆくえ　94　　　5.2.6 電子伝達と ATP 合成　98

5.3 光合成 ･･ 100
　　5.3.1 明反応　101　　　　　　　　5.3.2 暗反応　103

5.4 脂肪酸の β 酸化 ･･ 104
　章末問題　106

Column 　熱に強いタンパク質　93 ／本当に ATP シンターゼは回転しているか　100

第6章　生物の遺伝情報　―複製，転写，翻訳　　107

6.1 遺伝情報の流れ ･･ 107

6.2 DNAの複製 ········· 109
- 6.2.1 半保存的複製　109
- 6.2.2 複製フォークと半不連続複製　110
- 6.2.3 DNAポリメラーゼ　111
- 6.2.4 大腸菌DNAの複製機構　112
- 6.2.5 DNAポリメラーゼの応用　115

6.3 DNAからRNAへの転写 ········· 118
- 6.3.1 RNAの種類　118
- 6.3.2 RNAポリメラーゼによる転写　119
- 6.3.3 転写の調節　122
- 6.3.4 RNAの転写後プロセシング　124

6.4 RNAからタンパク質への翻訳 ········· 125
- 6.4.1 mRNAと遺伝暗号　125
- 6.4.2 アミノアシルtRNA　127
- 6.4.3 リボソームの構造　129
- 6.4.4 翻訳過程　129

章末問題　132

Column RNA干渉　122／ES細胞とiPS細胞　128

第7章　細胞の増殖　133

7.1 細胞周期 ········· 133
- 7.1.1 分裂の速度　133
- 7.1.2 細胞周期の詳細　134

7.2 体細胞分裂 ········· 136
- 7.2.1 有糸分裂　136
- 7.2.2 細胞質分裂　137

7.3 減数分裂 ········· 137
- 7.3.1 生　殖　137
- 7.3.2 減数分裂　138
- 7.3.3 相同染色体間の交差　139

7.4 発生と分化 ········· 140
- 7.4.1 胚の形成　140
- 7.4.2 発生の制御　142
- 7.4.3 胚の方向性の決定と分化の制御　142
- 7.4.4 ホメオボックス遺伝子　143

7.5 細胞死 ········· 145
- 7.5.1 アポトーシス　145
- 7.5.2 アポトーシス誘導機構　146

7.6 がん ········· 146
- 7.6.1 がんとはどのような病気か　146
- 7.6.2 がん細胞の性質　147
- 7.6.3 がん細胞が生まれる過程　148
- 7.6.4 がんの原因　149
- 7.6.5 がん関連遺伝子（がん遺伝子）　152

7.7 クローン動物 ········· 154
- 7.7.1 クローン動物とは　154
- 7.7.2 クローンカエル　154
- 7.7.3 哺乳類のクローン　155

章末問題　156

Column 身近にある遺伝子組換え技術　135／有性生殖が生みだす生物多様性は生き物の生き残り戦略　139／小さな線虫の研究からわかったアポトーシスの仕組み　145／がんをいかに治療するか　153

第8章　細胞のさまざまな機能　157

8.1 細胞における情報伝達 ········· 157

- 8.1.1 シグナル分子と受容体　*158*
- 8.1.2 シグナル伝達様式　*159*
- 8.1.3 細胞内シグナル伝達　*160*

8.2 感覚の受容 ……………………………………………………………………………… *164*
- 8.2.1 味覚受容　*164*
- 8.2.2 嗅覚受容　*164*
- 8.2.3 視覚受容　*165*

8.3 生体防御と免疫 ………………………………………………………………………… *167*
- 8.3.1 自然免疫　*167*
- 8.3.2 獲得免疫　*169*
- 8.3.3 液性免疫　*170*
- 8.3.4 細胞性免疫　*173*
- 8.3.5 免疫反応が引き起こす病気　*175*
- 8.3.6 エイズ（AIDS）　*176*

章末問題　*178*

Column　細胞膜をはさんだイオン濃度の差　161／ジェンナーとワクチン　172

第9章　生物の進化と多様性　　　　　　　　　　　　　　　　　179

9.1 生物は進化する ………………………………………………………………………… *179*
9.2 変異と進化 ——変異はどのように生じるか ………………………………………… *180*
- 9.2.1 塩基の変化による突然変異　*181*
- 9.2.2 遺伝的組換え　*183*
- 9.2.3 動く遺伝子 ——トランスポゾン　*184*
- 9.2.4 変異と自然選択　*185*

9.3 分子進化と中立説 ……………………………………………………………………… *185*

章末問題　*187*

Column　鎌状赤血球貧血とマラリアの意外な関係　185

索引　*189*

《章末問題の解答は化学同人ホームページに掲載しています》

第1章
生命のはじまり

　地球上にはさまざまな生物が絶妙な生態系のバランスを保ちながら生きている．このような多彩な生物を生みだした原因は何なのだろうか．その問いに対するはっきりした答えは，今のところだれももちあわせていない．地球上には多くの生物が生きており，それぞれ複雑な構造や興味深い特徴をもっている．それらに共通する原理を詳しく調べることにより，生命の誕生に関する疑問に答えを見いだすことができるかもしれない．

1.1　生命の起源と生物の分類

　約46億年前に地球ができて以来，生物は地球上のさまざまな場所で，時間とともに変化する環境に合わせて形態を変えながら現在の多様な生物へと進化してきた．地球上には，知られているだけでも約150万種の生物が存在しており，実際の数はこの数倍にのぼるといわれている．それらの生物が住んでいる環境はそれぞれ非常に異なっており，光がほとんど届かない水深数千メートルの超高圧の深海に生きる生物もいれば，100℃以上の高熱環境で生育する微生物もいる．このことは，生物がいかに幅広い能力をもっているかを示していると同時に，生物がどのように生まれ，どのようにしてこのようなさまざまな能力を獲得してきたのかという疑問をわれわれに問いかける．
　ここではまず，地球上に初めて現れた生物がどのようなものだったのか，そして，それらがどのようにして現在の多様な生物へと進化してきたのかについて考えてみよう．

1.1.1　生命の起源
　生物とは一体どのようなものなのだろうか．
　生物の定義として，「膜で外界と仕切られ，その内部で化学反応（代謝）を

行うとともに，自分自身と同じものを複製して増殖する能力をもつもの」という文言が一般によく用いられる．生物が進化することによって環境に適応しながら地球上で生きのびてきたことを考えると，自分自身を複製して増殖するという能力は，生物として特に重要であると思われる．それでは，このような自己複製能を備えた生物(生命体)は，どのようなきっかけで地球上に現れたのであろうか．

これについては，現在でもはっきりしたことはわかっていない．それどころか，最初の生命体は地球上で発生したのではなく，宇宙から隕石に運ばれてやってきたのではないかという考えすらある[*1]．しかしながら，多くの科学者は，地球上で何らかの過程を通して無機物質から有機物質が生みだされ，それが自発的に自己複製能をもったものが生物の起源ではないかと考えている．そのようにして生まれた自己複製能をもつ単純な生命体が，さらに脂質などでできた膜で取り囲まれ，そのなかでより効率的な化学反応(代謝)を進めることができるようになり，現在の生物の最小単位である「**細胞**(cell)」が生まれたのであろう，という考えである．

このように，生物を構成する物質が地球上で無機物質から自発的につくりだされたという考えの大きな根拠となったのは，1953年に発表されたユーリー(H. Urey)とミラー(S. Miller)の実験である．彼らは，原始地球の大気に存在したと考えられる水素(H_2)，メタン(CH_4)，アンモニア(NH_3)，水蒸気(H_2O)の混合気体中で雷を模した放電を起こし，数日後にどのような物質が生成するかを調べた(**図 1.1**)．その結果，ギ酸(HCOOH)，乳酸($CH_3CHOHCOOH$)などの有機物に加えて，グリシン，アラニン，グルタミン酸，アスパラギン酸のような**アミノ酸**(amino acid)[*2]までもが生成されることが明らかになった．また，気体の組成を変えることによって，アミノ

[*1] パンスペルミア説とよばれる．

[*2] アミノ酸は，生物の体を構成するタンパク質の材料である(第2章を参照)．

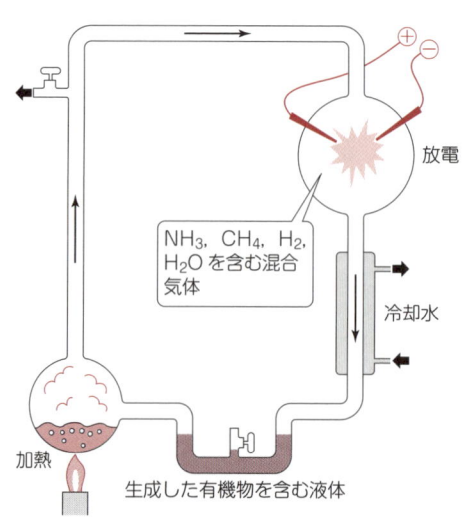

図1.1 ミラーの実験の模式図
ユーリーとミラーは，原始大気中にアンモニア，メタン，水素が多量に存在したと考え，水蒸気とともにこれらの気体中で放電を数日間行った．その結果，数種のアミノ酸などのタンパク質の素材となる物質が生成することが確認された．

酸だけではなく，DNA や RNA などの核酸を構成する塩基や糖も生成することが確かめられた．現在，原始地球の大気は，ユーリーとミラーが想定した物質組成とは異なっていることがわかっているが，これらの実験は，条件が整えば雷や放射線のようなエネルギーをもとに，比較的簡単な無機物質から生体を構成する複雑な有機物質が生みだされる可能性があることを示した点で示唆に富むものである．

　現在の生物をかたちづくるものの最小単位は細胞である．細胞は，10〜100 μm[*3]の大きさをした，脂質膜で取り囲まれた袋のようなものと考えてよい．現在知られている最も古い生物の化石[*4]は，約25億年前の岩石から見いだされたものである．直径 1〜2 μm の球状で，まわりを細胞壁で囲まれた，現在の細菌のような単細胞生物だと考えられている．このことから，地球上に現れた初期の生物も，現在の細菌と似た，膜で包まれた構造をもつ単細胞生物であったものと思われる．

[*3] 1 μm は 10^{-6} m（1000分の1 mm）である．

[*4] シアノバクテリア（ラン藻類）のもので，かろうじて顕微鏡で観察できるほどの微小なものである．

1.1.2 生物の自己複製能

　生物がもつ最大の特徴は自己複製能である．自分自身と同じものを複製し増殖を続けることができなければ，進化は起こりえない．初期の生物が自己複製を行うために用いたのは，どのような物質だったのだろうか．現在の生物は，ほとんどが DNA（デオキシリボ核酸，図 1.2）を遺伝物質としてもっており，そのなかに書き込まれた多くの情報をもとにタンパク質や酵素などを合成して，生命活動に必要なエネルギーや物質を生みだしている．DNA に含まれる膨大な情報はそのすべてがいつも発現して（読みだされて）いるのではなく，状況に応じて必要とされる遺伝子だけが，いったん RNA（リボ

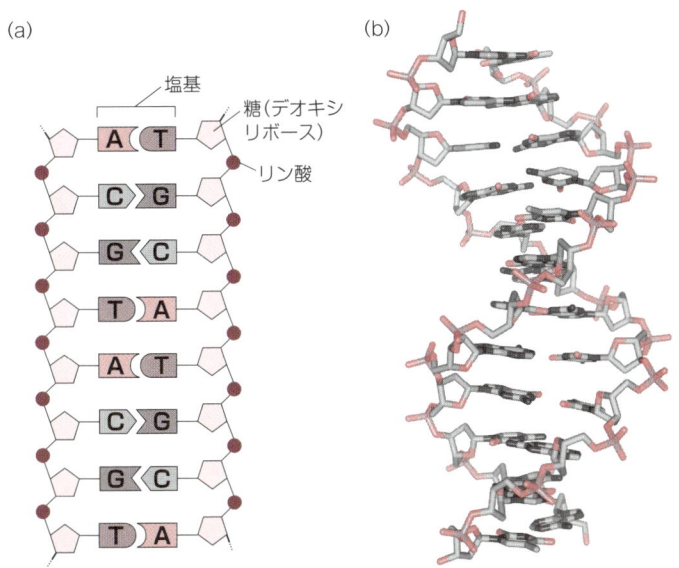

図 1.2 DNA の構造
(a) DNA は逆平行に並んだ2本鎖が，A と T，C と G の間で相補的な塩基対を形成している．(b) DNA の二重らせん構造．

核酸)に転写され，その情報をもとに**リボソーム**(ribosome)というタンパク質合成装置がタンパク質を合成している．この一連の流れは，"**セントラルドグマ**(central dogma)"ともよばれ，生物の遺伝情報発現の基本的な流れを示している(詳しくは第6章を参照)．

しかし，ごく初期の生命体が，このようにDNA，RNA，タンパク質という異なる生体分子を組み合わせて複雑な生命活動を行っていたとは考えにくい．おそらく，もっと少数の限られた物質を用いて，比較的単純な機構により自己複製を行っていたのだろう．それでは，どのような物質であれば，そのような役割を担うことができるだろうか．

その疑問解決へのヒントとなる発見が，1980年代にアルトマン(S. Altman)とチェック(T. Cech)によってなされた．彼らは，"酵素はタンパク質からなる"という長年信じられてきた概念を覆し，核酸の一種であるRNA(図1.3a)も，ときには酵素として化学反応を触媒できることを証明した．このように酵素のような触媒活性をもつRNAを，通常のタンパク質酵素(**エンザイム**；enzyme)に対して**リボザイム**(ribozyme)とよぶこともある(図1.3b)．RNAはDNAと同様，糖とリン酸からなる鎖に核酸塩基が枝のように突きだした鎖状の高分子であり，その塩基配列上に遺伝情報を保持することができる．また，第2章で述べるように，多様な立体構造をとることによって，ある種の化学反応に対する触媒活性をもつことができる．

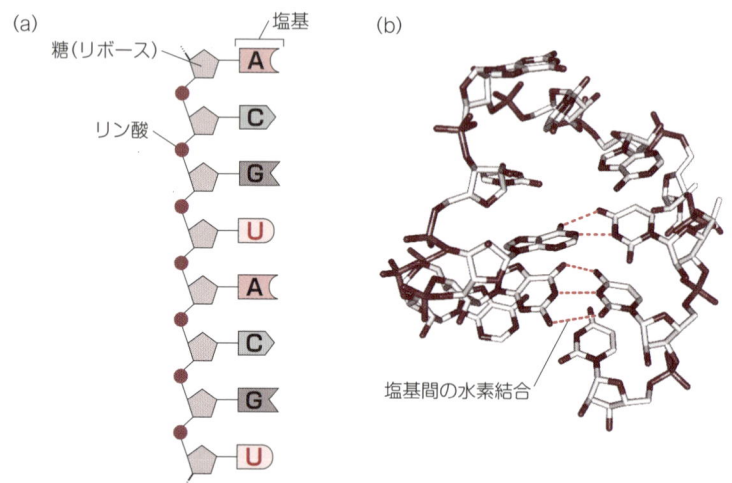

図1.3 RNAの構造
(a) RNAは1本鎖であり，糖(リボース)と塩基の一部(ウラシル：U)がDNAと異なる．(b) 原生生物の一種テトラヒメナのリボザイムの一部．1本鎖の塩基間で水素結合することで，活性のある立体構造を形成する．

タンパク質合成装置であるリボソーム(図1.4)も，RNA成分(リボソームRNA；rRNA)と多数のタンパク質成分(リボソームタンパク質)からなり，実際にアミノ酸どうしを縮合させる触媒活性はrRNA成分によることが明らかになっている．以上より，遺伝情報を保持すると同時に，触媒活性をもつことができるRNAが初期の生命体を構成する中心物質であった可能性が

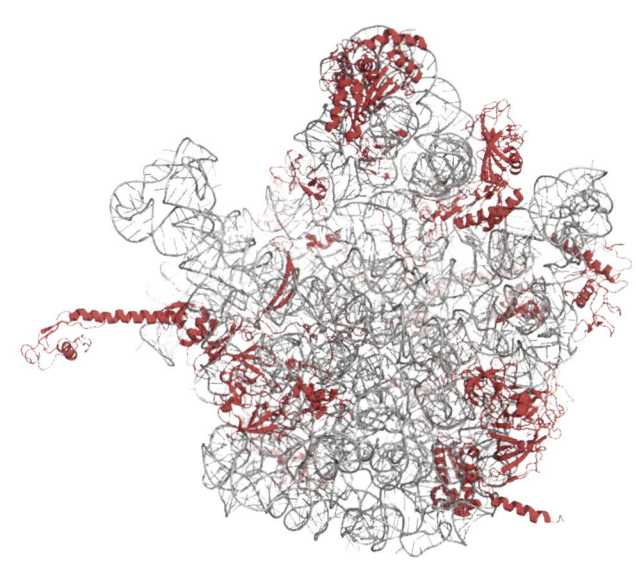

図1.4 リボソームの構造
古細菌 *Haloarcula marismortui* のリボソーム大サブユニットの立体構造．灰色の部分は RNA 成分（リボソーム RNA），赤色はタンパク質成分（リボソームタンパク質）を示している．

強く示唆された．このような考えは"RNA ワールド説"とよばれており，今後もさまざまな角度から検証されていくことであろう．一方，タンパク質が初期の生命体の中心物質であるとする考え方もあり，これは"プロテインワールド説"とよばれる．ただし，この説ではタンパク質がどのように遺伝情報を保持し，自己複製するのかを説明することが大きな課題となっている．

1.1.3 生物の進化と遺伝的変異

自己増殖能を獲得した初期の生物は，それぞれの環境において生存に適した形態や性質を有する多様な生物群に分かれていった．このような生物の"**進化**(evolution)"が，どのようにして起きるのかということについて，さまざまな生物についての観察結果から一つの答えをだしたのがダーウィン(C. Darwin)である．19世紀のイギリスの博物学者であるダーウィンは，20代の頃に帆船ビーグル号に乗って5年間にわたる世界航海を行った．彼は，さまざまな土地で目にした多くの生物を詳細に観察し，有名な著書『種の起源』のなかで"**自然選択**(natural selection)"が生物の進化の原動力であるという自説を主張した．

一方，19世紀のオーストリアでは，メンデル(G. Mendel)がエンドウの遺伝様式の研究から，有名な"**メンデルの法則**(Mendel's law)"を発見し，生物には遺伝を媒介する因子，すなわち後に遺伝子とよばれるような物質が存在することを示した．現在では，ダーウィンの自然選択説のもとになってい

自然選択
少しずつ性質や形態が異なる個体が集まった生物集団のなかで，より環境に適応した性質や形態をもっている個体が他の個体より多く子孫を残していくことにより集団中で次第に数を増やし，それが進化につながっていくという考えである．

突然変異

遺伝子を構成する DNA や RNA の構造が変化すること。少数の塩基配列が変化する場合から，染色体の大きな領域が変化する場合まで，さまざまなものがある（詳しくは第9章を参照）。原因としては，DNA 複製の際の誤りや，化学物質・放射線・紫外線などの作用がある。突然変異は生物にとって有害なものばかりではなく，進化をもたらす遺伝的多様性の原動力にもなっている。

る生物集団内での異なる性質や形態は，それぞれの生物がもつ遺伝子が何らかの原因で偶然に変化（**突然変異**，mutation）し，それが蓄積した結果であると考えられている。現在では少なくとも数百万種の生物が地球上に存在している。これらはもともと共通の祖先から自然選択の過程を通して進化した結果だと考えられる。そのような進化の過程や生体のしくみを理解するためには，まず多様な生物群を分類し，その共通する特徴を知ることが必要であろう。

1.1.4 生物の分類

多様な生物種を区別するためには，その特徴をもとに，それぞれ固有の名前をつけなければならない。生物種の系統的な命名法は，18世紀，スウェーデンの生物学者であるリンネ（C. Linné）によって確立された。リンネによる生物の命名法は，「**二名法**（binomial nomenclature）」とよばれるものであり，

Column

メンデルの発見

メンデル（G. Mendel, 1822～1884）は，オーストリアの修道院の修道士であった。仕事のかたわら，彼は長年に渡って修道院の庭でエンドウマメを栽培し，エンドウマメの特徴（花や種子の色，形など）がどのように子孫へ遺伝するのかを調べた。その成果が，現在メンデルの法則として知られる「優性の法則」，「分離の法則」，「独立の法則」からなる遺伝の三法則である（図）。

この法則は，「生物の遺伝形質は，それぞれ独立した物質によって親から子へ伝えられている」ことを示している。もちろん当時，遺伝子が DNA であることなどまったく知られていなかったのだが，メンデルの法則は，遺伝形質を伝える因子が独立した物質であるということと，そのような因子が対になっており，それぞれ一つずつ両親から子に伝えられているということを示した，画期的な説だったのである。しかしながら彼の研究成果の重要性は，彼の生前には十分に理解されないまま埋もれてしまった。そしてその後，1900年になってようやく再発見されることになった。

メンデルの法則は，遺伝という現象が物質を基盤としたものであり，数学的に解析できることを明らかにした先進的なもので，ダーウィンの進化論を，後の分子生物学と結びつける橋渡し的な役割を果たしている。現代の遺伝学の重要な基礎を作った発見といえるだろう。

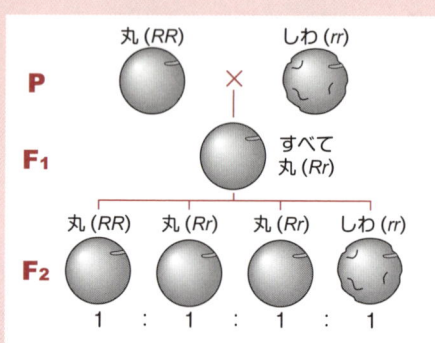

図　メンデルの法則

エンドウマメには，豆の表面が丸くなる優性遺伝子（R）としわを作る劣性遺伝子（r）がある。それぞれ RR と rr という組合せをもつ純系の親（P）から生まれる F_1 世代の遺伝子型は Rr となり，すべて丸い豆ができる（優性の法則）。F_1 世代どうしの交配によってできる F_2 世代の遺伝子型は $RR : Rr : rr = 1 : 2 : 1$ となり，丸としわの比率が $3 : 1$ となる（分離の法則）。これらの法則は他の形質についてもそれぞれ独立に成り立つ（独立の法則）。

ドメイン Domain	界 Kingdom	門 Phylum/division	綱 Class	目 Order	科 Family	属 Genus	種 Species	慣用名
真核生物	動物界	脊索動物門 (脊椎動物亜門)	哺乳綱	サル目	ヒト科	ヒト属(*Homo*)	*sapiens*	ヒト
	植物界	被子植物門	単子葉植物綱	イネ目	イネ科	イネ属(*Oryza*)	*sativa*	イネ
	菌界	担子菌門	菌じん綱	ハラタケ目	キシメジ科	シイタケ属 (*Lentinula*)	*edodes*	シイタケ
	原生生物界	繊毛虫門	貧膜口綱 (梁口綱)	ゾウリムシ目	ゾウリムシ科	ゾウリムシ属 (*Paramecium*)	*caudatum*	ゾウリムシ
真正細菌 (原核生物)	—	プロテオバクテリア門	γプロテオバクテリア綱	腸内細菌目	腸内細菌科	エシェリキア属 (*Escherichia*)	*coli*	大腸菌
古細菌 (原核生物)	クレンアーキオータ界	クレンアーキオータ門	サーモプロテウス綱	スルフォロバス目	スルフォロバス科	スルフォロバス属 (*Sulfolobus*)	*acidocaldarius*	—

図1.5 生物の分類とそれぞれに含まれる生物種の例

　属名と種小名(種名)という生物の分類における下から二つの階層を表す名前の組合せからなる(図1.5).たとえばヒトの学名は"*Homo sapiens*"で,"*Homo*"はヒト属(属名),"*sapiens*"は種小名である.学名にはラテン語を用いることとなっており,属名は大文字で始まり,属名,種名ともに斜体(イタリック体)で書かれる.

　生物は,この種と属を含めて図1.5に示すように七つの階層(界,門,綱,目,科,属,種)によって分類されているが,近年では,界の上にドメインという階層が設けられている.ドメインでは,すべての生物を三つのグループ,すなわち**真核生物**(eukaryote),**真正細菌**(eubacteria),**古細菌**(archaea)に分類している.このなかで真正細菌と古細菌は原核生物ともよばれ,以前は同じ細菌(バクテリア)類として扱われていた.しかし,1990年にアメリカのウーズ(C. Woese)が,さまざまな生物のリボソームRNA(rRNA)の塩基配列の類似性[*5]から,メタン生成菌や高度好塩菌などの一群の細菌が,大腸菌などの通常の細菌とは異なるグループに属していることを明らかにし,それらを古細菌と名づけた.古細菌は,核膜や細胞小器官(オルガネラ)をもたないことから,見かけ上は真正細菌と似ているが,rRNAの配列やDNA上の遺伝子の塩基配列からは,真正細菌よりむしろヒトを含む真核生物に似ており,真核生物により近い生物であると考えられている.

　図1.6には,三つのドメインに属する生物の進化的関係を系統樹で表した.ここで示されるように,古細菌はおそらく最初に現れた祖先生物が真正細菌と真核生物に枝分かれした後に,真核生物から分かれたと考えられている.古細菌には,100℃以上の高温や極端な酸性やアルカリ性環境で増殖するものなど,特に極端な環境で生きているものが多く見られる.図1.6の系統樹でもわかるように,地球上に最初に現れた生物に遺伝子的にも近いのではな

＊5 塩基配列が似ている生物ほど,より最近に分岐したという系統分類学の考えに基づく(第9章を参照).

図1.6 生物の系統樹

遺伝子の類似性から作成された生物の系統樹の模式図．すべての生物は三つのドメインに分けられる．系統樹は生物種間の近縁関係を表している．古細菌は遺伝子の配列が比較的真核生物と類似しており，真正細菌と分かれた後に真核生物と分かれたのではないかと考えられている．この図において各ドメイン内の生物の近縁関係は正確なものではない．

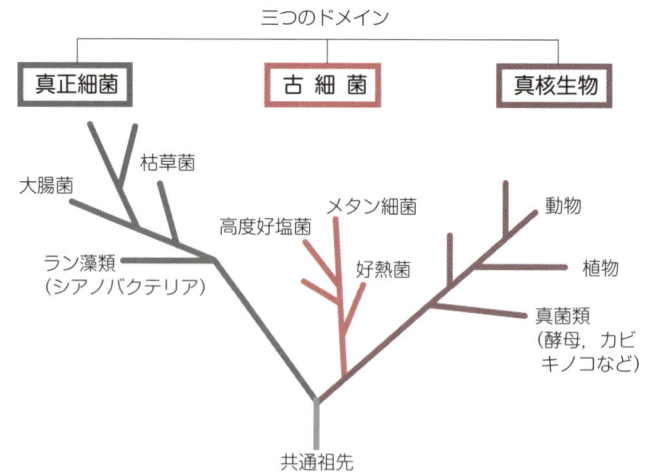

いかと考えられており，生物がどのようにして地球上に現れ，進化していったのかを考えるうえでも重要な生物群である．

1.1.5 特殊な存在——ウイルス

自然界には，遺伝情報をもつが生物としては認められない特殊な存在として**ウイルス**（virus）が知られている．ウイルスは，遺伝情報を含むDNAやRNAとタンパク質や脂質との集合体（粒子）であるが，自身では増殖能をもたないために，正確には生物の定義に当てはまらない．図1.7に示すように，ウイルスにはさまざまな形のものがあるが，いずれも，遺伝物質としてのDNAまたはRNAを内部に含み，その外側がタンパク質の殻（カプシド）で覆われている．また，カプシドがさらにエンベロープとよばれる膜で覆われ

ウイルス

遺伝情報を含む核酸（DNAまたはRNA）が，タンパク質からなる殻によって取り囲まれた粒子．宿主となる細胞に侵入した後，細胞内の合成装置とエネルギー物質を用いて自己成分の複製・増殖を行う．ウイルスの種類によって宿主が違い，細菌から動物・植物まで，さまざまである．細菌を宿主とするウイルスを特にバクテリオファージとよぶ．

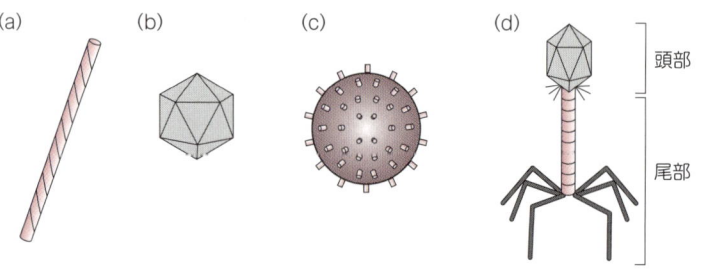

図1.7 ウイルスの形態

ウイルスは，遺伝物質としてDNAとRNAのどちらかを含んでおり，数十〜数百nmの大きさ（真核細胞の数百分の1）である．DNAまたはRNAは，タンパク質の殻（カプシド）で覆われているが，カプシドタンパク質の配置により，らせん状（a：タバコモザイクウイルスなど）や正二十面体（b：アデノウイルスなど）の形態をもつもの，さらにその外側にエンベロープをもつもの（c）などがある．細菌に感染する（細菌を宿主とする）ウイルスのなかには，（d）のバクテリオファージのように核酸を含む頭部の他に，DNAを宿主細菌に注入するための尾部をもつものもある．なお，この図の大きさの比は一定ではない．

ているものもある．これは宿主細胞からウイルスがでていく際に，細胞膜や核膜など宿主由来の膜の一部をまとって形成されたものである．ウイルスは，自分自身の遺伝子を複製したり，タンパク質や脂質を合成したりするための酵素系をもっておらず，宿主細胞に寄生して，その細胞の酵素やエネルギーを使って自分自身の構成成分を合成する．このことからウイルスを，タンパク質や脂質の入れものに乗って細胞間を渡り歩く遺伝子断片，というイメージでとらえることもできる．実際，多くの生物の**ゲノム**(genome)中に，ウイルスの遺伝子と類似した塩基配列を含みゲノム中を移動する性質をもつ遺伝子〔動く遺伝子（トランスポゾン），9.2.3項を参照〕が見つかっており，それらがウイルスの起源ではないかとも考えられている．

図 1.8 には，ウイルスが宿主細胞のなかでどのように増殖するのかを示した．ウイルスは，宿主細胞の表面に存在する特定のタンパク質や糖鎖などのレセプター（受容体）に結合した後に，宿主細胞の細胞膜を通して，遺伝情報を含む DNA や RNA を細胞内に送り込む．そうして送り込まれた DNA や RNA は，そこに書き込まれた遺伝情報をもとに，宿主のもつ酵素類やエネルギーを利用して，ウイルス粒子の形成に必要なタンパク質や核酸の合成を指令する．合成されたカプシドタンパク質は，宿主細胞内で自己集合するとともにその内部にウイルス遺伝子を含む DNA や RNA を取り込み，完成した多数のウイルス粒子は再び宿主細胞から飛びだしていく．

ウイルスのなかには，自分のゲノムを宿主のゲノム中に組み込んでしまうものもある．そのようなウイルスが再び増殖して細胞の外にでる際には，宿主ゲノムの一部をウイルスのゲノムに取り込むことがある．取り込まれた遺

> **ゲノム**
> それぞれの生物がもつ遺伝情報の1セットのこと．ヒトの場合，約 30 億塩基対からなる．精子や卵子などの生殖細胞には1セットのゲノムが含まれる（1倍体という）が，生殖細胞以外の体細胞には，両親から受け継いだ2セットのゲノムが含まれる（2倍体という）．ウイルスや原核生物などは通常，1セットのゲノムをもつ．

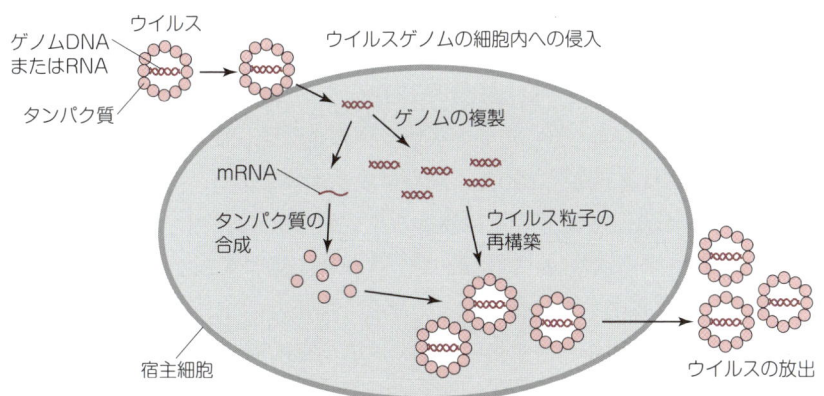

図 1.8 ウイルスの生活環

ウイルスは宿主に結合した後，核酸を宿主の細胞質に放出する．核酸は細胞内で複製されるとともに，ウイルス遺伝子由来のメッセンジャー RNA（mRNA）が転写され，カプシドタンパク質の合成が行われる．それらは自己集合し，新しいウイルス粒子を形成して細胞外へでていく．

伝子断片は，ウイルスが他の細胞に感染した際に感染先の細胞のゲノムへ組み込まれる場合もある．このように遺伝子の運び屋としての性質を利用して，ある種のウイルスは，細胞への遺伝子導入に用いられることがある．

1.2 細胞の基本的な構造と機能

1.2.1 細胞は生命の基本単位

多種多様な生物の構造的および機能的単位は「細胞」であり，すべての生物は細胞からできている．つまり，細胞の構造や成り立ち，その内部で起こっているさまざまな反応や現象を理解すること，すなわち細胞レベルで生命現象を理解することが，広く生物全体の営みを理解することにつながる．

ヒトの体は，約60兆個もの細胞からできているといわれている．

日常的に目にすることができる生物，われわれヒトなどの動物や草木などの植物は，膨大な数の細胞からなる多細胞生物である．一方，細菌のように1個の細胞のみで生きている単細胞生物も，地球上には多数存在する．このような単細胞生物はいわゆる微生物とよばれており，顕微鏡などを利用しないとその存在を確認できない．

しかし多細胞生物も単細胞生物も，基本的には同じ細胞分裂によって個体を形成し，増えることができる．この細胞分裂の過程で，親は子孫に必要な情報を確実に伝達する．このことがまさに，生物が無生物と明らかに異なる最も重要な特性である，自分と同じ種である子孫を残すことにつながる．

1.2.2 真核細胞と原核細胞

真核生物"eukaryote"という言葉は，ギリシャ語で"真の"にあたる"eu"と，"中心"あるいは"核"にあたる"karyon"の合成語である．真核生物の細胞，すなわち真核細胞では，DNAが明確な膜（核膜）で仕切られた細胞内の特定な区画「核」のなかに存在する．一方，**原核生物**(prokaryote)の原核細胞には，核のような明確な区画はない．植物，菌類（カビやキノコ類），動物は真核生物であり，細菌は原核生物である．

図1.9に真核細胞と原核細胞の構造を模式的に示した．

原核細胞は，一般的に長さ数μmで，複雑な内部構造をもたず，多くの場合は見ためも単純である．ほとんどの場合，多細胞生物にはならず，1個の細胞が1個体として生きる単細胞生物である．細胞膜の外側に，細胞壁とよばれる頑丈な防護膜をもつものも多く存在する．細胞内には，特別に膜で仕切られた区画や構造体はなく，電子顕微鏡での観察においても特に識別できる構造は見当たらない．リボソーム，核酸（DNAやRNA），タンパク質，その他の生存に必要な種々の分子を含んでいる．

酵母は単細胞の微生物で，一見細菌のように見えるが，真核生物である．

一方の真核細胞は，長さが数μm〜数百μmとかなりばらつきはあるが，

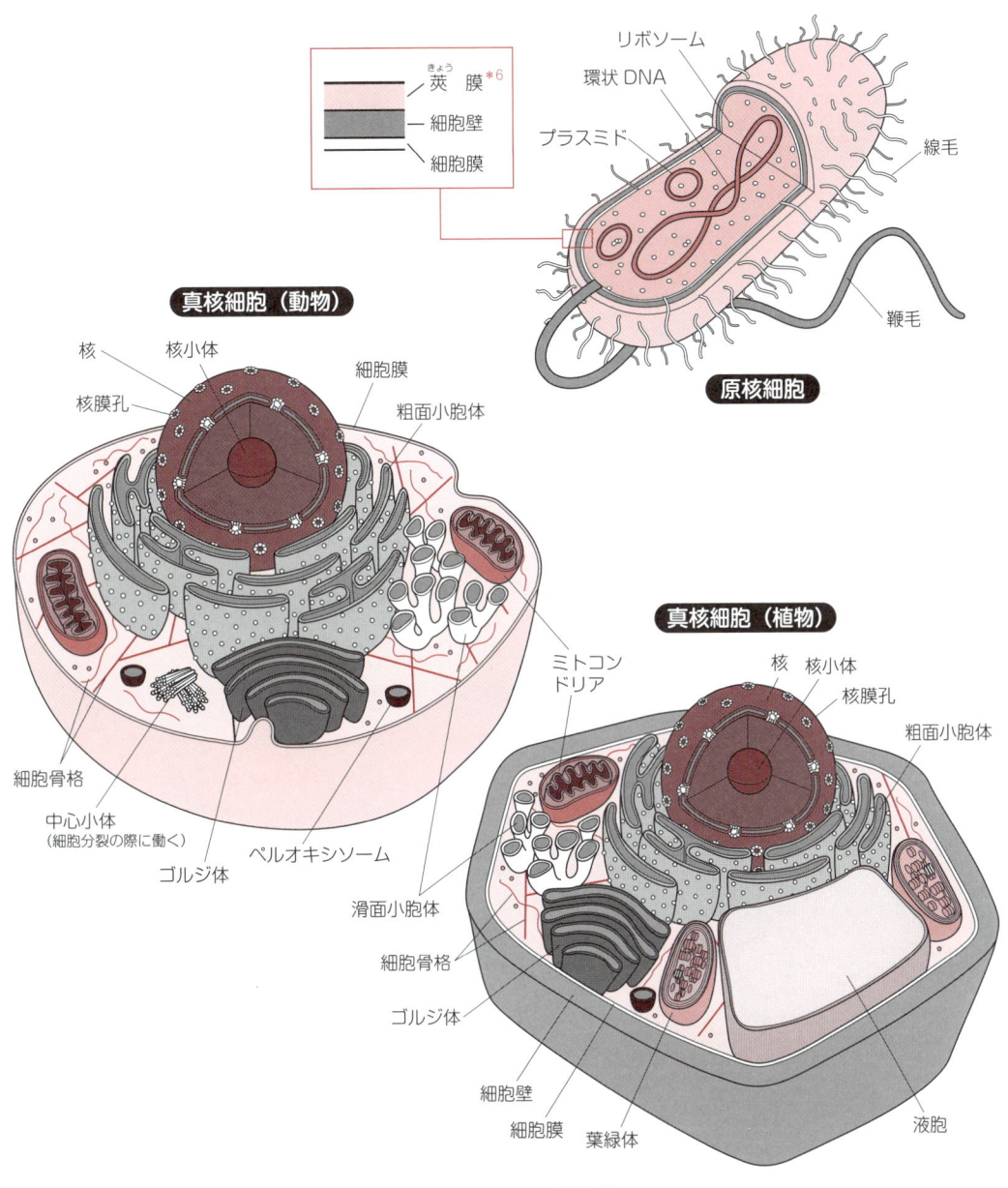

図1.9 真核細胞と原核細胞

一般に原核細胞よりも大きく，内部構造はより精巧で複雑にできており，核をはじめとするオルガネラが存在するのが大きな特徴である．ゲノムも一般に原核細胞より大きい．植物や動物など多彩な多細胞生物の細胞はすべて真核細胞である．

これまで，非常に多様な環境からさまざまな原核生物が見いだされており，その生きている様子も驚くほど多様性に富んでいる．100℃近い温泉が湧きでている場所や深海，氷点下の南極や北極の氷の中など，地球上のきわめて

*6 すべての細菌が莢膜をもつわけではなく，環境の変化によってその有無を変える細菌もいる．

厳しい環境からも原核生物は見いだされている．また，糖やアミノ酸，炭水化物を栄養として利用する一般的な細菌類だけでなく，植物のように太陽の光エネルギーを利用できる（光合成能力をもつ）光合成細菌類*7や，硫黄や硝酸などの無機物の化学エネルギーを利用する化学合成細菌も存在する．これら原核生物のミクロな世界には，いまだ解明されていない部分も多い．代表的な腸内細菌である大腸菌や乳酸菌など，一般的な細菌学の手法により研究室で培養できる細菌類についてはいろいろなことがわかってきたが，自然環境から分離された多くの微生物は現在の技術では培養が難しく，われわれは地球上の原核生物の1％も調べられていないという報告もある．

*7 ラン藻類あるいはシアノバクテリアともよばれる．

1.2.3 生体膜の構造

原核細胞でも真核細胞でも，ある環境に独立して存在している細胞は，細胞の内容物と外界とが膜構造で仕切られている．また，真核細胞には，膜によって仕切られ，細胞質や他の部位とは独立した機能をもつ構造体「オルガネラ」が存在する．このような，細胞がもつ膜を生体膜といい，基本的に共通した構造をもっている*8．

生体膜の厚さは約5～10 nmで，**脂質二重層**（lipid bilayer）からなる（図1.10）．脂質二重層のおもな構成成分はリン脂質で，水になじみやすい親水性の頭部（おもにリン酸基）と，水になじまない疎水性の2本の尾部（おもに脂肪酸）から構成されている．膜には，この他にコレステロールや糖脂質が

*8 真核細胞のように細胞内にいろいろなオルガネラを含む場合，個々のオルガネラの膜も生体膜である．これら細胞内部構造を形成する膜と区別するために，細胞表面の膜を，形質膜（plasma membrane）とよぶこともある．

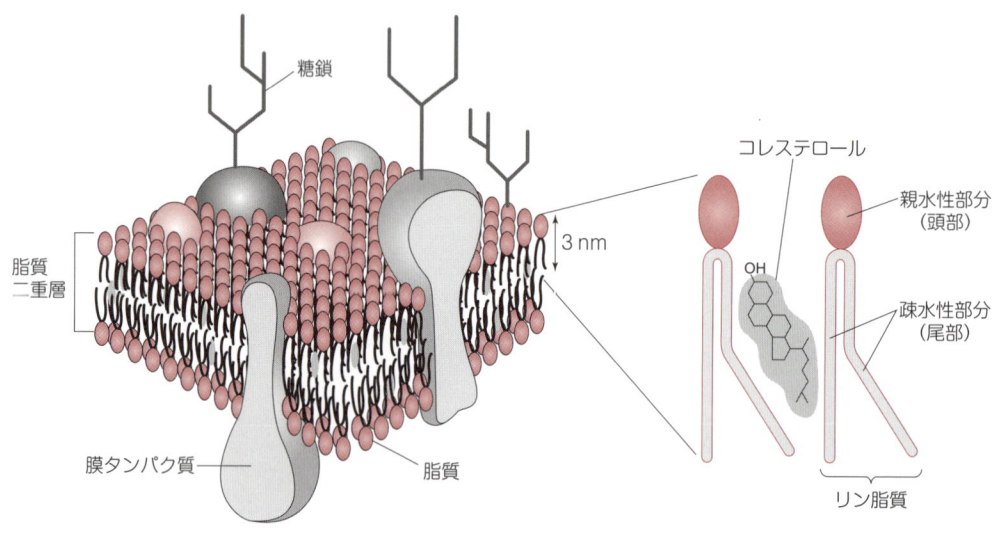

図1.10 生体膜の構造

リン脂質を主成分とする脂質二重層は，きわめて薄い膜であるが，水などの低分子化合物を閉じ込めることができ，柔軟性にも富む理想的な生体膜である．生体膜中やその表面には多数のタンパク質や糖タンパク質（膜タンパク質）があり，多くの場合，これらのタンパク質が膜の重要な機能を担っている．コレステロールは脂質二重層の安定性に関与している．

含まれる．水中で，リン脂質の疎水性部位は自発的に集合する．これを疎水性相互作用とよぶ．一方，親水性部分は親水性部分どうしで集合しやすい．その結果，水中での安定したリン脂質の存在形態として，脂質二重層が形成される．

　個々の脂質二重層分子は共有結合で結ばれているわけではないが，比較的安定な構造体で，極性の高い分子やイオンなどはほとんど通さない．脂質二重層は，閉鎖した膜構造としていろいろな形や大きさの三次元空間をつくることができ，膜構造体どうしの融合や分離も比較的容易に行える．コレステロールなどの疎水性分子や両親媒性のタンパク質を膜内に保持することもできる．このように脂質二重層を基本とした生体膜は，結果として，非常に薄い膜であるにもかかわらず，さまざまな低分子化合物を閉じ込めることができ，しかも柔軟性に富み，タンパク質などの機能性分子を保持することもできる，理想的な膜といえる．

例えば，K^+やNa^+などの無機イオン，アミノ酸，糖などは細胞内外で著しく濃度に差異があり，濃度勾配に逆らって細胞内に輸送される．この移動にはエネルギーが必要で，能動輸送とよばれる（第8章のコラムも参照）．

 Column

顕微鏡あれこれ

　顕微鏡の歴史は，17世紀にイギリスのフック（R. Hooke）が手製の顕微鏡でコルクの断片を観察したことに始まる．フックは，コルクの断片が小さな部屋に区切られていることから，その小室を細胞（cell）と名づけた．

　光学顕微鏡の分解能（隣り合った2個の点を離れた2点として識別できる能力）は1μm（1000分の1mm）程度で，細胞観察においてはミトコンドリアが観察できる程度である．培養細胞の観察には，倒立顕微鏡が広く利用されている．倒立顕微鏡は対物レンズが下についているので，シャーレの底から観察できる．また，蛍光顕微鏡という，特定の波長の光を試料に当てて励起された（違う色の光を放つ）蛍光物質を観察する顕微鏡もある．最近では，共焦点レーザースキャン顕微鏡が開発されている．この顕微鏡はレーザー光を光源とし，試料の特定の面をレーザーで走査（スキャニング）して，焦点面それぞれの蛍光と反射光のデータを得て，その空間分布をコンピュータ解析することにより切片画像を再現する．

　電子顕微鏡という名前を聞いたこともあるだろう．電子顕微鏡の倍率は10万倍ほどあり，細胞の微細な構造も観察できる．電子顕微鏡は，レンズの代わりに磁場あるいは電場を用い，可視光よりも波長が短い電子線を用いることで，解像度を高めている．その分解能は0.2 nm以下（1 nmは1000分の1μm）で，ウイルスを観察することもできる．

　"千円札の顔"野口英世は，黄熱病の原因は細菌であると考え，光学顕微鏡を用いてその発見を試みたが，発見できずに亡くなった．後に電子顕微鏡が発明され，黄熱病の病原体は細菌よりも小さい黄熱ウイルスであることがわかったのである．

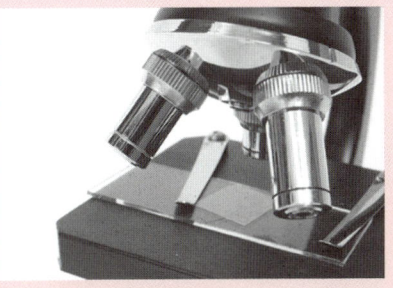

1.2.4 細胞小器官

原核細胞は細胞が小さいというだけでなく，細胞内の構造も単純で，特別な構造体は見当たらない．例えば大腸菌を見ると，細胞膜の外側に細胞壁があり，内部の細胞質には核様体とよばれる部分にDNAが存在し，粒状のリボソームが散在しているのみで，膜で仕切られた構造体は存在しない[*9]．

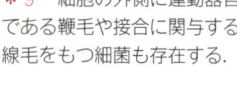

*9 細胞の外側に運動器官である鞭毛や接合に関与する線毛をもつ細菌も存在する．

一方，真核細胞には，膜で仕切られたいろいろな構造体が存在する．このような細胞内構造体を，細胞小器官あるいは**オルガネラ**(organelle)とよぶ．以下に，おもなオルガネラを紹介する．

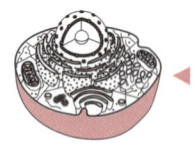

細胞膜

細胞の外側を覆っている膜が，**細胞膜**(cell membrane)である．細胞膜やオルガネラの膜などの生体膜は，基本的にはリン脂質を主体とした脂質二重層でできており，その基本構造についてはすでに膜の構造の項で述べた．脂質二重層のところどころにタンパク質(膜タンパク質)が存在し，種々の重要な機能を担っている．イオンや糖を細胞内へ輸送するトランスポーターや，種々のホルモンに対する受容体など，重要な役割を果たしているものがある．この他に，細胞膜には，外部から固体や液体を細胞内に取り込む**エンドサイトーシス**(endocytosis)や，逆に細胞内からタンパク質などを細胞外に放出する**エキソサイトーシス**(exocytosis)という働きもある(図1.11)．

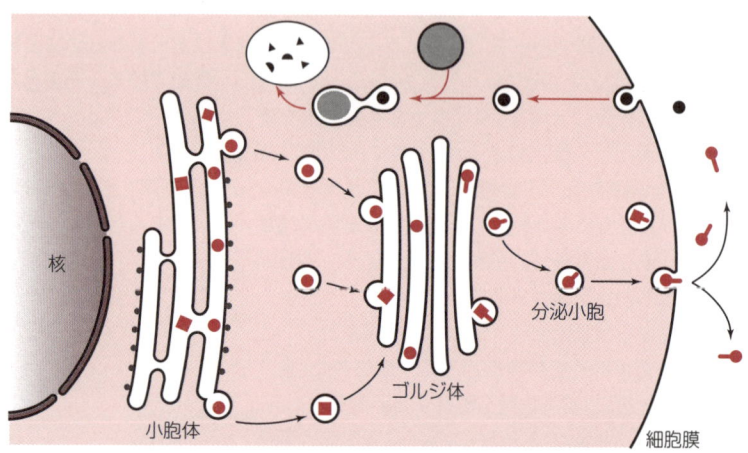

図1.11 エンドサイトーシスとエキソサイトーシス

エンドサイトーシス(上，赤色の矢印)は細胞外から固体や液体を細胞内に取り込む機構である．エキソサイトーシス(下，黒色の矢印)は逆に細胞内の物質(新たに合成されたタンパク質など)を細胞外に分泌する機構である．

細胞壁（植物細胞のみ）

細胞壁は，細胞の最も外側にある比較的堅い膜である．細菌や植物細胞に存在するが，動物細胞にはない．植物細胞の細胞壁は主にセルロースからなり，たいへん丈夫である．一方，細菌の細胞壁は，種類によって構造的特徴が異なる．

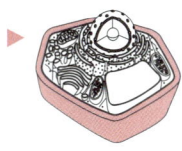

核

核（nucleus）はほぼ球状の大型のオルガネラで，一般に細胞の中央付近に位置している．この核の存在が，真核細胞の特徴である．核を包む二重膜である核膜には，**核膜孔**（nuclear pore）とよばれる穴が存在する．この穴は物質の通り道であり，核膜孔を介してメッセンジャー RNA やリボソームなどが核内から細胞質へ運びだされたり，細胞質からさまざまなタンパク質が運びこまれたりする．核内には，核小体とクロマチンが存在する．球状の核小体は核内に一から数個存在し，リボソーム RNA 遺伝子を含み，リボソーム RNA 合成の場となっている．

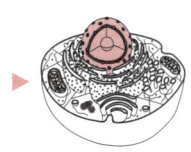

細胞質

細胞膜に覆われた内部の空間全体を**細胞質**（cytoplasm）といい，種々のオルガネラが存在する．この細胞質を埋めている物質は，細胞質ゾルあるいはサイトゾルとよばれている．サイトゾルにはいろいろな代謝酵素系として，グルコースの分解系（解糖系），脂肪酸合成系，アミノ酸代謝関連酵素系など多数の酵素系が存在する．さらに，重要な代謝系としてタンパク質合成もここで行われている．

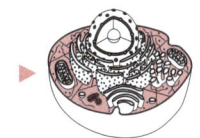

小胞体

小胞体〔endoplasmic reticulum；ER〕は，一重膜に包まれた袋状の膜系で，核の近傍に存在する．膜表面にリボソームが付着して表面がざらざらしている粗面小胞体と，リボソームが付着していない滑らかな表面構造をもつ滑面小胞体とに区別されている．粗面小胞体膜上ではリボソームによるタンパク質合成が行われており，新たに合成されたタンパク質は小胞体内腔あるいは小胞体膜へ輸送され，糖の付加などさまざまな修飾（**翻訳後修飾**，post-translational modification）を受けた後，細胞内外の適切な場所へ輸送される．具体的には，細胞外に分泌されたり，細胞膜に埋め込まれて膜タンパク質になったりする．

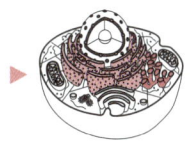

ゴルジ体

ゴルジ体（Golgi body）は核周辺あるいは小胞体に隣接している．扁平な袋

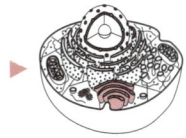

状の小胞が多数積み重なった形をしており，ゴルジ（C. Golgi）によって発見されたことからこの名が付いている[*10]．細胞の外側（細胞膜側）に位置する部分をトランスゴルジ，内側（核に近い側）に位置する部分をシスゴルジといい，新たに合成されたタンパク質の細胞内輸送において重要な役割を果たしている．粗面小胞体膜上で合成されたタンパク質はいったん小胞体に蓄えられ，輸送小胞を介してシスゴルジに移送され，さらにトランスゴルジに移送される（図1.11）．この移送の過程で，タンパク質に糖鎖や脂質が付加される翻訳後修飾を受けた後，タンパク質は細胞外に分泌されたり，膜タンパク質として特定の細胞内の部位に移送される．タンパク質以外に，脂質への糖の付加（糖脂質の合成）もゴルジ体で行われる．

[*10] ゴルジ装置（Golgi apparatus, Golgi body あるいは Golgi complex）ともよばれている．

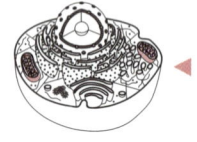

ミトコンドリア

ミトコンドリア（単数形は mitochondrion，複数形は mitochondria）は，約1 μm幅の細長い構造をしたオルガネラである．光学顕微鏡での観察で，糸状あるいは顆粒状に見えたことからこの名前が付けられた[*11]．ミトコンドリアは，おもに好気呼吸を行うオルガネラで，クエン酸回路，電子伝達系，さらに脂肪酸酸化酵素をもっていて，細胞内で必要な化学エネルギーであるATPの産生場所である．

ミトコンドリアは，内膜と外膜という二重の膜で覆われている．内膜と外膜の間の膜間部は数nm離れており，膜間腔とよばれている．内膜の内部を

[*11] ギリシャ語の"糸 mito"と"粒 condrion"との合成語．

Column

ミトコンドリアと葉緑体の起源

原始的な細胞が誕生した頃，地球には酸素はほとんどなく，非常に高温だったと考えられている．やがて真正細菌が誕生し，そのなかから光合成能力をもつ光合成細菌，シアノバクテリアが誕生した．シアノバクテリアは光合成によって酸素を放出し，地球の大気中に酸素が徐々に蓄積していった．そしてその後，酸素を利用して効率よくエネルギーを獲得できる好気性細菌が出現したと考えられている．

一方，この頃誕生した古細菌からは，核を有する真核生物が誕生し，好気性細菌が真核細胞内に共生するようになったと考えられる．真核生物は共生細菌にエネルギーの元となる有機物を与え，代わりに，細菌が効率よくつくったエネルギーを受け取っていたようである．こうしてこの共生関係はさらに発展し，やがて共生細菌は好気的にエネルギーを産生するミトコンドリアとして，真核細胞の一部になっていったと考えられる．実際，ミトコンドリア内には独自のDNAやリボソームが存在し，元は独立した細菌だったとの仮説を支持する根拠となっている．さらにこのリボソームは真核細胞の細胞質に存在するリボソーム（80 S）に比べてサイズが小さく（70 S），まさに原核細胞のリボソームの大きさであることもわかっている．

ミトコンドリアを得た真核生物の一部はさらに，光合成細菌（シアノバクテリア）を細胞内に共生させることに成功したようだ．光合成細菌は，ミトコンドリアと同様の進化過程を経て葉緑体となり，現在の植物細胞が誕生したと考えられる．

マトリックスといい，内膜はこのマトリックス内部に突きだして層状の構造（クリステ）を形成している．この内膜がエネルギー物質であるATP合成の場にもなっている（詳しくは第5章を参照）．

葉緑体（植物細胞のみ）

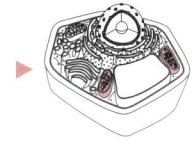

葉緑体は植物細胞に特有のオルガネラで，**光合成**（photosynthesis）という過程によって光エネルギーを化学エネルギーに変換している．植物細胞1個に含まれる葉緑体数は数10から100個程度が一般的だが，コケ植物のように1個しかないものなどもあり，植物によってかなり異なる．葉緑体はミトコンドリアとよく似ていて，内外2層の膜に包まれており，ストロマという水溶性部分とチラコイドとよばれる膜構造部分とに分かれている．

ストロマには，炭酸固定反応[*12]に関与する酵素などさまざまな酵素類，DNA，RNAなどが含まれている．チラコイド膜は袋状の構造をとり，その膜にクロロフィル（光合成色素），電子伝達系の酵素群，ATP合成酵素などが存在する．チラコイドが多数層状に積み重なった部分をグラナという．葉緑体内では，光合成反応により光のエネルギーをATPに変換し，その化学エネルギーを利用して二酸化炭素からグルコースを合成している（詳しくは第5章を参照）．

[*12] 空気中の二酸化炭素を植物体内に取り込む反応で，二酸化炭素と植物体内の物質とが酵素反応によって結びつけられる．

液胞（植物細胞のみ）

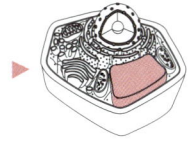

液胞（vacuole）は植物細胞に特有のオルガネラで，植物細胞内ではかなり大きな空間を占める場合もある．液胞は一重の膜で覆われた袋状で，内部は細胞液で満たされており，植物の生長にともなって次第に大きくなり，場合によっては細胞の90％以上を占めることもある．

ペルオキシソーム

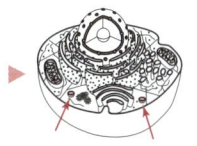

ペルオキシソーム（peroxisome）は多数の酸化酵素（オキシダーゼ）を内部に含み，脂質の酸化（特に長鎖脂肪酸のβ酸化）や種々の物質代謝を行うオルガネラである．ペルオキシソームは，この脂質の酸化にともなって生じる過酸化水素を除去するためのカタラーゼも多く含んでいる．カタラーゼは，過酸化水素を水と酸素に変換する酵素である．

細胞骨格

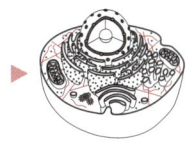

細胞骨格は，微小管やミクロフィラメントなどいくつかの種類に分けられる．主にタンパク質からできており，細胞全体の動きや形態を調整し，ミトコンドリアなどのオルガネラの動きも支配している．細胞骨格は，基本的には動物の筋肉を構成するタンパク質でもあるアクチンなどからなる（詳しく

は第4章を参照).

リソーム

細胞分画[*13]の過程で，ミトコンドリアよりやや軽い画分に加水分解作用を示す顆粒が見いだされ，分解(lyso)を行う小体(some)という意味から，**リソソーム**(lysosome)と名づけられた．リソソームは核酸，タンパク質，脂質などを分解するさまざまな酵素を含む一重膜の袋状の小胞で，リソソーム膜にあるプロトン(H^+)ポンプにより，内部はつねに pH = 5 と非常に酸性に保たれている[*14]．リソソームは，細胞内で不要になった高分子化合物を内部に取り込んで分解消化したり，エンドサイトーシスという仕組みで細胞外から高分子物質や細菌のような顆粒状の物質を取り込んだエンドソームと融合して，取り込んだ物質の消化を行ったりする(**図1.11**を参照)．分解によって生じた物質の一部は，細胞内で再利用される．

[*13] 細胞内オルガネラの機能を分析することを目的に，細胞を部分的に破壊した後，各オルガネラをその密度や大きさの違いにより遠心分離機を使って分別すること．

[*14] 内部に存在する分解酵素の最適pHも酸性であることが知られている．

❖ 章末問題 ❖

1-1 最初に地球上に現れた生命体がRNAを中心とするものであるという説と，タンパク質を中心とするものであるという説のそれぞれについて，支持する理由を説明せよ．

1-2 すべての生物は，真核生物，真正細菌，古細菌の三つのグループに分けられる．この三つのグループはどのような情報をもとに分類されたのかを説明せよ．

1-3 さまざまな原因で起こる遺伝子の突然変異は，生物の進化と密接な関係があるものと考えられている．どのような関係があるのかを説明せよ．

1-4 遺伝子に何らかの異常があるために起こる病気(遺伝病)を治療する際に，ウイルスが用いられる場合がある．ウイルスがもつどのような性質を利用するのかを述べよ．

1-5 細胞は，地球上に存在する生物の構造的機能的単位であり，原核細胞と真核細胞とに区別される．両者の構造的相違について説明せよ．

1-6 細胞膜は，細胞の内部とそれをとりまく外部との仕切りとしてだけでなく，物質のやり取りなど重要な役割を果たしている．この細胞膜の機能は，どのような構造的特徴に基づいているか説明せよ．

1-7 植物細胞と動物細胞の構造的相違点について説明せよ．

1-8 動物細胞が細胞外の物質を細胞内に取り込んだり，逆に新たに合成したタンパク質などを細胞外に分泌する仕組みについて説明せよ．

1-9 ミトコンドリアと葉緑体の構造的および機能的類似点について説明せよ．

第2章
生体分子 I
——アミノ酸, タンパク質, 核酸

生物の体はさまざまな物質でできているが, その基本となる物質の種類は限られている. なかでも核酸（DNAやRNA）とタンパク質は, 遺伝情報を保持したり, その機能を発現するために中心となって働く生体物質であり, 生命現象を理解するうえで, これらの基本的な構造と機能を理解することはたいへん重要である. この二つの物質は, どちらも構成単位のモノマー分子が連なってできた長い鎖状の高分子化合物であり, そのなかには生命の本質につながる重要な情報が詰まっている.

2.1 アミノ酸とタンパク質

生体を構成する物質のなかで, 水（総重量の約70％）の次に多い成分は, **タンパク質**（protein）[*1] である（約15％）. 例えば, 筋肉や皮膚や髪の毛など体の基本的組織の大部分はタンパク質でできている. また, 外から取り込んだ栄養素を分解してエネルギーを取りだしたり, 逆に単純な物質からさまざまな生体成分を合成したりする「酵素」のほとんどは, タンパク質でできている. さらに, 病原体から身を守る抗体や血液中で酸素を運ぶヘモグロビン, 環境の変化に応じて生体機能を調節するホルモンなどのシグナル分子の多くもタンパク質である. まさしくタンパク質は体の基本的な構造形成から, 代謝などの化学反応や細胞機能の調節など, ありとあらゆるダイナミックな働きをつかさどる"第一の"物質であるといっても過言ではない.

タンパク質は, 構造や性質が異なる20種類のアミノ酸の鎖でできている. アミノ酸の鎖は, 自分自身で特定の立体構造を形成することによって, それぞれ固有の機能を発現する. 多彩なタンパク質の機能は, 20種類のアミノ酸が鎖の中でどのように並んでいるかによって決定されているのである. また, アミノ酸の配列そのものは遺伝子であるDNAによって規定されており

[*1] proteinは, ギリシャ語の"proteios（第一の）"に由来しており, 実際に体内でさまざまな役割を果たす重要な成分である.

(第6章を参照), 遺伝子の多くはタンパク質の設計図そのものであるといえる.

ここでは, まずタンパク質を構成する20種類のアミノ酸の構造と性質を見た後で, そのアミノ酸の鎖がどのようにして立体構造を形成し, さまざまな機能を発現するようになるのかを見ていこう.

2.1.1 アミノ酸の構造

タンパク質の構成成分である**アミノ酸**(amino acid)は, 同一の炭素(α-炭素)にアミノ基($-NH_2$)とカルボキシ基($-COOH$)および側鎖(Rで表す)が結合した, α-アミノ酸である(図2.1). 側鎖が水素($-H$)であるグリシンを除いて, α-炭素には四つの異なる置換基が結合しているため, この炭素は不斉炭素となる. つまり, それぞれのアミノ酸にはD体とL体の少なくとも2種類の**鏡像異性体**(enantiomer)が存在しうる[*2].

> **鏡像異性体**
> お互いに鏡に写したような構造をもつ立体異性体. 左右の手が重ね合わせられない様子に例えて,「対掌体」とよばれることもある. また, 正負が逆の旋光性を示すことから「光学異性体」ともいわれる.

> [*2] しかし実際は, 大腸菌からヒトまで, 生物がもつ通常のタンパク質に含まれるアミノ酸のほとんどがL体である.

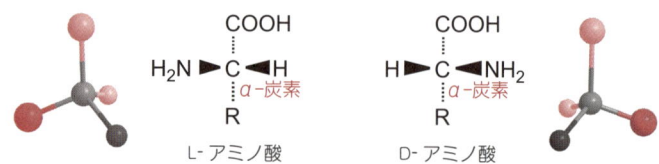

図2.1　α-アミノ酸の構造と鏡像異性体

グリシンを除いて, 中心の炭素(α-炭素)に4個の異なる置換基が結合しているために, D体とL体の鏡像異性体が存在する. Rはアミノ酸によって異なる側鎖を表している.

アミノ酸は, その側鎖の性質によって, 塩基性アミノ酸, 酸性アミノ酸, 極性無電荷アミノ酸, 非極性アミノ酸などに分類される(図2.2). このように, 酸・塩基的な性質, また親水性・疎水性などの性質が異なったアミノ酸を組み合わせることにより, さまざまな性質をもつタンパク質をつくることができるのである.

これらのアミノ酸は, 一文字略号または三文字略号で表される. 例えばグリシン(glycine)の場合は, それぞれ,「G」,「Gly」と表される(図2.2). 比較的短い(アミノ酸の鎖が短い)タンパク質であれば三文字略号のほうがわかりやすい場合もあるが, 数百個以上のアミノ酸からなるタンパク質の配列を示す場合には, 一文字略号が用いられる場合が多い.

図2.2に示すような, タンパク質を構成する20種類のアミノ酸(タンパク質性アミノ酸とよばれる)以外に, 翻訳後修飾を受けて側鎖の構造が変化したアミノ酸が代謝や情報伝達にかかわっている. これらはDNAにコードされていないアミノ酸で, **特殊アミノ酸**(non-standard amino acid)とよばれる(図2.3). 4-ヒドロキシプロリンはコラーゲンを構成する成分である.

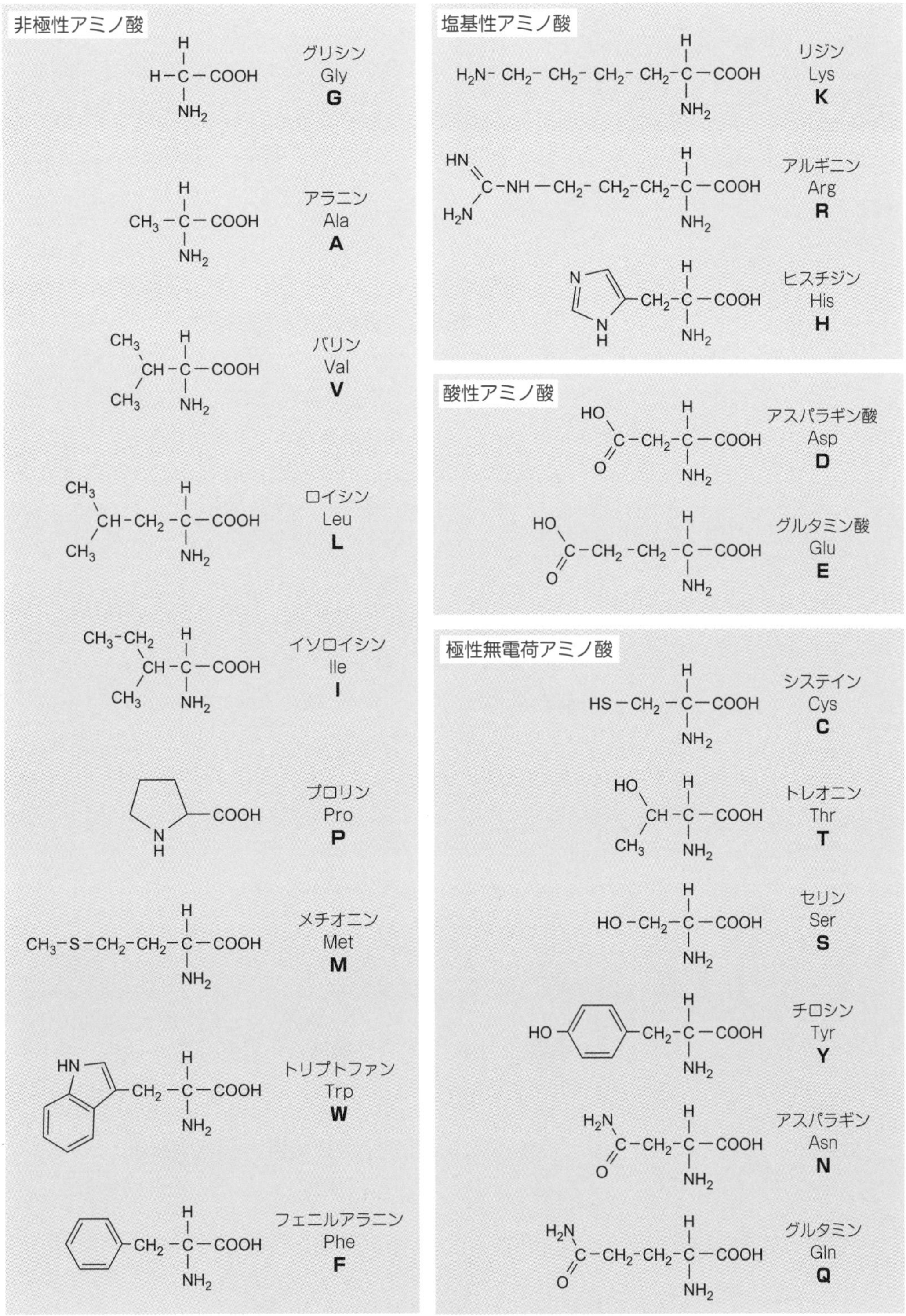

図2.2 タンパク質を構成するアミノ酸の構造と分類

アミノ酸は側鎖の構造と性質の違いによって分類することができる.

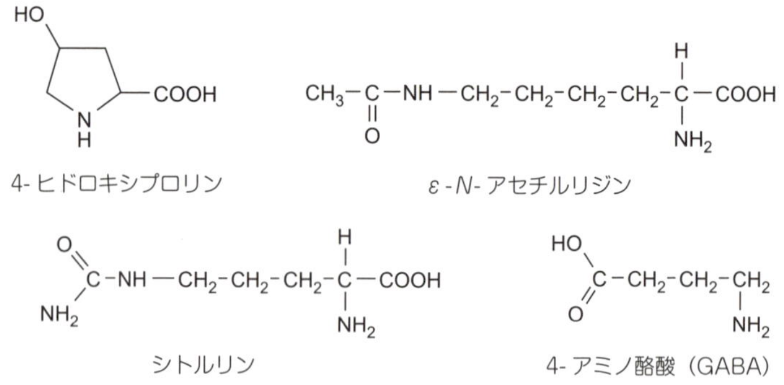

図2.3 代表的な特殊アミノ酸

ε-N-アセチルリジンは核内のヒストンに含まれ，転写を調節している．代謝にかかわるアミノ酸としては，尿素合成の中間体である**シトルリン**（citrulline）や**オルニチン**（ornithine），アミノ酸代謝の中間体であるホモシステインなどがある．情報伝達にかかわるアミノ酸としては，**4-アミノ酪酸**（4-aminobutyric acid），チロキシンなどがあげられる．

アミノ酸は分子内にアミノ基とカルボキシ基をもつので，溶液のpHによりその荷電状態が変化する．pH 7付近の中性域では，α-アミノ基とα-カルボキシ基がそれぞれ陽イオン（$-NH_3^+$）と陰イオン（$-COO^-$）になった**両性イオン**（zwitterion）型として存在するが，酸性領域ではα-カルボキシ基がプロトン化し陽イオン（カチオン）型となり，逆にアルカリ性領域ではα-アミノ基が解離して陰イオン（アニオン）型となる（図2.4）．アミノ酸のなかには，側鎖に解離基をもつものもあり，その解離基も同様にイオン化する．側鎖にカルボキシ基をもつアミノ酸（アスパラギン酸，グルタミン酸）は酸性アミノ酸，側鎖に塩基性の基をもつアミノ酸（ヒスチジン，リジン，アルギニン）は塩基性アミノ酸とよばれる（図2.2を参照）．

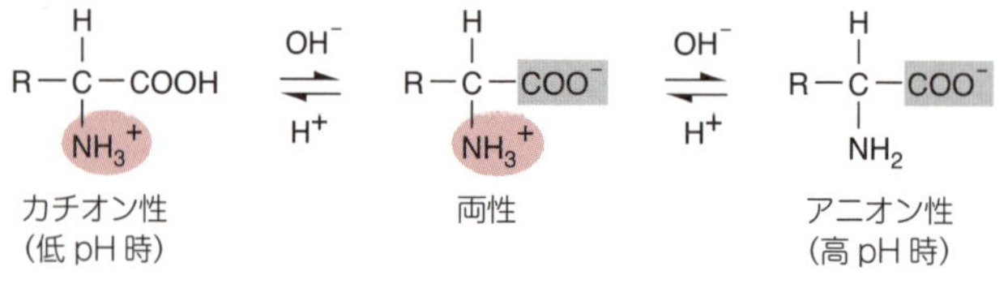

図2.4 水溶液中におけるアミノ酸の解離挙動

アミノ酸はpHにより，カチオン性となったり，アニオン性となったりする．

pK_a
酸解離定数（K_a）の負の常用対数の値（$-\log K_a$）であり，解離基が半分だけイオン化するpHに等しい．pK_aの値が小さいほど酸としての性質が強い．

それぞれのアミノ酸の荷電状態は，α-アミノ基，α-カルボキシ基および側鎖の解離基のpK_aによって規定される．**表2.1**に，酸性アミノ酸と塩基性アミノ酸のpK_aを示した．次の項で述べるように，タンパク質中のアミノ酸のα-アミノ基とα-カルボキシ基の大部分は，ペプチド結合を形成して

2.1 アミノ酸とタンパク質

表2.1 酸性アミノ酸および塩基性アミノ酸のpK_a

アミノ酸		pK_a (α-COOH)	pK_a (α-NH$_3^+$)	pK_a (側鎖)
酸性アミノ酸	アスパラギン酸	1.99	9.90	3.90 (β-COOH)
	グルタミン酸	2.10	9.47	4.07 (γ-COOH)
塩基性アミノ酸	ヒスチジン	1.80	9.33	6.04 (イミダゾール基)
	リジン	2.16	9.06	10.54 (ε-NH$_2$)
	アルギニン	1.82	8.99	12.48 (グアニジウム基)

イオン的な性質を失うので，タンパク質全体の電荷(電気的な性質)は，アミノ酸の側鎖の解離状態に依存している．これらはタンパク質の高次構造形成や機能発現にも重要な役割を果たしている．

2.1.2 ペプチド結合

アミノ酸どうしがα-アミノ基とα-カルボキシ基の間で脱水縮合することによって形成されるアミド結合を，**ペプチド結合**(peptide bond)という(図2.5)．数十個程度のアミノ酸がつながった分子を**ペプチド**(peptide)とよび，比較的短いものを**オリゴペプチド**(oligopeptide)，長いものを**ポリペプチド**(polypeptide)という．水溶液中のポリペプチドは，エネルギー的に安定な

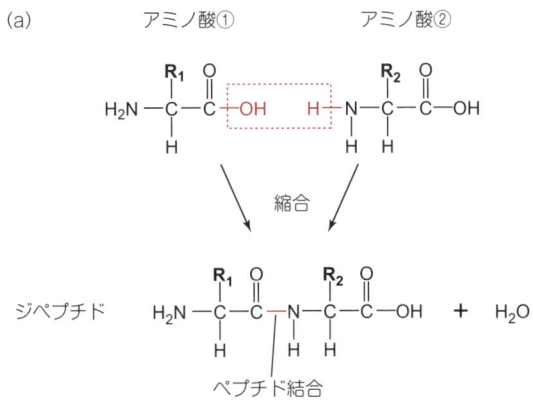

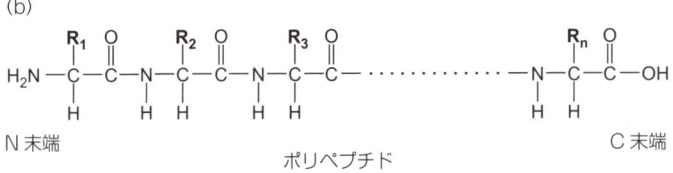

図2.5 ペプチド結合
(a) 2個のアミノ酸が脱水縮合し，ペプチド結合が形成される．(b)ポリペプチドの構造．

形に自発的に折りたたまれ，特定の立体構造を形成することによって，タンパク質としてのさまざまな機能をもつようになる．

ペプチド鎖中に組み込まれたアミノ酸は，アミノ酸残基とよばれる．ポリペプチド中のアミノ酸残基の並んでいる順番(**アミノ酸配列**)を**一次構造**(primary structure)ともいうが，これはタンパク質が形成する，より高次の立体構造である二次構造，三次構造，四次構造と対比する場合によく使われる．

ペプチドやポリペプチドの両末端には，結合していない α-アミノ基と α-カルボキシ基が存在し，それぞれを**アミノ末端**(amino-terminus，N 末端)および**カルボキシ末端**(carboxy-terminus，C 末端)とよんで区別する．

短いオリゴペプチドが生理活性をもつ例も，多く知られている．**グルタチオン**(glutathione)は，細胞内での酸化還元レベルをコントロールしているトリペプチドである．また，多くの**ペプチドホルモン**(peptide hormone)も知られており，血糖値を低下させる**インシュリン**(insulin)，性腺刺激ホルモン放出ホルモン，抗利尿作用をもつバソプレッシンなどがある(**図 2.6**)．

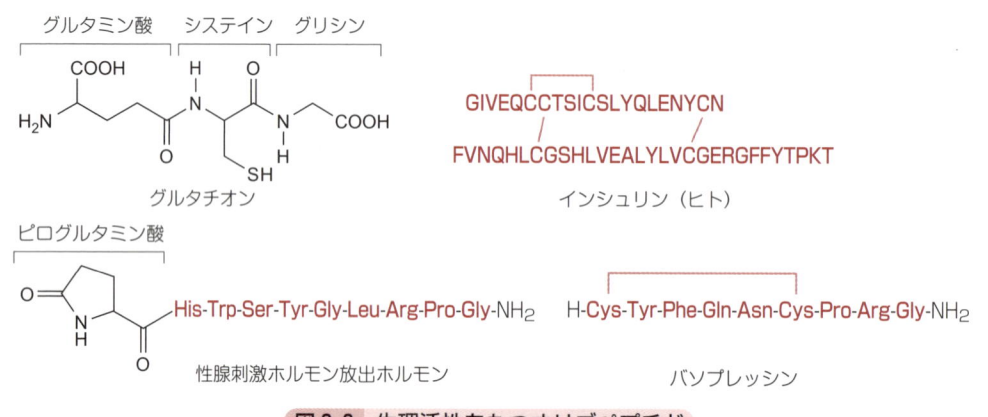

図 2.6 生理活性をもつオリゴペプチド
図中の赤文字(一文字，三文字)はアミノ酸残基を表す．

2.1.3 タンパク質の一次構造決定法

タンパク質のさまざまな機能は，その立体構造が形成されて初めて発揮されるが，そもそもその立体構造は，アミノ酸配列[*3](一次構造)によって規定されている．そのため，これまでに数多くのタンパク質のアミノ酸配列が決定されてきた．アミノ酸配列を決定する基本的な手順を**図 2.7** に示す．

一般的なタンパク質は数百個のアミノ酸残基を含むため，そのままでは大きすぎて，アミノ酸配列の分析ができない．そのため，まずタンパク質を加水分解酵素(トリプシン，キモトリプシン，V8-プロテアーゼなど)や，化学

*3 タンパク質の一次構造の情報は，生物の進化の道筋や生物種間の類縁関係を調べるうえでも非常に重要である(第9章を参照).

的方法(臭化シアンなど)によって数十残基程度の断片に分解する(図2.7a).
その断片ペプチドを分離した後,それぞれフェニルイソチオシアネート
(PITC)を用いた**エドマン分解法**(Edman degradation)により,アミノ末端
からアミノ酸誘導体(PTH-アミノ酸)として分離する(図2.7b).得られた
PTH-アミノ酸は,高速液体クロマトグラフィー(HPLC)を用いて同定する.
この反応サイクルを繰り返すことによって数十個程度のアミノ酸配列を端か
ら順に決定できる.こうして,それぞれの断片ペプチドについて配列を決定
した後,それらの重複部分(オーバーラップ)を頼りに,タンパク質全体の一

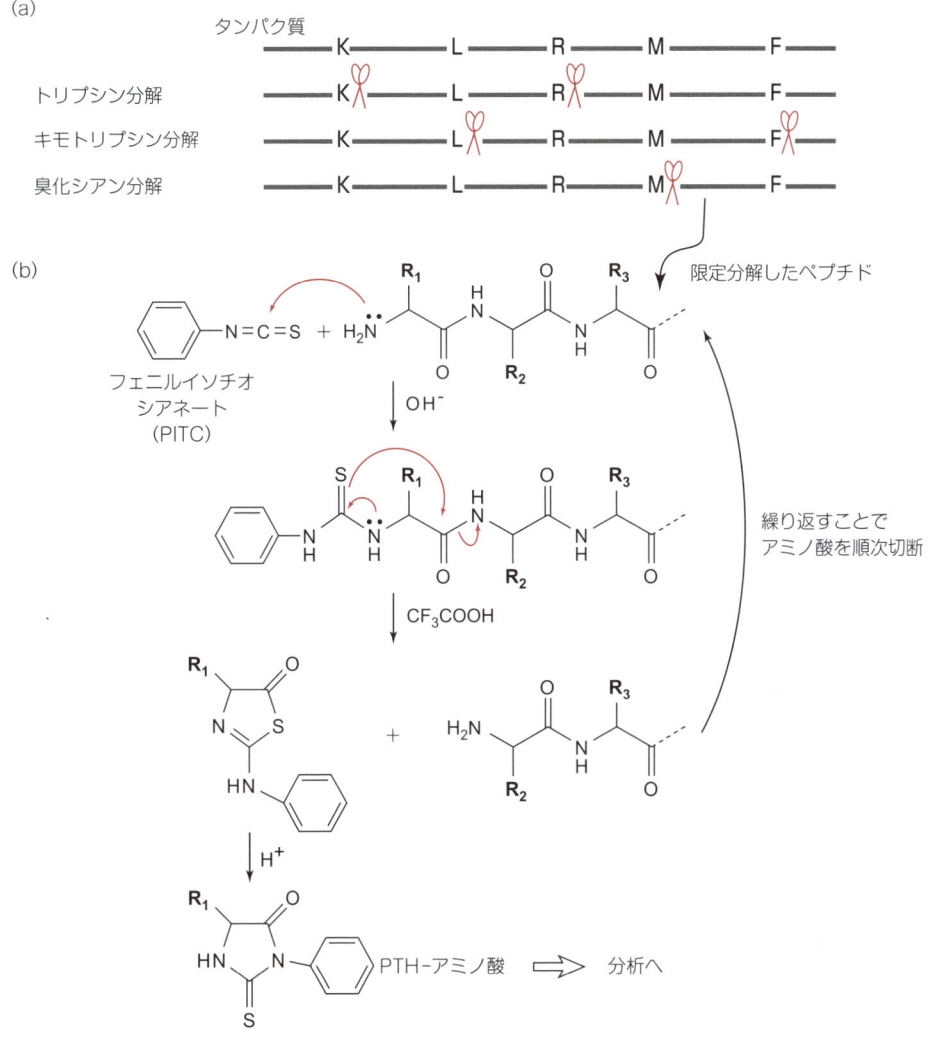

図2.7 ポリペプチドの一次構造の決定法

(a)プロテアーゼや化学的手法でポリペプチドを限定分解する.ハサミの絵の部分でポリペプチドが切断される.アルファベットはアミノ酸残基の一文字表記である.(b)エドマン分解.(a)で得られたペプチド断片のアミノ末端から,アミノ酸を順に切りだすことができる.

質量分析装置
分子やその断片の質量を測定する装置で，その方法を質量分析法(mass spectrometry)という．真空中で試料をイオン化し，飛びだしたイオンを電気的あるいは磁気的に分離し，質量電荷比を測定し，質量(分子量)の情報を得る．田中耕一はマトリクス支援レーザー脱離イオン化法を開発し，2002年にノーベル化学賞を受賞した．これにより，タンパク質などの高分子化合物の分子量も測定できるようになった．

次構造を決定するのである．最近では，質量分析装置を用いて，断片ペプチドの質量を測定し，それを手掛かりにデータベースからそのタンパク質を同定することもできるようになっている．一方，タンデム型高性能質量分析装置を使うことによって，断片ペプチドをさらに細かく分解し，それらの質量からアミノ酸配列を直接明らかにする技術も開発されている．

上で述べた化学的な方法で決定する以外にも，タンパク質をコードする遺伝子の塩基配列から，タンパク質のアミノ酸配列を推定することもできる(6.4節を参照)．現在では，ヒトをはじめ多くの生物種の全ゲノム配列が決定されており，もしタンパク質の部分的なアミノ酸配列がわかれば，その情報を手がかりにして，遺伝子の情報からただちに全アミノ酸配列を推定することも可能になってきた．しかし，その場合でも，ポリペプチドとして生合成された後に起きるアミノ酸の修飾や切断，また三次構造を維持するのに重要なジスルフィド結合の位置などは化学的方法によって調べる必要がある．

2.1.4 タンパク質の二次構造

ペプチド主鎖のカルボニル酸素とアミド水素の間で多数の水素結合が形成されることで，ペプチド鎖はさまざまな局所的立体構造を形成する．これを**二次構造**(secondary structure)という．タンパク質の代表的な二次構造として α ヘリックス，β シート，ターン構造などがある．

α ヘリックス構造(α-helix structure)は右巻きのらせん構造で，3.6残基で1回転し，5.4Åのピッチ(1回転で進む距離)をもつ．i 番目のカルボニ

共鳴混成体
共鳴関係にある二つの構造(極限構造)の中間的な構造を表現するもので，現実の構造を考える際に重要となる．

Column

ペプチド結合の立体構造

ペプチド結合は，図に示すように，二つの共鳴構造の共鳴混成体であり，C-N結合が二重結合性を帯びているために，自由に回転できない平面構造となっている．タンパク質中のほとんどのペプチド結合は，α-炭素に結合している側鎖どうしの立体障害が少ないトランス形をとっている．また，ペプチド結合を形成するCOとNHは互いに多数の水素結合をつくることができるので，タンパク質の立体構造を形成する際に重要な働きをする．本節で述べる二次構造は，このようなCOとNHがお互いに多数の水素結合を作ることによって形成されるペプチド主鎖の局所的な立体構造をいう．

図 ペプチド結合の共鳴構造
C_α-N(ϕ)とC_α-C(ψ)の結合は，ある程度自由に回転できる．C-N結合は回転できない．

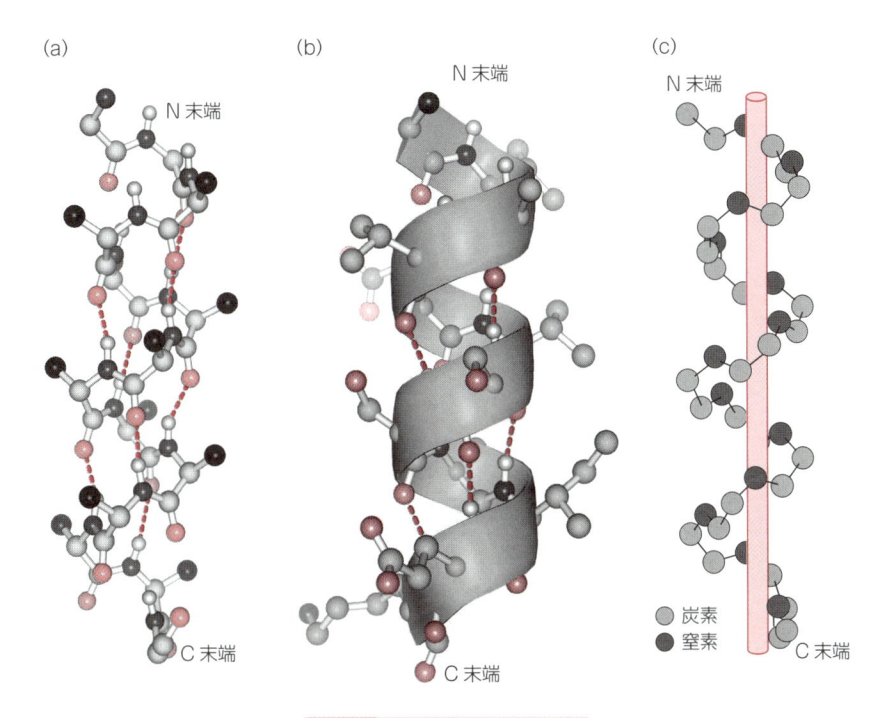

図2.8　αヘリックスの構造

点線は水素結合を表す．(a)では，側鎖を黒の球で表している．(b)では実際の側鎖を示しており，リボンモデルを重ねて表示している．(c)では主鎖の原子のみを表示した．

ル基の酸素と $i+4$ 番目の α-アミノ基の水素間で水素結合が形成され，そのため分子内で水素結合が階段状になり，αヘリックス構造が安定化される（図2.8）．αヘリックス内のアミノ酸残基の側鎖は，らせん構造の外側に突きだしており，その側鎖の種類によってαヘリックスの安定性や性質が変化する．例えば，αヘリックスの軸にそって片側の面に疎水性のアミノ酸残基が並び，反対側の面に親水性の残基が並ぶと両親媒性のαヘリックスとなり，疎水面を介して複数のαヘリックスが会合する場合がある．超二次構造の項で後述する，ロイシンジッパーとよばれるDNA結合タンパク質はその典型例である．

　βシート構造（β-sheet structure）は，2本以上の伸びたペプチド鎖間に水素結合が形成されるシート状の構造で，シートを構成する各ペプチド鎖をβストランドという．βシートには，ポリペプチド鎖が同じ向きに並んだ平行βシート構造と，逆向きに並んだ逆平行βシート構造（図2.9）の2種類がある．βストランド中のアミノ酸残基の側鎖は，交互にβシートの平面から突きだす．したがって，疎水性と親水性のアミノ酸残基が交互に並ぶようなペプチド鎖がβシートを形成した場合，片方の面が疎水性で，反対側が親水性の性質をもつシートができ，疎水面でシートが会合したβサンドイッチとよばれる構造をとることがある．βシートが筒状になった構造（βバレル構造）

水素結合
電気陰性度が大きな原子に共有結合で結びついた水素と，孤立電子対との間の結合．

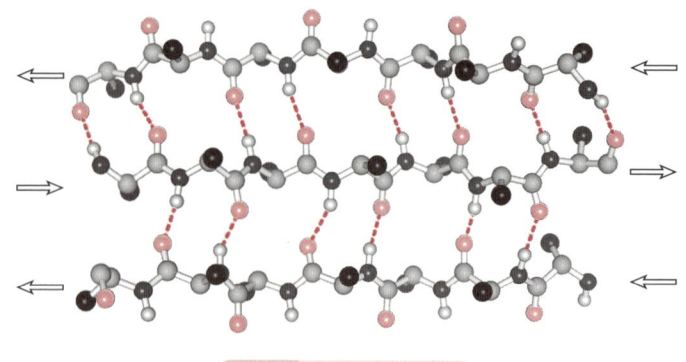

図2.9 βシートの構造

矢印は，N末端からC末端への方向を示している．βストランドがそれぞれ逆向きに並んで水素結合を形成していることから，逆平行βシートとよばれる．

もしばしば見られ，代表的なものに緑色蛍光タンパク質(green fluorescent protein；GFP)があげられる(図2.10)．

ターン構造(turn structure)は，ペプチド鎖が折れ曲がる部位に見られる構造である．4個の残基で構成されるβターン構造(図2.11)にはⅠ型とⅡ型があり，いずれも2番目の残基はプロリンであることが多く，Ⅱ型においては，3番目がグリシンであることが多い．また，緑色蛍光タンパク質の構造(図2.10)にも見られるように，βターン構造はタンパク質の表面に存在する場合が多い．

緑色蛍光タンパク質

オワンクラゲが発光する際に必要なタンパク質．まずイクオリンタンパク質が細胞内カルシウムイオンに応答して青色に発光し，緑色蛍光タンパク質がその青色を励起光として緑色の蛍光を発する．この遺伝子に別のタンパク質の遺伝子をつないだ融合タンパク質を作成し，細胞内で発現させることによって，そのタンパク質の詳細な機能や局在を解析できるようになった．このタンパク質を発見，精製したのが下村脩で，2008年にノーベル化学賞を受賞した．

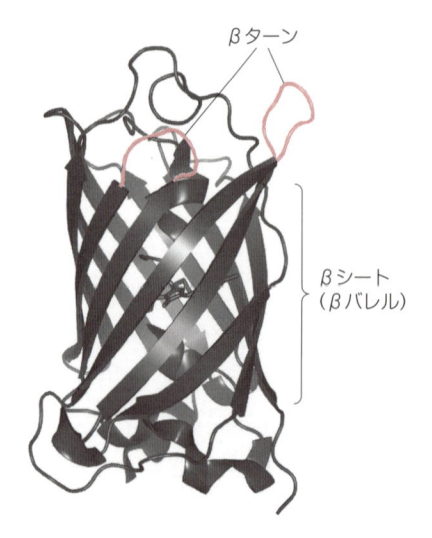

図2.10 緑色蛍光タンパク質 GFP

オワンクラゲから単離されたタンパク質で，βバレル構造の中心に蛍光を発する発色団が存在する．βターンはβストランドが折り返す部分にしばしば見られる．

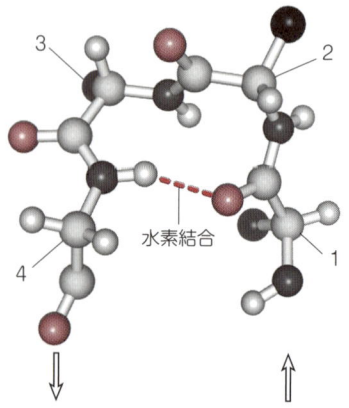

図2.11 Ⅰ型βターン構造

四つのアミノ酸残基からなり，1番目の残基のCOと4番目の残基のNHの間で水素結合を形成する．側鎖は黒の球で表している．

2.1.5 タンパク質の超二次構造

二次構造の組合せによってさまざまな立体構造が形成されるが，これらはいくつかの共通構造(**超二次構造，モチーフ**, motif)に分類できる．**ヘリックス-ターン-ヘリックス**(helix-turn-helix, $\alpha\alpha$ モチーフともいう)は転写因子のDNA結合部位によく見られる構造で，2本の α ヘリックス鎖の側鎖間の疎水性相互作用により安定化している．**ロイシンジッパー**(leucine zipper)も転写因子によく見られる構造で，2本の α ヘリックス鎖のロイシン残基が交互にかみ合うジッパーのように相互作用し，安定化している(図2.12 a)．この2本の α ヘリックス鎖がかみ合っている構造を**コイルド-コイル**(coiled-coil)構造とよぶ．**ジンクフィンガー**(zinc finger)モチーフは，α ヘリックス構造と β シート構造から構成され，亜鉛にシステイン残基やヒスチジン残基の側鎖が配位することで，安定化している(図2.12 b)．

さらに，図2.10の緑色蛍光タンパク質の構造にも見られるような，11本の β ストランドが樽のように並んで筒状の β シートを形成した **β バレル**(β-barrel)モチーフや，$\beta\alpha\beta$ モチーフ，折返し β モチーフなどがある．

> **転写因子**
> DNAからRNAへの転写(6.3節を参照)を調節するDNA結合タンパク質．

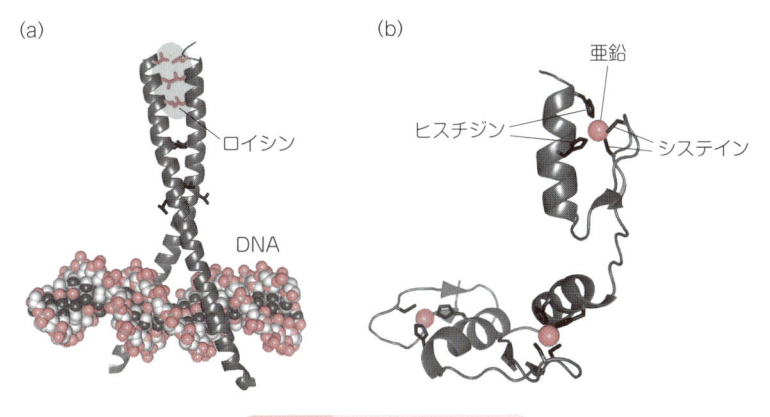

図2.12 モチーフ構造の例
(a)ロイシンジッパー，(b)ジンクフィンガーの構造．

2.1.6 タンパク質の三次構造

水素結合で形成された二次構造が，さらにアミノ酸側鎖間のさまざまな相互作用で集まり，ポリペプチド鎖が立体的に折りたたまれた構造を**三次構造**(tertiary structure)という．三次構造を形成させる相互作用には，ファンデルワールス力，疎水性相互作用，イオン結合，水素結合，ジスルフィド結合などがある(図2.13)．

ジスルフィド結合は，2個のシステイン残基側鎖のチオール基(-SH)が酸化され -S-S- となったもので，他の相互作用と違って強い共有結合である．ただし，ジスルフィド結合はタンパク質が折りたたまれた後，空間的に近く

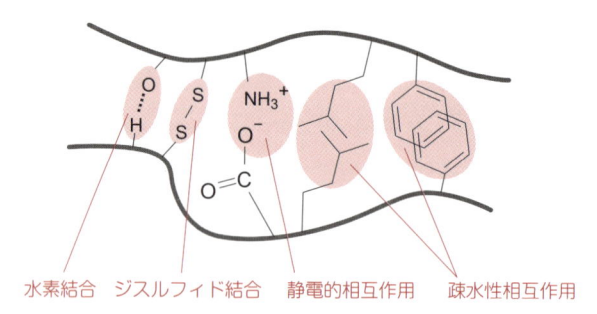

図 2.13 タンパク質側鎖間の相互作用

水素結合を形成するのは Asp, Asn, Glu, Gln, Ser, Thr, Tyr, His, Trp, Arg. ジスルフィド結合は Cys. 静電的相互作用は Lys, Arg, His, Asp, Glu. 疎水性相互作用は Leu, Ile, Val, Met, Phe, Tyr.

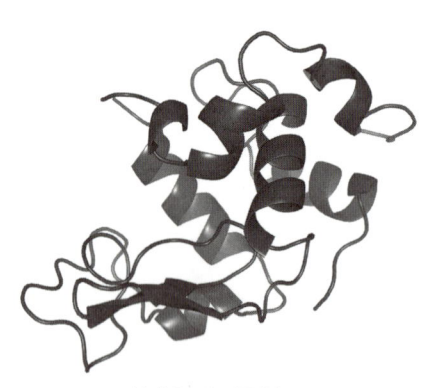

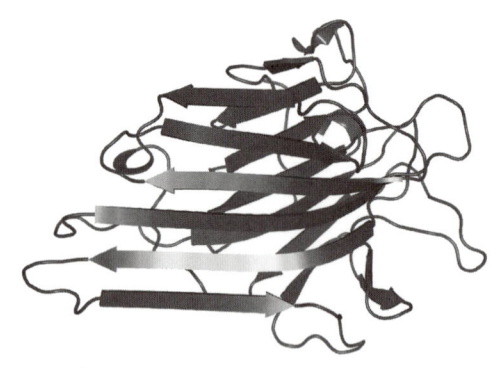

リゾチーム（卵白）　　　コンカナバリン A（タチナタマメ）

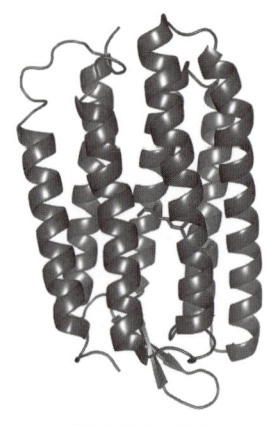

バクテリオロドプシン　　コレラ毒素（コレラ菌）
（高度好塩菌）

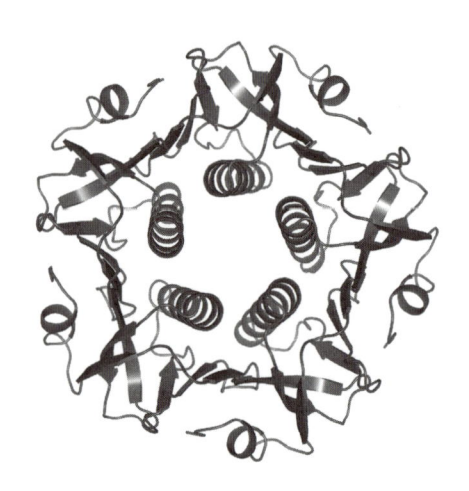

図 2.14 タンパク質の三次構造の例

らせん状のリボンはαヘリックス，板状の矢印は，βストランドを表している．

に位置しているシステイン残基間でつくられるので*4，基本的な三次構造は，他の弱い相互作用によってあらかじめ形成される．

例えば，水溶性の球状タンパク質が折りたたまれる際には，タンパク質の内部に，まわりの水分子から排除された疎水性アミノ酸残基が集まる．これによって生じる疎水性相互作用が，ポリペプチド鎖が折りたたまれる際の主な駆動力となっている．疎水性残基がタンパク質の内側に集まるのに対して，親水性（極性）の側鎖をもつアミノ酸残基は，タンパク質の表面で水と接している場合が多い．一方で，極性基である主鎖のCOとNHは，タンパク質内部に埋もれれば水と接触しないので，互いに水素結合を形成することが多く，それが二次構造の形成と安定化にもつながっている．

図2.14に，タンパク質の三次構造の例を示した．

タンパク質の三次構造は，**ドメイン**(domain)*5とよばれる構成単位に分けられることが多い（図2.15）．ドメインは，数十から数百残基の大きさをもち，立体的に区別できる．一つのドメインが酵素活性などの特定の機能をもつ場合や，複数のドメインが集まってできた溝が基質との結合部位になる場合などがある．多くの異なるタンパク質中に共通したドメイン構造が見られる場合があるが，これは，そのドメインのアミノ酸配列を規定する祖先遺伝子がさまざまなタンパク質遺伝子に取り込まれて進化した結果ではないかと考えられている．

*4 ジスルフィド結合は，システイン残基のチオール基が酸化され形成される．この反応を触媒する酵素も知られている．

*5 生物の分類におけるドメイン（図1.5）とは異なるので注意．

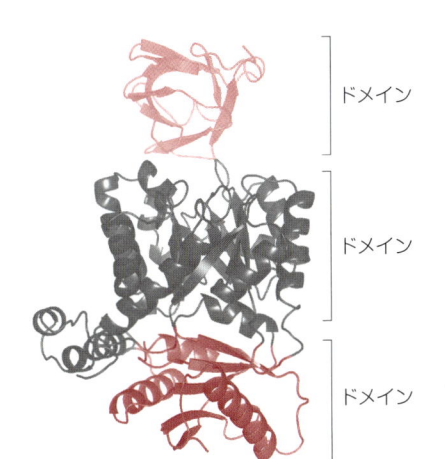

図2.15 ピルビン酸キナーゼのドメイン構造
ピルビン酸キナーゼは解糖系の最後の段階で働く酵素であり，三つのドメインからなる．

2.1.7 タンパク質の四次構造

ポリペプチド鎖が2本以上集まって一つのタンパク質を形づくっている例は少なくない．その会合した構造を**四次構造**(quaternary structure)という．それぞれのポリペプチド鎖を**サブユニット**(subunit)とよび，分子量10万を超えるような大きなタンパク質の場合に特によく見られる．サブユニット構造をもつ利点として，短いポリペプチド鎖で大きなタンパク質を構築できる

ことがある．また，ヘモグロビン(4.1節を参照)やアロステリック酵素(4.2節を参照)のように，サブユニット間の相互作用によって活性がダイナミックにコントロールされる場合もある．

サブユニット構造には，その会合数によって，**二量体**(dimer)，**三量体**(trimer)，**四量体**(tetramer)などがあり，回転対称，二面対称，正四面体対称，正八面体対称，正二十面体対称，らせん構造など，さまざまな会合の様式がある．サブユニット間は三次構造と同様，ジスルフィド結合，疎水性相互作用，静電的相互作用，水素結合などによりつながれている．

赤血球に含まれ酸素を運搬するヘモグロビンは，α鎖2本，β鎖2本から構成されるヘテロ四量体のタンパク質である(図2.16)．これらサブユニットの構造が協調的に変化することで，高酸素濃度条件下で酸素と結合し，低酸素濃度条件下で酸素を遊離するという機能が発現される(第4章を参照)．

> **Topics**
> 同一のポリペプチド鎖が会合したものをホモ二量体，異なるポリペプチド鎖が会合したものをヘテロ二量体とよぶ．

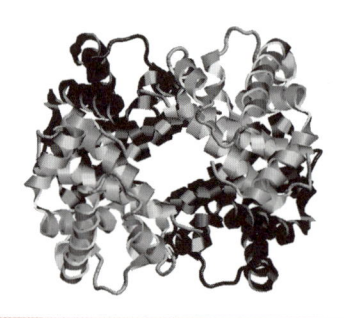

図2.16 ヘモグロビンのヘテロ四量体構造

2.1.8 タンパク質の変性と再生

タンパク質の立体構造が，熱や化学的な処理によって壊れることを**変性**(denaturation)という(図2.17)．例えば，通常のタンパク質は50〜60℃以上の温度下や，酸やアルカリでpHを極端に変化させると変性し，機能を失う．これは，タンパク質の立体構造を維持している弱い相互作用が破壊されるためである．他にも尿素や塩酸グアニジンのようなカオトロピック試薬や

> **カオトロピック試薬**
> 水分子を乱して疎水性物質の水溶性を高めることにより変性を引き起こす試薬．

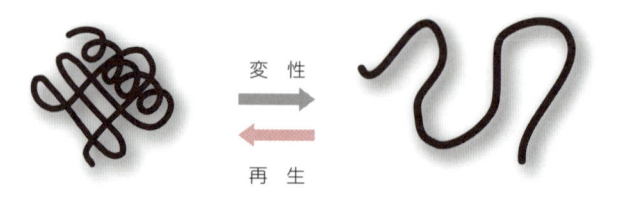

図2.17 タンパク質の変性と再生
タンパク質は加熱処理や変性剤により立体構造が破壊され変性するが，適切な条件に戻すと自発的に立体構造が再生する場合も多い．

ドデシル硫酸ナトリウム(SDS)のような界面活性剤も，変性を引き起こす代表的な物質である．これらの試薬は特にタンパク質内部で構造を安定化している疎水性相互作用を破壊することによって変性を引き起こす．

しかし，いったん変性したタンパク質も，適切な条件に戻せば，天然型の立体構造を**再生**(renaturation)することが多い．これは天然型の構造が自由エネルギーの最も低いコンフォメーション(立体配座)であることを示しているのと同時に，ポリペプチド鎖のアミノ酸配列自体に立体構造の情報が含まれていることを示している．アミノ酸配列は，遺伝子であるDNAの塩基配列によって規定されていることから(6.4節を参照)，遺伝子にある一次元の情報はアミノ酸配列情報に変換された後，タンパク質の自発的な折りたたみによってはじめて三次元の生体物質情報に変換されるのである．

2.2 核　酸

タンパク質が生体の構造を維持し，化学反応や運動をつかさどるダイナミックな「機能分子」であるのに対して，**核酸**(nucleic acid)は多くの生体情報を含んでいる「情報分子」である．ヒトのゲノムには約30億対もの塩基配列が含まれているが，国際的なプロジェクトである**ヒトゲノム計画**(human genome project)によって，そのほとんどが解明され，2003年に発表された．その後，遺伝子発現のコントロール，翻訳産物の機能調節，それらのダイナミックな相互作用に関する研究，さらには，さまざまな医療技術への応用展開が進められる**ポストゲノム**(post-genome)の時代に突入した．

本節では，膨大な遺伝情報が書き込まれている物質DNAと，それを読みだす物質RNAの化学的な構造について解説し，遺伝情報の流れについて解説する第5章の基礎としたい．

2.2.1 DNA

DNA(デオキシリボ核酸, deoxyribonucleic acid)は糖，塩基，リン酸基からなる**ヌクレオチド**(nucleotide)を構成単位として，これが鎖状につながったポリヌクレオチドである(図2.18)．

DNAの特徴は，糖として，フラノース型の**D-デオキシリボース**(deoxyribose)をもつ点である(RNAはD-リボースを含む)．塩基は，**プリン**(purine)と**ピリミジン**(pyrimidine)の誘導体であり，プリン塩基には**アデニン**(adenine：A)と**グアニン**(guanine：G)が，ピリミジン塩基には**シトシン**(cytosine：C)と**チミン**(thymine：T)がある(図2.19)．

糖と塩基がつながった分子をヌクレオシドといい，糖の1′位の

ヒトゲノム計画
ヒトの遺伝子の全塩基配列を解読するという計画．得られる情報はヒトの生物学的研究を飛躍的に発展させることはもちろんのこと，医学やバイオテクノロジーを支える重要なデータベースとなると期待される．

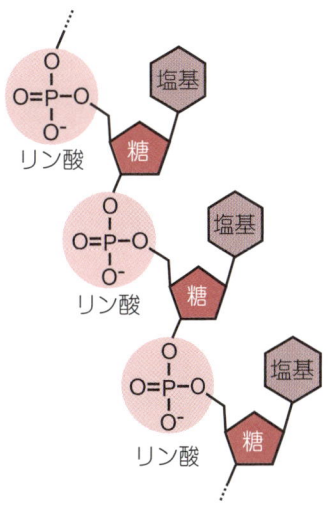

図2.18 核酸の基本構造

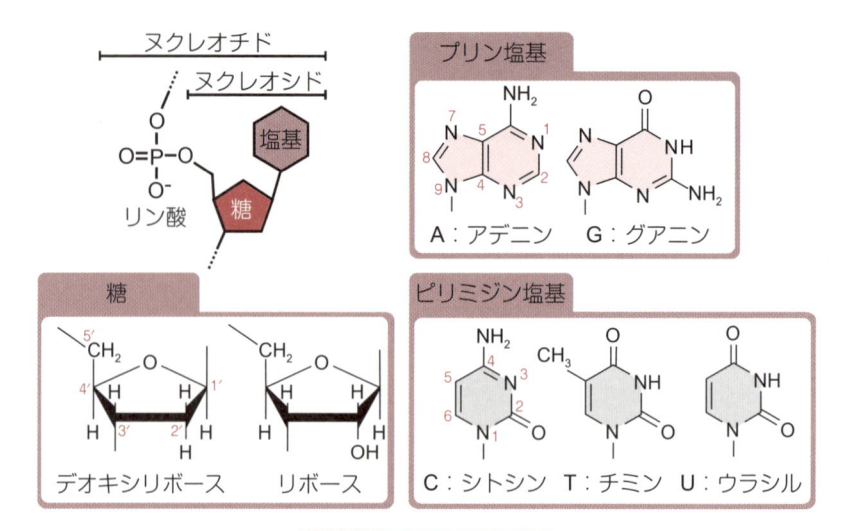

図 2.19 核酸の化学構造

ヒドロキシ基とプリン塩基の 9 位の窒素，あるいはピリミジン塩基の 1 位の窒素が，β-N-グリコシド結合を形成している．このヌクレオシドの糖(通常は 5′ 位)にリン酸がエステル結合したものがヌクレオチドである．ヌクレオチド中のデオキシリボースの 3′ 位と 5′ 位の間を，リン酸がエステル結合(**ホスホジエステル結合**, phosphodiester bond)で架橋することによって，ポリヌクレオチド鎖が形成される．ポリヌクレオチド鎖の両端のうち，デオキシリボースの 5′ 側で終わっている方は **5′ 末端**，3′ 側で終わっている方を **3′ 末端**とよぶ．

塩基は，ポリヌクレオチド鎖の横方向に突きだし，その配列が遺伝情報を表している．ヒトでは遺伝情報は約 30 億塩基の文字列として各細胞の核内に染色体として存在し，大腸菌でも約 430 万塩基の DNA が環状構造となって細胞内に保存されている．このような長い DNA 鎖は細胞内で，タンパク質とともに，染色体(クロマチン)構造を形成し，小さく折りたたまれている．

2.2.2 DNA の二重らせん構造

DNA がもつ遺伝情報を次世代に伝達するためには，これが複製される必要がある．1953 年，ワトソン(J. Watson)とクリック(F. Crick)は，DNA は逆平行(5′ 末端と 3′ 末端がお互いに反対向き)の**二重らせん**(double helix)構造を形成し，2 本の DNA 鎖は**相補的**(complementary)な**塩基対**(base pair)を形成することによって，遺伝情報の複製を可能にしているという事実を明らかにした．塩基対は，向かい合ったアデニンとチミン，あるいは，グアニンとシトシンの間に，水素結合を介して形成される(**図 2.20**)[6]．

2 本鎖 DNA の塩基配列を示すときは，**図 2.21** のように，構成するヌク

[6] さらに，隣接する塩基が重なることによって生じるスタッキング(stacking；積み重なり)相互作用によっても二重らせん構造は安定化している．

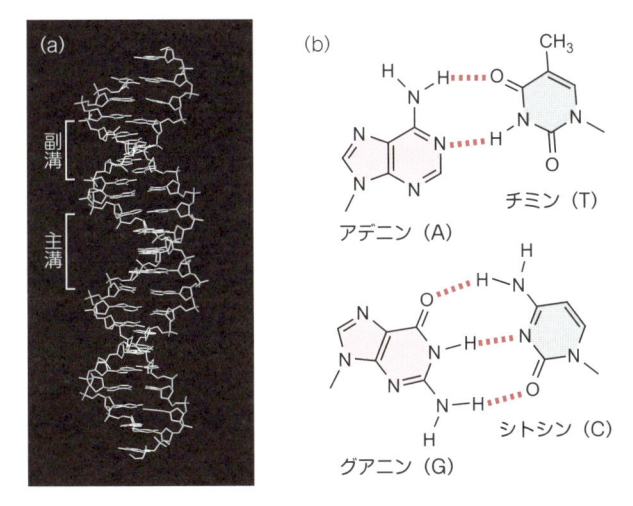

図 2.20 DNA の二重らせん構造と塩基対の構造
(a) B 型 DNA の立体構造．(b) ワトソン-クリック塩基対の様子．赤い破線は水素結合を表す．

(a)

5′-GACACCATGGTGCACCTGACTCCTGAGGAG-3′
3′-CTGTGGTACCACGTGGACTGAGGACTCCTC-5′

(b)

5′-GACACCATGGTGCACCTGACTCCTGAGGAG-3′

図 2.21 2 本鎖 DNA の塩基配列の表記
(a) 2 本鎖を両方表記した例．(b) 一方の鎖のみを表記した例．通常，左側を 5′ 末端とし，(b) のように一方の鎖の塩基配列を表記することが多い．

レオチドの塩基の略号 (A, G, C, T) を用いて表記する．加えて，2 本鎖の塩基配列はそれぞれ相補的であるので，**図 2.21 b** のように簡略化して，一方の鎖の配列情報のみを表記すればよい．1 本鎖の核酸の塩基配列を表記するときは，特に断らない限り 5′→3′ の方向で示す．一つの遺伝子を構成するヌクレオチドの数は数百～数千塩基対と大きいため，一方の鎖の塩基配列のみで表記するのが一般的である．また，DNA の大きさを示すときは，100 塩基対や 100 **bp** (base pair) というように，ヌクレオチド残基の数で表す．また，特に 2 本鎖と 1 本鎖 DNA を区別して表すときは，2 本鎖 DNA は **dsDNA** (double-stranded DNA)，1 本鎖 DNA は **ssDNA** (single-stranded DNA) というように書く．

DNA は，その二重らせん構造の違いにより，**A 型**，**B 型**，**Z 型**の 3 種類に区別される．B 型二重らせん構造 (**図 2.20 a**) は右巻きで，10 塩基対で 1 回転し，ピッチは 3.4 nm である．B 型 DNA には，らせん間に大小の溝が

できる．広い溝を**主溝**(メジャーグルーブ，major groove)，狭い溝を**副溝**(マイナーグルーブ，minor groove)とよぶ．このB型二重らせん構造は，ワトソンとクリックが初めて明らかにした最も一般的な構造で，この幾何学的に美しい構造は多くの人々を魅了した．一方，**表2.2**に示すように，A型二重らせん構造は右巻きであるが，11塩基対で1回転し，ピッチは2.6nmと，B型に比べ密に巻かれた構造となる．Z型DNAはA型やB型と異なり左巻きで，B型よりも伸びた構造となっている．DNAがどの構造を取るかは，塩基配列や溶媒の塩濃度，水分含量などに依存しており，構造の違いが何らかの生命機能のコントロールにかかわっていると考えられる．

表2.2 DNA二重らせんの構造的特徴

らせん構造	A型	B型	Z型
らせんの向き	右巻き	右巻き	左巻き
直径	約26Å	約20Å	約18Å
1回転あたりの残基数	11	10	12
1残基あたりのらせん回転角	33°	36°	60°
らせんのピッチ	2.8 nm	3.4 nm	4.5 nm

二重らせんを形成している2本のDNA鎖間は，水素結合のみでつながれているので，熱やアルカリ処理で容易に解離する．その様子は，波長260 nmの紫外吸収の増加(濃色効果)を測定することでわかる(**図2.22**)[*7]．この吸収変化の中間点を与える温度を**融解温度**(melting point；T_m)といい，この温度は二重らせん構造の安定性の指標となる．一般に，鎖長が長いDNAや，水素結合が3本形成されるグアニン-シトシン塩基対を多く含むDNAではT_mは高くなり，逆に鎖長が短いものや，水素結合が2本しか形成されないアデニン-チミン塩基対を多く含むDNAでは，T_mは低くなる．

＊7 比較的自由に運動できる1本鎖DNAの塩基の方が，規則正しく重なり合っている二重らせん構造の塩基に比べて，紫外光を吸収する力が強いためである．

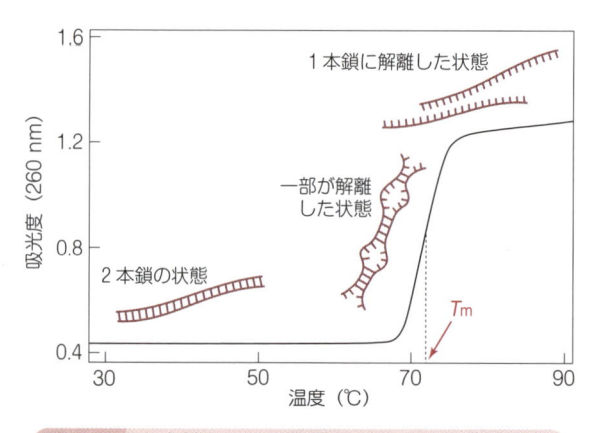

図2.22 2本鎖DNAの解離にともなう吸光度変化

2.2.3 RNA

RNA(リボ核酸,ribonucleic acid)は,DNA の場合のチミンの代わりに**ウラシル**(uracil:U)を塩基にもち,糖として 2′ 位がヒドロキシ基の D-リボースを含む(図 2.19).この 2′ 位のヒドロキシ基はアルカリ条件下(例えば 0.1 M[*8] の NaOH 水溶液中)でホスホジエステル結合を攻撃するため,RNA は容易に加水分解される.一方,DNA は,2′ 位にヒドロキシ基がないためにこのような反応が起こらず安定である.また,RNA が二重らせん構造を形成する際には,リボースの 2′-ヒドロキシ基の影響でA型らせん構造をとりやすい.DNA/RNA のハイブリッド二重らせんでも同様である.

[*8] Mはモル濃度(mol/L)を表す.

2.2.4 RNA の多様な構造

RNA は,DNA のようにつねに相補鎖と二重らせん構造を形成しているわけではなく,1 本鎖で存在することが多い.これは,RNA が DNA の 2 本鎖のうちの片方の鎖(鋳型鎖)からのみ転写されるからである.1 本鎖で存在する RNA は,しばしばタンパク質と同様,その鎖が折りたたまれることによってさまざまな高次構造を形成し,生体内での遺伝情報の読みだしや,その他の化学反応にかかわっている.

RNA の塩基配列は一次構造であり,塩基どうし,あるいは塩基-リン酸基間で相互作用することによって形成される構造を二次構造とよぶ.さらに,これら二次構造が組み合わされて形づくられる立体構造を三次構造という(図 2.23).三次構造をとる RNA として,**リボソーム RNA**(ribosomal RNA;rRNA)や**トランスファー RNA**(transfer RNA;tRNA)がよく知られているが,これら以外にも,メッセンジャー RNA(mRNA)のスプライシング(6.3 節を参照)を行う触媒活性をもつ RNA(**リボザイム**,ribozyme)も知

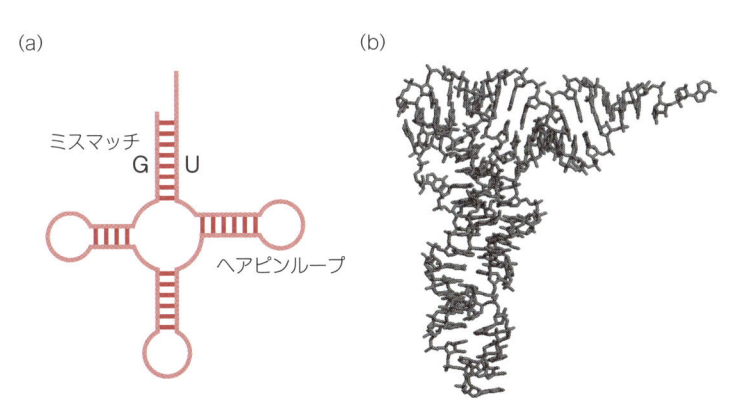

図 2.23 酵母由来 tRNA^Phe の二次構造(a)と三次構造(b)

tRNA^Phe とは,フェニルアラニンを運ぶ tRNA のことである.分子内塩基対の一つが G-U のミスマッチな対になっている.

られている．タンパク質からなる酵素同様，RNAがとりうる多彩な立体構造がそれぞれの機能と密接な関係をもっていると考えられる．

RNAの一次構造(塩基配列)は，ゲノムDNAや，RNAから逆転写酵素を用いて作製したDNA(cDNA)などの配列解析(6.2節を参照)を行うことによって比較的容易に決定することができるが，二次構造や三次構造の決定には，生化学的な手法やコンピュータを用いた計算予測，X線結晶構造解析などのさまざまな手法が必要とされる．

❖ 章末問題 ❖

2-1 酸性アミノ酸，塩基性アミノ酸とは何か．その違いを説明せよ．

2-2 ペプチドのアミノ酸配列の決定法を説明せよ．

2-3 タンパク質構造の一次構造から四次構造について説明せよ．

2-4 タンパク質の二次構造を調べるにはどのような方法があるか説明せよ．

2-5 タンパク質の側鎖間の相互作用にはどのようなものがあるか説明せよ．

2-6 酸やアルカリ，あるいはカオトロピック試薬やドデシル硫酸ナトリウムによるタンパク質の変性はどのようなメカニズムによるものか説明せよ．

2-7 DNAとRNAの違いは何か．

2-8 DNAの二重らせん構造にはいくつか種類がある．それぞれの構造的特徴を述べよ．

2-9 2本鎖DNAを1本鎖にするにはどうすればよいか．また，それを確認する方法を説明せよ．

2-10 RNAの高次構造とその機能について説明せよ．

第3章
生体分子 II
——糖質, 脂質

食事から摂る栄養分のなかでも，特に糖質と脂質は比較的カロリーの高いものとして，ダイエットの標的にされることが多い．たしかに，砂糖やデンプン，油脂などをあまり過剰に取りすぎないように気をつけることは必要だが，それだけにこのような糖質や脂質は，生命を支えるためのエネルギーを生みだす重要な物質であるといえよう．また，この他にも体内には，微量で重要な働きをするさまざまな糖質や脂質がある．

3.1 糖 質

糖質(saccharide)は，生物がつくりだす分子のうち，地球上で最も存在量の多い有機分子である．糖は，**炭水化物**(carbohydrate)とよばれることも多い．それは，多くの糖質分子が一般式$(C \cdot H_2O)_n (n \geq 3)$で表現される，つまり「炭素に水分子が結合した化合物」といえるからである．

20世紀なかばまで，糖はエネルギー源として利用されるか，細胞構造を維持するための材料となる分子としか認識されていなかった．加えて，単糖が多数つながってできる多糖（ポリマー）は，タンパク質や核酸のように情報の青写真から構築されるものではないため，大きさも組成も一定でない．生命科学の爆発的な発展を牽引した「タンパク質」や「核酸」にくらべると，「糖」は実につつましやかな存在でしかなかった．しかしながら，1970年代後半頃から事情は大きく変わってくる．複数の糖分子により形成されるポリマーやオリゴマー，つまり「**糖鎖**(sugar chain, glycan)」がもつ一見悩ましい複雑な構造が，多細胞社会における認識機構においてきわめて重要で多様な意義をもつことが明らかになってきたのである．糖鎖機能を明らかにし，それらの応用をめざす研究領域である「**糖鎖生物学**(グリコバイオロジー，Glycobiology)」という用語も最近ではよく耳にするようになった．

Topics

エネルギー源としての糖
- グルコース（ブドウ糖）
- スクロース（ショ糖）
- デンプン（糊）
- グリコーゲン

構造を維持するための糖
- セルロース →細胞壁
- キチン →甲殻類の殻
- ヒアルロン酸 →結合組織

3.1.1 糖質の役割

糖質の化学を学ぶにあたって，糖質の役割を少しでも知っておくと，化学的な特性を理解しやすくなる．それらのいくつかを以下に示す．

a) 砂糖やデンプンなどは世界中の地域で主食とされ，光合成能をもたない細胞は，それらを酸化してエネルギーを得ている．

b) セルロース，キチンなど不溶性のポリマーは，バクテリアや植物の細胞壁，昆虫や甲殻動物の外骨格などの構造的あるいは防御的支持体となる．

c) 関節の潤滑剤や細胞間の接着分子として使用される．

d) タンパク質や脂質に共有結合している複雑な構造の糖鎖は，タンパク質の物理的安定性に寄与するだけでなく，生体内におけるタンパク質の機能に大きな影響を与え，ひいては細胞挙動や組織構築においても重要である．

糖質が織りなす構造(糖鎖構造)が多様であるように，それらがもつ機能もきわめて多様である．上に紹介した以外にも重要な機能がある．

3.1.2 単 糖──糖の最小単位

まず，糖の定義を確認しておこう．

糖とは，ポリヒドロキシアルデヒドあるいはポリヒドロキシケトン，そして加水分解を受けてそれらを生じる物質である．最小の単糖には，グリセルアルデヒドとジヒドロキシアセトンの2種類があり，どちらも3個の炭素原子を含む糖分子であるため，トリオース*1(三炭糖，triose)とよばれる．

*1 例外もあるが，糖の名前は，語尾に"〜オース(-ose)"が付くのが一般的である．炭素数が4個の仲間ならテトロース，5個ならペントース，6個ならヘキソース，7個ならヘプトースとよばれ，ヘプトースまでが生化学でよく登場する単糖である．

キラル炭素
不斉炭素ともいう．炭素に四つの異なる原子あるいは置換基が結合する場合，この炭素をキラル炭素とよぶ．キラル(chiral)とは，ギリシャ語で「手」を意味する．ちなみに「手相術」は英語でchiromancyである(第2章も参照)．

アルデヒド基 [H-C=O]
H-C-OH
CH₂OH
D-グリセルアルデヒド

H-C=O
HO-C-H
CH₂OH
L-グリセルアルデヒド

CH₂OH
C=O] ケト基
CH₂OH
ジヒドロキシアセトン

では，トリオースの化学構造を見てみよう．グリセルアルデヒドは，アルデヒド基をもつ糖であるので，**アルドース**(aldose)と総称されるグループに入る．もう一方のジヒドロキシアセトンは，ケト基をもつことから**ケトース**(ketose)と総称されるグループに入る．さらに，グリセルアルデヒドの構造をよく見ると，2番目の炭素(C2)が**キラル炭素**(chiral carbon)であることに気づくだろう．したがって，グリセルアルデヒドには2種類の分子が存在し，

一方を D-グリセルアルデヒド，その鏡像異性体を L-グリセルアルデヒドとよぶ．アルデヒド基を上に記して，キラル炭素に結合するヒドロキシ基(-OH)を右(水素は左)に描いた場合がD体，一方，ヒドロキシ基を左(水素は右)に描いた場合はL体を表す．

天然のタンパク質を構成するアミノ酸の場合，キラル炭素が存在しないグリシン以外のアミノ酸はほとんどすべてがL体であるが(第2章を参照)，生体分子を構成する糖質の場合，それらの多くはD体である．しかしながら，例外的にL体構造をもつものもある．フコース，アラビノース，ラムノースとよばれる糖分子がその例である．

アルドースの炭素数を，3個(グリセルアルデヒド)から6個(アルドヘキソース)まで増やしていく．この過程で生じるD体の糖分子の構造を，**図3.1**に示すような系統樹で表すことができる．炭素数が1個増えるごとにキ

Topics

D体の単糖の例
リボース(RNAに含まれる)，デオキシリボース(DNAに含まれる)，グルコース，ガラクトース(寒天の成分)，マンノース(こんにゃくの成分)など多数ある．

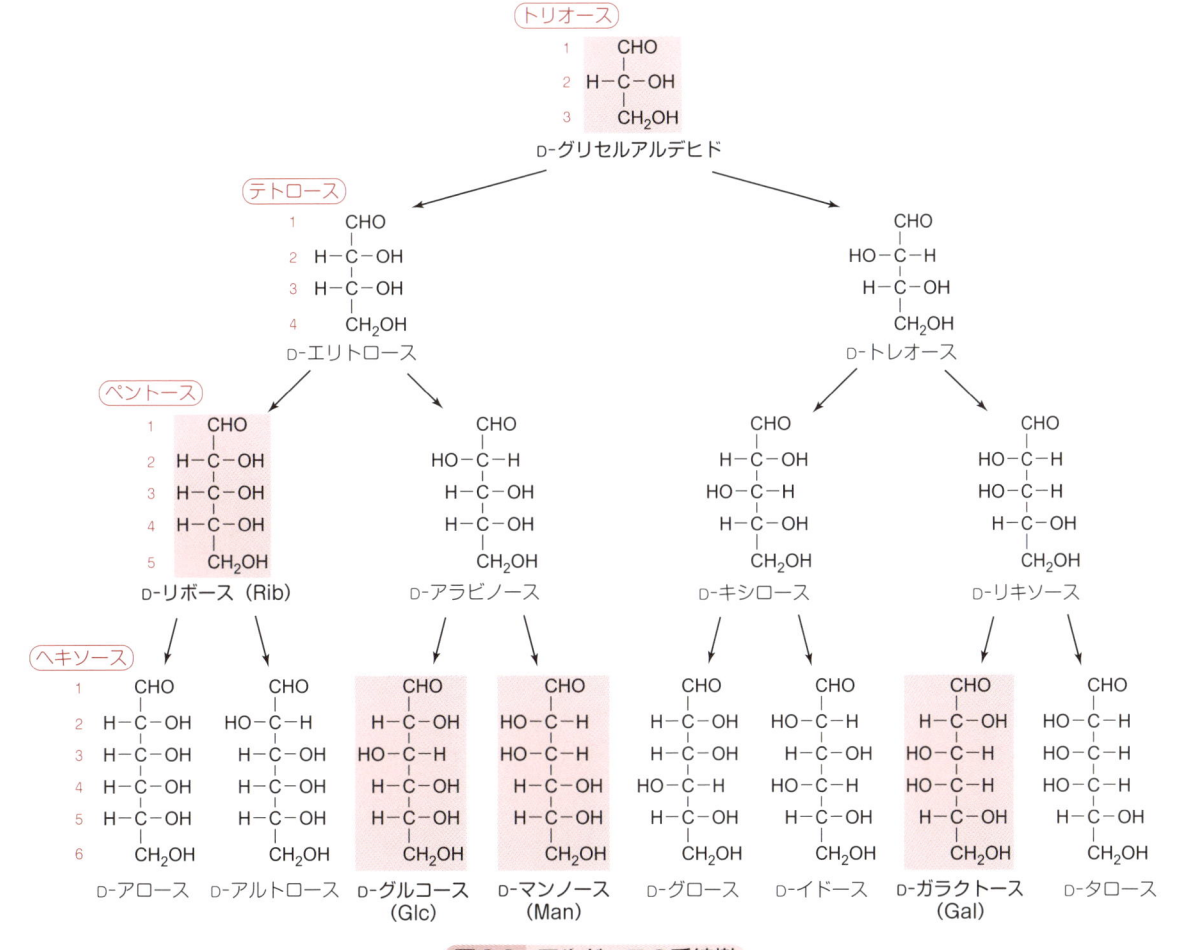

図3.1 アルドースの系統樹
ピンク色で囲んだ糖は，代謝を学ぶ際によく登場する糖である．

*2 一般に，キラル炭素がn個ある化合物には，2^n個の立体異性体が存在する．

ラル炭素が1個増えていくので，ヘキソース（炭素数6）になるとキラル炭素は4個となり，2^4で16個*2の構造ができあがる．そのうちの半分がL体であるので，D体のヘキソースは図3.1に示すように8個となる．この図中で生物が一般的によく使う糖質は，D-グリセルアルデヒド，D-リボース(Rib)，D-キシロース(Xyl)，D-アラビノース(Ara)，D-グルコース(Glc)，D-マンノース(Man)，D-ガラクトース(Gal)などである．

ヘキソースにはキラル炭素が4個あるが，D体とL体の区別は，アルデヒド基(-CHO)から最も遠く離れたキラル炭素〔この場合は5番目の炭素(C5)〕に結合するヒドロキシ基の位置で決まる．図3.1を見てみると，すべての糖でアルデヒド基からもっとも遠く離れたキラル炭素に結合するヒドロキシ基が右側に表記されていることがわかるだろう．

キラル炭素が複数存在する糖の場合，1個のキラル炭素の立体配置が違うものを**エピマー**(epimer)とよぶ．例えば，D-グルコースとD-マンノース(C2のヒドロキシ基の向きが異なる)，D-グルコースとD-ガラクトース(C4のヒドロキシ基の向きが異なる)はお互いエピマーである．しかしながら，D-マンノースとD-ガラクトースはエピマーの関係にない．

一方，ケトースについても炭素数を3個（ジヒドロキシアセトン）から6個（ケトヘキソース）まで順次増やしていくと，図3.2に示すような系統樹ができあがる．ケトースの場合は，2番目の炭素(C2)がケト基であるため，テトロース（エリトルロース）からキラル炭素が現れる．したがって，炭素数6個

Topics

グルコースはギリシャ語の「甘い(glukus)」に，ガラクトースはギリシャ語の「牛乳(galaktos)」に，そしてマンノースは旧約聖書の出エジプト記に登場する食べ物「マナ(manna)」に由来している．

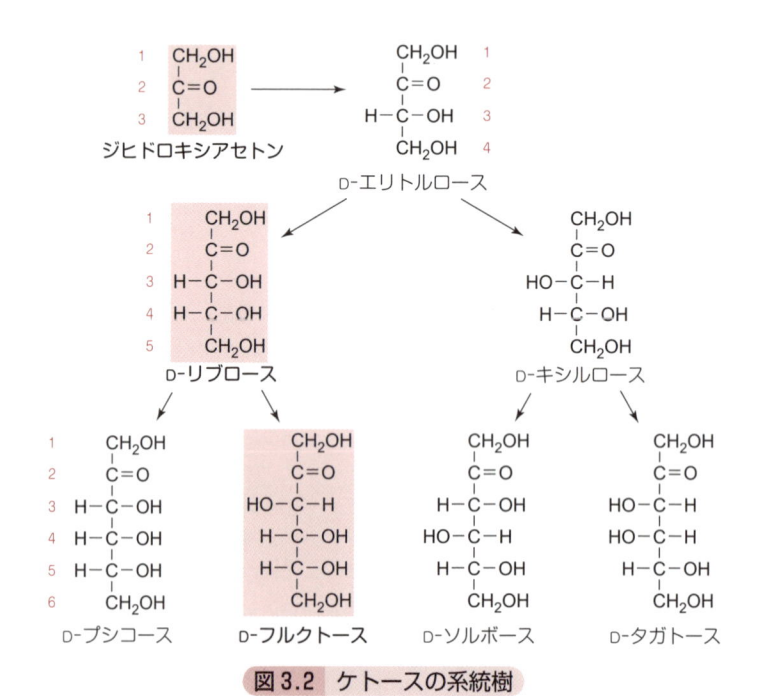

図3.2 ケトースの系統樹

ピンク色で囲んだ糖は，代謝を学ぶ際によく登場する糖である．

からなるケトヘキソースで，キラル炭素が3個となるためケトヘキソースは $2^3 = 8$ 種類である．そのうちの半分がL体であるため，D体のケトヘキソースは図3.2に示すように4種類となる．これらのなかで，日常生活でよく口にするのが **D-フルクトース**(**果糖**，fructose)である．フルクトースは，われわれが一般的に砂糖とよんでいるスクロース(ショ糖)の構成成分であり，最も甘味が強い糖である．

3.1.3 単糖の立体構造とコンフォメーション

単糖には，アルデヒド基またはケト基が存在するので，分子内のヒドロキシ基と反応してヘミアセタールやヘミケタールを形成し，図3.3に示すような環状構造となる．図3.3では，環状化合物を**ハース**(Haworth)**式**で示してあり，太い線は紙面のこちら側に位置する結合を意味する．グルコースが環状構造を形成する場合(図3.3 a)は，六員環になることが多く，「酸素を含む六員環の簡単な化合物(ピラン)の構造に似ている糖」という意味で，**ピラノース**(pyranose)とよぶ[*3]．一方，フルクトースが環状構造を形成する場合(図3.3 b)は，五員環をとる場合が多く，「フランの構造に似ている糖」という意味で**フラノース**(furanose)とよばれる[*4]．

単糖が環状構造を形成すると，もとのカルボニル炭素が新たなキラル炭素(アノマー炭素とよぶ)となるので，二つの立体異性体ができる(コラム図)．この二つの立体異性体を互いに**アノマー**(anomer)とよび，単糖のD, Lを決める炭素(グルコースの場合はC5)につく -CH₂OH の反対側にアノマー炭素のヒドロキシ基がくる場合を *α-*アノマー，同じ側にくるものを *β-*アノマーと覚えておく．

[*3] したがって，グルコースが六員環を形成した場合にはグルコピラノース，マンノースの場合はマンノピラノースとよばれる．

[*4] フルクトースの場合は，フルクトフラノースとよばれる．

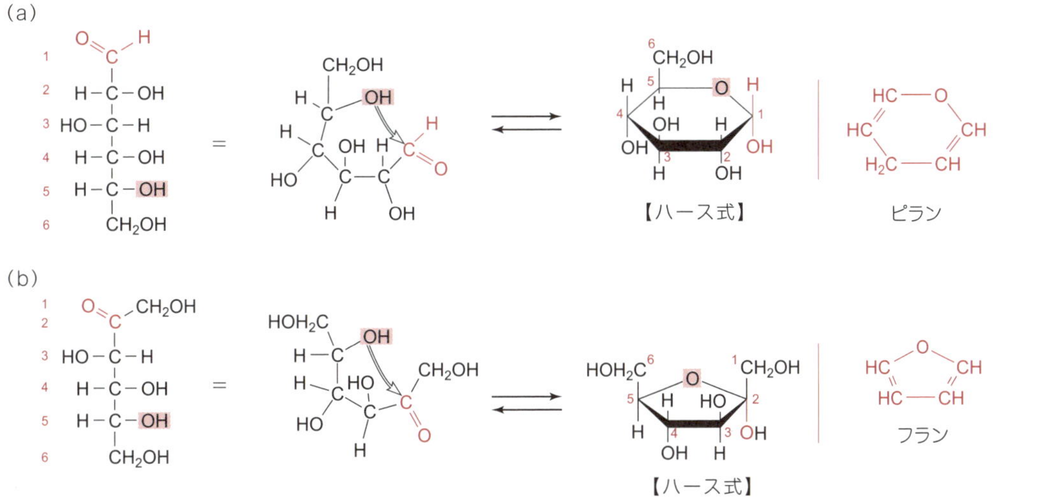

図3.3 グルコピラノース(a)とフルクトフラノース(b)の環状構造形成

ヘキソースが環状構造をとった場合，炭素原子の結合角が約109°であるため，環はハース式のような平面にはならず，炭素結合角の制約を受けながら，いろいろなコンフォメーション（立体配座；同じ立体配置のまま取り得る立体構造）をとることができる．それらの中で，ピラノースがとりやすいコンフォメーションは，イス型とボート型である（図3.4a）．イス型とボート型を比べた場合，環に結合する置換基どうしの反発が小さくなるイス型の方が，普通は安定である．イス型構造には2パターンの形があるが，最も安定な構造はヒドロキシ基がすべて**エクアトリアル**（equatorial，環から水平にでる）になる形で，ヒドロキシ基がすべて**アキシアル**（axial，環から縦にでる）になる形は立体的反発が大きくなり不安定となる*5．β-グルコピラノースのイス型構造には，図3.4(b)に示す2種類があるが，安定な構造は上側の構造である．フラノース環の場合は，封筒型の構造（図3.4c）をとって安定化している*6．

　地球上で最も多く存在する糖質はグルコースであり，ほとんどの生物がエネルギー獲得にグルコースを利用している．これは，D-グルコースにはエクアトリアルなヒドロキシ基が多いため構造的に安定となり，結果的にグルコースが多量に存在するようになったからとも考えられている．

＊5　大きな置換基がアキシアルに結合すると，構造的な安定度が減少することを知っておこう．

＊6　ここで一つ注意しておきたいのはマンノースについてである．マンノースはC2のヒドロキシ基がアキシアルであるため，アノマー炭素のヒドロキシ基と立体的相互作用を起こし，β型よりもα型が安定となる（α:β = 68.8:31.2）．

Column

グルコースの構造にみる動的平衡

　D-グルコースのどちらか一方のアノマーの結晶を水に溶かしてしばらくすると，α-アノマーとβ-アノマーが一定の存在量となり平衡に達する．このとき，α型36.4％，β型63.6％の割合となるが，α型の分子とβ型の分子はそれぞれ一方の構造に固定されているのではなく，アルデヒド基をもつ鎖状構造（開環型）を中間体として相互変換している（図）．

　α型とβ型での構造変換が個々の分子で起こっていても全体の存在割合は一定であるため，このような平衡は動的平衡とよばれる．ちなみに，β-グルコピラノースに結合するヒドロキシ基はすべてエクアトリアルであるため，最も安定な単糖であり，α-グルコピラノースの場合はアノマー炭素に結合するヒドロキシ基がアキシアルとなっている．この安定性のわずかな違いが，平衡状態におけるα型（36.4％）とβ型（63.6％）の存在割合に反映されているのである．

α-D-グルコピラノース　36.4％

β-D-グルコピラノース　63.6％

D-グルコース（開環型）　ほとんど存在しない

図　D-グルコースの構造変換

図3.4 単糖分子の環状構造と安定性
(a)ボート型とイス型の模式図．aはアキシアル，eはエクアトリアル．(b)β-D-グルコピラノースにおける2種類のイス型構造．上の構造がより安定である．(c)β-D-リボフラノースの封筒型構造．(d)β-D-グルコースのボート型構造．不安定な構造である．

3.1.4 単糖の誘導体

アルドースやケトースは，鎖状構造（非環状構造）を中間体として二つのアノマー構造間で相互変換しているため（コラム参照），アルデヒドあるいはケトンとしての反応性を示す．

1．グルコースを，アルカリ性の硫酸銅(Ⅱ)溶液中で加熱すると，2価の銅イオンがグルコースのアルデヒド基により還元されて1価の銅イオンとなった後，Cu_2O（酸化銅Ⅰ）の赤色沈殿が生じる（フェーリング反応）．この際，グルコースのアルデヒド基は酸化されてカルボキシ基となる．これをアルドン酸とよぶ[*7,8]．

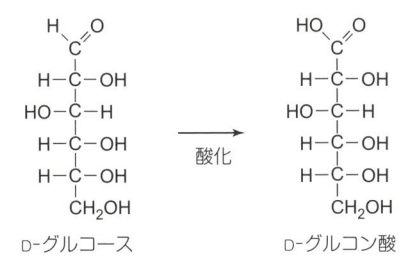

*7 アルドン酸はもとのアルドース名の語尾にオン酸（-onic acid）をつけて命名する．

*8 アルドン酸の場合はヘミアセタール結合ができないので，ピラノース環は形成されない．

2．天然には，グルコースの第一級アルコール基（$-CH_2OH$）が酵素的にカルボキシ基へと酸化された糖分子も存在し，ウロン酸と総称される．グルコースの場合はグルクロン酸（GlcA），ガラクトースの場合はガラクツロン酸（GalA），マンノースの場合はマンヌロン酸（ManA）とよばれる．グルクロン酸はヒアルロン酸（後述）の成分，ガラクツロン酸は植物のペクチ

*9 ウロン酸はアルドース名の語幹にウロン酸(-uronic acid)をつけてよぶ.

*10 ウロン酸の場合はヘミアセタール結合ができるので、ピラノース環を形成することができる.

ン成分, そしてマンヌロン酸は海藻多糖の成分である*9,10.

グルクロン酸　　ガラクツロン酸　　マンヌロン酸

3. グルコースのアルデヒド基を水素化ホウ素ナトリウム(NaBH$_4$)などの還元剤で還元すると, 鎖状構造のポリヒドロキシアルコールが生成し, これを**糖アルコール(アルジトール**, alditol)とよぶ. グルコースの場合はグルシトールとなる*11. ガムやキャンディの甘味剤として使われるキシリトールは, キシロースから生成する糖アルコールである.

*11 アルジトールはもとの糖名の語幹にイトール(-itol)をつけてよぶ.

グルシトール　　キシリトール　　myo-イノシトール

4. ヒドロキシ基(-OH)が-Hに置換した単糖をデオキシ糖という. 生物にとって重要なデオキシ糖はもちろん **D-2-デオキシリボース**(D-2-deoxyribose)であり, DNAの糖成分である(第2章を参照). また, L-フコース(6-デオキシ-L-ガラクトース, Fuc)はABO型血液型を決定する糖鎖や腫瘍マーカー糖鎖(コラム参照)に含まれる.

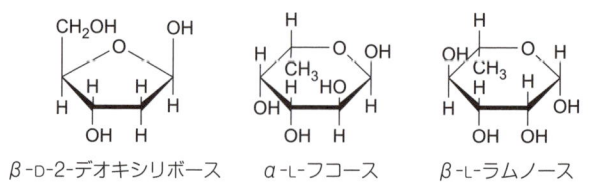

β-D-2-デオキシリボース　　α-L-フコース　　β-L-ラムノース

5. ヒドロキシ基(-OH)がアミノ基に換わった糖を**アミノ糖**(amino sugar)といい, そしてそのアミノ基はアセチル化を受けている場合が多い. グルコースから誘導される **N-アセチル-D-グルコサミン**(GlcNAc)とD-ガラクトースから誘導される **N-アセチル-D-ガラクトサミン**(GalNAc)が一般的に広く存在する.

インフルエンザウイルスの感染にかかわるアミノ糖が **N-アセチル-D-ノイラミン酸**(NeuNAc)である．NeuNAc は糖タンパク質や糖脂質の重要な成分であり，生理的にも重要な役割を担っている．N-アセチル-D-ノイラミン酸とその誘導体は**シアル酸**(sialic acid)と総称される．

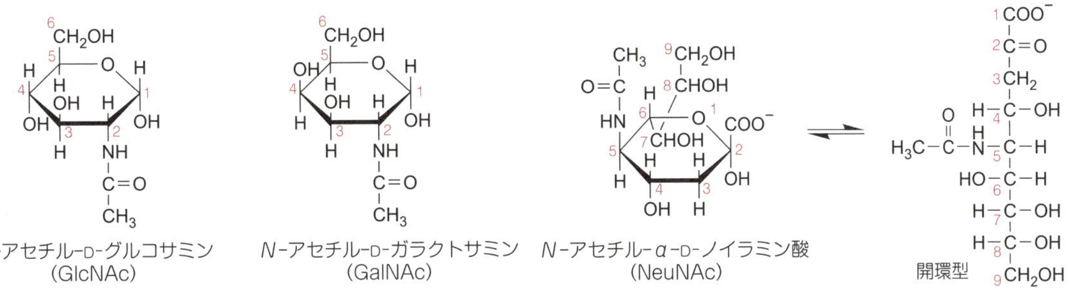

N-アセチル-D-グルコサミン (GlcNAc)

N-アセチル-D-ガラクトサミン (GalNAc)

N-アセチル-α-D-ノイラミン酸 (NeuNAc)

開環型

6．ビタミンC(vitamin C)として知られる **L-アスコルビン酸**(ascorbic acid)は，D-グルコースから，D-グルクロン酸，L-グロン酸を経て合成される．霊長類はこの合成系の最後の酵素をもたないため，ビタミンCを果物や野菜から摂取しなければならない．ビタミンCはコラーゲン合成の際にプロリンやリジンを水酸化する酵素の補因子として必須である．

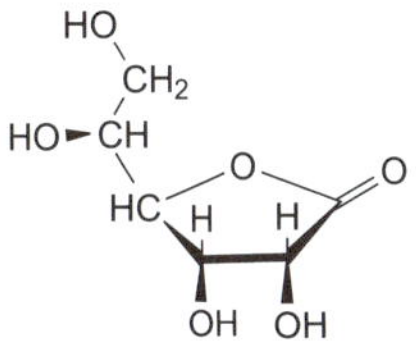

L-アスコルビン酸

3.2 グリコシド結合の形成と二糖・多糖・複合糖質

ヘミアセタールやヘミケタールは，それらのアノマー炭素がアルコール(-OH)，アミン($-NH_2$)，チオール(-SH)と脱水縮合してアセタール結合やケタール結合を形成する．これらを，糖が関与する結合という意味で**グリコシド結合**(glycosidic bond)と総称し，グリコシド結合を含む化合物を**グリコシド**(配糖体，glycoside)とよぶ[*12]．グリコシド結合に関与する糖がグルコースだとグルコシド，ガラクトースだとガラクトシドとよばれる．例えば，α-D-グルコピラノースをメタノール塩酸中で加熱するとメチル α-D-グルコシドとメチル β-D-グルコシドの混合物ができる(図3.5)．

[*12] DNA や RNA 成分であるデオキシアデノシンやアデノシンなどのヌクレオシドも配糖体である．

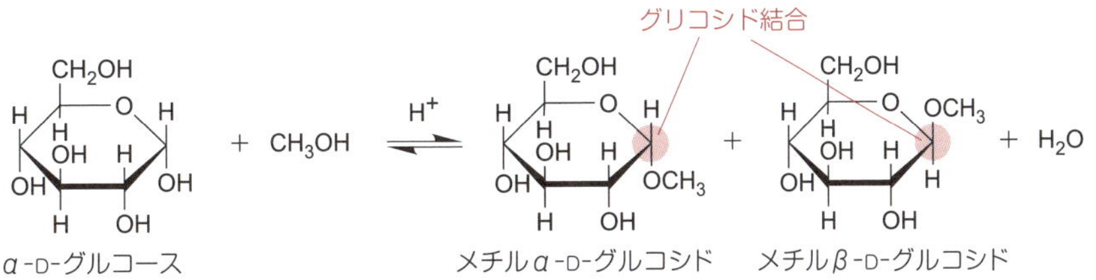

α-D-グルコース + CH_3OH ⇌ メチル α-D-グルコシド + メチル β-D-グルコシド + H_2O

グリコシド結合

図3.5 グリコシド結合の生成
グルコースをメタノール塩酸で処理するとグリコシド結合が形成される．

グリコシド結合は，ペプチド結合と同様，適当な触媒が存在しないとほとんど加水分解されないので，いったんグリコシド結合が形成されると，α-アノマーとβ-アノマーの変換が起こらない．したがって，アルデヒド基が存在せず還元性を失うため，非還元糖とよばれる．それに対してグリコシド結合に関与していないアノマー炭素をもつ糖はアルデヒド基をもつ構造を取り得るため還元性を示すので，還元糖とよばれる．

3.2.1 二 糖

複数個の糖がグリコシド結合してできた比較的分子量の小さい糖質を，オリゴ糖(少糖)とよぶ．哺乳類の乳にはこうしたオリゴ糖が含まれている．その他にも生理学的に重要な多くのオリゴ糖が生体中に存在するが，それらは他の生体分子(タンパク質や脂質)と共有結合して複合体を形成している場合が多い．単糖2分子からなるものを二糖とよび，ここでは自然界に広く存在する二糖をとりあげる．

(a)還元性二糖

マルトース(麦芽糖，maltose)はデンプンがアミラーゼなどで加水分解される際に生じる二糖で，醸造に使用される．セロビオースはセルロースの加水分解で生じる二糖である．マルトースとセロビオースの違いは，グリコシド結合がα型かβ型かの違いだけである．

ラクトース(乳糖，lactose)は哺乳類の乳にのみ含まれる二糖であり，乳児にとっては貴重な栄養分となっている．

これらの二糖はヘミアセタール結合を含む糖残基をもつため，還元性を示す．ヘミアセタール結合を含み還元性を示す末端を**還元末端**(reducing end)，アノマー炭素がグリコシド結合に関与して還元性を示さない末端を**非還元末端**(non-reducing end)とよぶ．例えば，ラクトースの場合はグルコース側が還元末端であり，ガラクトース側が非還元末端となる．

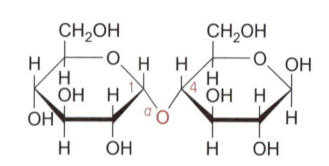

> **Topics**
> 二糖の系統名
> 例として，マルトースの系統名を解説しよう．まず，酸素を介したグリコシド結合であるため，「O(オー)」を付ける．非還元末端の糖はα-D-グルコース(グルコピラノース)なので，「O-α-D-グルコピラノシル」となる．次に，非還元末端のグルコースのC1と還元末端のグルコースのC4がグリコシド結合を形成しているので，「1→4」を付け，最後に還元末端の糖を記す．還元末端のグルコースは，α，βいずれのアノマー構造もとることができる．

> **Topics**
> 大人になるとラクトースを分解する酵素(ラクターゼ)の発現が減り，牛乳を飲むと下痢などを起こす「ラクトース不耐症」になることがある．

マルトース(β-アノマー)
O-α-D-グルコピラノシル-(1→4)-β-D-グルコピラノース

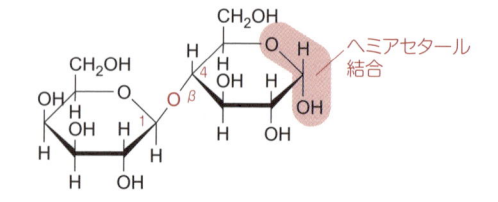

ラクトース(α-アノマー)
O-β-D-ガラクトピラノシル-(1→4)-α-D-グルコピラノース

(b)非還元性二糖

地球上に最も多く存在する二糖は，**スクロース**(ショ糖；sucrose)である．

植物だけがこれを合成できる．スクロースでは，グルコースのアノマー炭素(C1)とフルクトースのアノマー炭素(C2)がグリコシド結合を形成しているため，ヘミアセタールやヘミケタールは存在せず，還元性を示さない．それゆえ，スクロースは非還元糖であり，系統名の語尾を見ると，-β-D-フルクトフラノースではなく -β-D-フルクトフラノシドとなっている．スクロースをインベルターゼという酵素で処理してグリコシド結合を加水分解したものを，転化糖とよぶ．単糖のフルクトースが混在するため，甘味が増す．

トレハロース(trehalose)はグルコースのアノマー炭素どうしが α-グリコシド結合した非還元糖である．

スクロース（ショ糖）
O-α-D-グルコピラノシル-(1→2)-β-D-フルクトフラノシド

トレハロース
O-α-D-グルコピラノシル-(1→1)-α-D-グルコピラノシド

Topics
最近では，トレハロースの保水性などのユニークな物性を利用して，食品や化粧品への利用がさかんになっている．

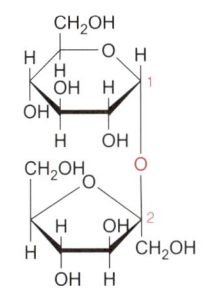

3.2.2 多 糖

多糖[*13](polysaccharide)は大きく二つに分類され，1種類の単糖残基だけから構成されるものをホモグリカン（ホモ多糖），2種類以上の単糖から構成されるものをヘテログリカン（ヘテロ多糖）とよぶ．前者には，デンプン，セルロース，グリコーゲン，キチンなどがあり，後者にはグリコサミノグリカン，ヒアルロン酸，アルギン酸などがある．

[*13] 単糖が10個以上脱水縮合して生じた糖質を多糖と定義する場合もあるが，本書では100個程度以上の単糖から構成される糖鎖を多糖とする．

(a) 貯蔵多糖：デンプンとグリコーゲン

デンプン(starch)は，植物がつくりだすエネルギー貯蔵体であり，アミロースとアミロペクチンの混合物である．**アミロース**(amylose)は，数千のグルコース残基が α(1→4) 結合で結ばれた鎖状ポリマーである[*14]．

アミロース

アミロペクチン(amylopectin)は，枝分かれ構造をもつアミロースともい

[*14] α(1→4)結合のグリコシド結合であることから（アノマーヒドロキシ基はアキシアル配向），グルコースのピラノース環はまっすぐに伸びることができず，コイル状（らせん状）の構造を形成する．ヨウ素デンプン反応は，このコイル状の構造のなかにヨウ素が入り込むことで発色する反応である．

Topics

コメのデンプン組成は，ご飯の食感に影響する．アミロペクチン含量が多いほど粘性が増し，日本のうるち米やもち米のように，もちもちとした食感になる．

え．$\alpha(1\to 4)$ 結合でできたアミロース主鎖の平均 25 残基ごとに $\alpha(1\to 6)$ 結合の枝分かれが生じ，生じたその枝にアミロース単位が続く．そしてそのアミロース単位にもさらに平均 25 残基で枝分かれが生じてアミロース単位が形成される．アミロペクチンは 10^6 残基のグルコースからなる巨大分子である．

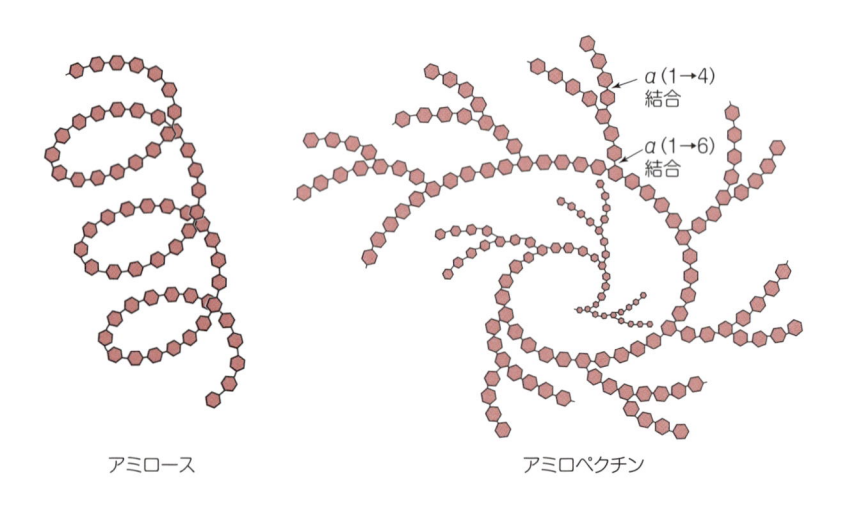

アミロース　　　　　　　　　　アミロペクチン

$\alpha(1\to 4)$ 結合
$\alpha(1\to 6)$ 結合

ヒトにおけるデンプンの消化は，唾液のアミラーゼによる分解から始まる．唾液中に含まれるアミラーゼ（α-アミラーゼ）は，デンプン中の $\alpha(1\to 4)$ 結合をランダムに加水分解する．デンプンはさらに，膵臓由来の α-アミラーゼにより小腸で消化され，二糖（マルトース），三糖（マルトトリオース），デキストリンにまで分解される．アミラーゼで徹底的に消化して生じた芯（コア）の部分を限界デキストリンとよび，$\alpha(1\to 6)$ 結合が存在し，α-アミラーゼが作用できないために生じる．このデキストリンは，$\alpha(1\to 6)$ 結合を加水分解する枝切り酵素，アミラーゼ，マルターゼなどの酵素の協奏作用によってさらに消化されていく．

Topics

焼き芋が甘いのは，イモに含まれる熱に強い β-アミラーゼがデンプンを分解して，マルトースを生成するためである．電子レンジなどの短時間の調理ではあまり甘くならない．

動物では，**グリコーゲン**（glycogen）が貯蔵多糖として用いられている．グリコーゲンはどの細胞にも存在するが，特に骨格筋と肝臓に多く，細胞質顆粒を形成している[*15]．グリコーゲンはアミロペクチンと似た構造をもつが，枝分かれ構造がより多く，約 8〜12 残基ごとに分枝しており，それぞれの枝は短い．グリコーゲンは，加水分解酵素ではなく**ホスホリラーゼ**（phospholylase）という酵素により非還元末端から順次 1 残基ずつ加リン酸分解を受けて分解されていく．

[*15] 哺乳類では肝臓の 10％を占めるといわれている．

(b) 構造多糖：セルロースとキチン

植物細胞の細胞壁はおもに**セルロース**（cellulose）からなり，生物圏にある炭素の半分以上がセルロースとして存在しているといわれている．セルロー

3.2 グリコシド結合の形成と二糖・多糖・複合糖質   51

(a)   (b)

セルロース   キチン

図 3.6 ホモ多糖の構造
(a)セルロースのハース式構造．(b)キチンのハース式構造．セルロース構造との類似に注目．

スはアミロースと同様，グルコースが直鎖状に結合したポリマーであるが，アミロースとの決定的な違いは，グリコシド結合が$\beta(1 \rightarrow 4)$結合になっている点である（**図 3.6**）．この結合様式のために，グルコース残基が分子内で交互に反転して水素結合を形成し，直線状の繊維構造が形成される．さらにその繊維構造どうしが分子間で水素結合を形成することにより束になり，水に不溶となるため，際だった構造強度が生みだされる．したがって，セルロースの分解は，酵素によっても容易には進まない．植物細胞壁には，ヘミセルロースとよばれる多糖も存在するが，この多糖は，グルコースの他に，ガラクトース，キシロース，フコース，アラビノースなど複数種の単糖から構成されており，細胞壁の強化に役立っている．

キチン（chitin）は$\beta(1 \rightarrow 4)$結合したN-アセチル-D-グルコサミンのホモポリマーであり，無脊椎動物，昆虫，甲殻類などの外骨格のおもな構造支持体である．また，多くのカビの細胞壁にもキチンがつかわれており，この細胞壁の分解物であるキチンオリゴ糖が植物の自己防御にとって重要なシグナル分子（エリシター）となることが知られている．キチンオリゴ糖は植物体内での抗菌物質生産を誘導する．

(c)グリコサミノグリカン

グリコサミノグリカン（glycosaminoglycan；GAG）はアミノ糖を含む一群の酸性多糖であり，軟骨，腱，皮膚，血管などの結合組織の細胞外スペースに存在する．コラーゲンなどとともに，**細胞外マトリックス**（細胞外基質；extracellular matrix）とよばれる構造物の成分である．グリコサミノグリカンは枝分かれのない多糖で，ウロン酸とヘキソサミン（GlcNAc や GalNAc）残基が交互につながっている．グリコサミノグリカンには，カルボキシ基や硫酸基などの負電荷が多数存在し，その溶液は粘性と弾力性に富む粘液状である．

Topics

脊椎動物はセルロースを加水分解する酵素（セルラーゼ）を合成できないので，グルコースの供給源とすることはできないが，草食動物の胃にはセルラーゼを分泌する共生細菌が棲息し，セルロースの分解を行っている．

第3章 生体分子Ⅱ

グリコサミノグリカンの代表的なものとして，**ヒアルロン酸**(hyaluronic acid)がある．ヒアルロン酸は結合組織，滑液（関節の潤滑液），目のガラス体などの重要な成分である．ヒアルロン酸はD-グルクロン酸(GlcA)とN-アセチル-D-グルコサミン(GlcNAc)が$\beta(1\to3)$結合した二糖単位が，数百個から数千個$\beta(1\to4)$結合した多糖分子である．ヒアルロン酸の二糖単位は，カルボキシ基どうしの相互反発のため伸びた分子形となり，そこへ陽イオンや水分子が結合するため，保湿性が高く化粧品などに利用される．

ヘパリン(heparin)は他のグリコサミノグリカンとは異なり，結合組織ではなく，動脈血管の特定の細胞内に存在し，血液凝固を阻害する働きがあるため，臨床現場でも利用されている．ヘパリンはL-イズロン（ウロン酸の一種）とN-スルホ-D-ガラクトサミンからなり，どちらもO-硫酸基($-OSO_3^-$)をもつ．

Topics

加齢による関節痛や関節炎の軽減をうたって，キチン分解物やN-アセチルグルコサミンを含む健康食品が市販されている．これは，ヒアルロン酸の構成糖を補給することで，関節内で衝撃吸収剤となっているヒアルロン酸合成が助長されるであろうとの発想に基づく．

ヒアルロン酸　　　　　　　　　　ヘパリン

3.2.3 複合糖質

生体内の糖鎖は，糖質のみのポリマーとして存在する場合と，その他の生体分子と共有結合あるいは非共有結合により結びついて複雑な集合体を形成する場合とがある．糖鎖が他の非糖質成分（タンパク質，ペプチド，脂質など）と共有結合したものを**複合糖質**(glycoconjugate)とよぶ．

(a) プロテオグリカン

細胞質間のグリコサミノグリカンは共有結合あるいは非共有結合によりタンパク質と凝集し，**プロテオグリカン**(proteoglycan)と総称される巨大分子を形成し，これらは軟骨の成分となる．

(b) ペプチドグリカン

細菌細胞壁は多糖とペプチド鎖が共有結合した堅固なポリマーからなり，この構造を**ペプチドグリカン**(peptidoglycan)とよぶ．多糖部分は，N-アセチル-D-グルコサミンとN-アセチル-D-ムラミン酸(MurNAc)が$\beta(1\to4)$結合した二糖単位の繰り返しからなる．N-アセチル-D-ムラミン酸はN-アセチル-D-グルコサミンのC3に乳酸($CH_3CH(OH)COOH$)が結合したもの

Topics

複合糖質の分類
複合糖質
├ プロテオグリカン
├ ペプチドグリカン
├ 糖タンパク質
│　├ N-グリカン
│　└ O-グリカン
└ 糖脂質

で，この乳酸部分に D-アミノ酸を含むテトラペプチド (L-Ala-D-イソグルタミル-L-Lys-D-Ala) がアミド結合している．

(c) 糖タンパク質

多くのタンパク質は糖を共有結合した**糖タンパク質** (glycoprotein) として存在する[*16]．特に真核生物がつくりだす分泌タンパク質や膜タンパク質は，それらほとんどが**グリコシル化**（**糖修飾**, glycosylation）を受けており，結合する糖鎖がタンパク質や細胞機能に重要な影響を及ぼす．糖タンパク質の糖鎖部分はこれらを構築する酵素（糖転移酵素やグリコシダーゼ）によりつくりあげられるため，タンパク質に対する核酸のような「鋳型」が存在しない．したがって，糖タンパク質の糖鎖はその組成や結合様式にわずかな不均一性が見られる．

アスパラギン結合型糖鎖 (asparagine-linked oligosaccharide) は，真核生物が産生するタンパク質中の特定[*17]のアスパラギン残基 (Asn) に，還元末端の N-アセチル-D-グルコサミン残基が N-グリコシド結合している．**N-グリカン** (N-glycan) ともよばれ，この糖鎖がタンパク質に付加される反応を，タンパク質の N-グリコシル化反応という．

N-グリコシル化はタンパク質の翻訳途上，粗面小胞体で起こる（第1章，第6章を参照）．タンパク質に結合した N-グリカンはタンパク質のフォールディング（折りたたみ）の際に重要な機能を発揮する．フォールディングが完了した糖タンパク質は，小胞体からゴルジ装置へ配送され（図1.11を参照），そこで一群のグリコシダーゼや糖転移酵素の働きによって構造が変えられる（糖鎖のプロセシング）．

最終的にできあがる N-グリカンの構造は，糖鎖合成が行われる組織や細

[*16] 糖含量は重量で1%以下から90%以上のものまである．

[*17] ペプチド鎖中の Asn-X-Thr/Ser（X は Pro 以外の任意のアミノ酸）を酵素が認識する．

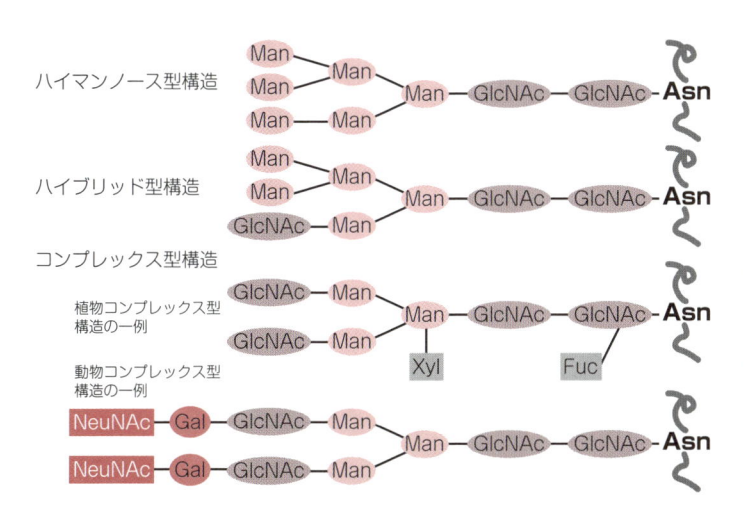

図3.7　N-グリカンの構造

ハイマンノース型構造は，加水分解酵素の作用をあまり受けずに，マンノース残基が多数（9〜5個）残った構造．ハイブリッド型構造は，マンノース残基を5個ほどもちながらも，非還元末端側に GlcNAc 残基やガラクトース残基などをもつ構造．コンプレックス型構造は，マンノース残基が少なく，非還元末端側に，GlcNAc 残基，ガラクトース残基，フコース残基，キシロース残基，シアル酸残基などの複数種の単糖が結合した構造．Asn はペプチド鎖中のアスパラギン残基を表す．Man：マンノース，GlcNAc：N-アセチルグルコサミン，Xyl：キシロース，Fuc：L-フコース，NeuNAc：N-アセチルノイラミン酸（シアル酸），Gal：ガラクトース．

胞中でできるタンパク質の種類，あるいは糖加水分解酵素や糖転移酵素の組合せにより，きわめて多様になる．N-グリカンの構造は，三つの大きなグループに分類される(図 3.7)．これら三つのグループは，小胞体やゴルジ装置で行われた糖鎖プロセシングの過程が反映されたものである．

O 結合型糖鎖(O-グリカン，O-glycan)は，ヒドロキシ基をもつアミノ酸残基(セリン，スレオニンなど)にオリゴ糖が O-グリコシド結合したものである．N-グリカンと異なり，アミノ酸に結合する糖残基は一定でなく，GalNAc 残基，グルコース残基，マンノース残基，ガラクトース残基などがある．哺乳動物の場合，最も多い O-グリカンは GalNAc がセリンあるいはスレオニン残基のヒドロキシ基に α 結合したものであり，その後にガラクトースが β(1→3)結合して共通のコア構造を形成する(ムチン型糖鎖)．

3.2.4 糖タンパク質・糖脂質の糖鎖機能

1980 年代に入る頃から，糖タンパク質や糖脂質に結合する糖鎖がもつ重要な生理機能が明らかになってきた．糖鎖の構造が多様なだけに，それらのもつ機能も実に多彩である．糖鎖は，さまざまな細胞活動の局面で，そこに見合った機能を柔軟に発揮する．

1．抗原としての機能

糖鎖は抗原(糖鎖抗原)としても振る舞う．例えば，ABO 式血液型を決定するのは，細胞表面に存在する糖タンパク質や糖脂質に結合する糖鎖の構造である．A 型のヒトは細胞表面に A 抗原(糖鎖)をもち血液中には抗 B 抗体をもつ．B 型のヒトは細胞表面に B 抗原(糖鎖)をもち血液中には抗 A 抗体をもつ．AB 型のヒトは A 抗原と B 抗原をもつため，血液中には抗 A 抗体も抗 B

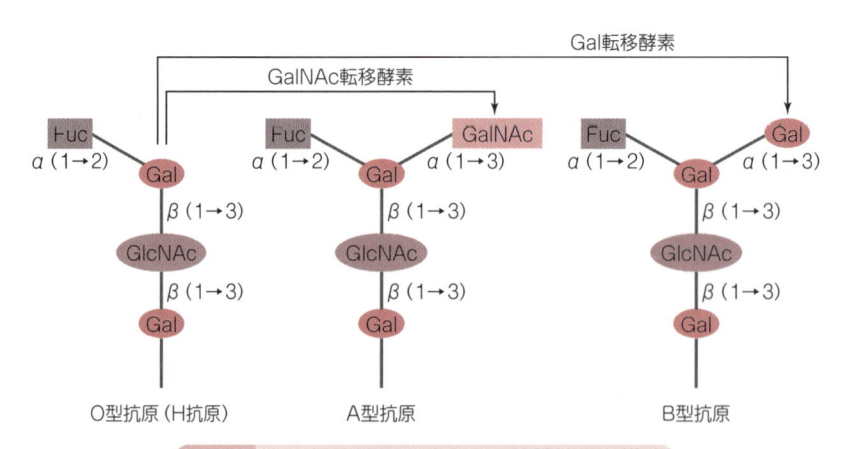

図 3.8　ヒトの血液型を決定する糖鎖抗原の構造

血液型を決定する糖鎖は O-グリカンや糖脂質に存在する．Fuc：フコース，Gal：ガラクトース，GalNAc：N-アセチルガラクトサミン，GlcNAC：N-アセチルグルコサミン．

抗体ももたない．それに対してO型のヒトの細胞表層にはA抗原もB抗原も存在しないため，血液中には抗A抗体，抗B抗体の両方が存在する．図3.8にA，B，H抗原[*18]にある糖鎖構造を示す．これらABO式血液型は第9番染色体上の1個の遺伝子で決まる．もともと存在していた遺伝子は，GalNAc残基を転移してA抗原を合成するGalNAc転移酵素であった．B型のヒトではこの酵素遺伝子に置換が起こりGal転移酵素へと基質特異性が変化している．一方，O型のヒトでは，終止コドンが途中に入ってしまうため活性のある酵素が合成できず，Gal残基に糖の付加が起こらない．

[*18] O型のヒトの糖鎖をH抗原とよぶ．

2．タンパク質の物性への寄与

タンパク質に糖鎖が付加することで，タンパク質の溶解性が増すとともに，熱安定性やプロテアーゼに対する抵抗性が高まる．実際，血液中に存在するほとんどのタンパク質はグリコシル化を受けている．したがって，糖タンパク質性薬剤（インターフェロンやエリスロポイエチンなど）の生体内における

Column

がんと糖鎖——腫瘍マーカーとしての糖鎖

現代社会において人びとを苦しめる疾病のなかでも，がん（悪性新生物）はきわめて恐ろしい存在と言っていいだろう．厚生労働省の統計（2010年）によると，がんは主要死因別死亡率のトップの座を占めている．がんの早期発見や進行状況の的確な把握はますます重要な課題となっている．

このがん診断において重要な役割を担うものに「腫瘍マーカー」がある．腫瘍マーカーとは，がん患者の血液や体液中に特異的に検出される生体内物質のことで，臨床検査に使われているものが40種類ほどある．

これらの腫瘍マーカーの多くは糖鎖，もしくは糖鎖を含む生体分子（糖タンパク質や糖脂質）である．糖タンパク質性の腫瘍マーカーとしては，肝臓がんで発現するα-フェトプロテイン（AFP），消化器がん全般で発現する胎児性糖タンパク質（CEA），前立腺がんで発現するPSA，卵巣がんで発現する上皮性分泌タンパク質（CA 125）などがある．一方，糖鎖そのものを腫瘍マーカーとして利用する例も多い．多くの糖鎖腫瘍マーカーはルイス抗原群とよばれる構造をもち，β-Gal残基，β-GlcNAc残基，およびα-フコース残基か

ら構成される糖鎖である．このことは，細胞のがん化と糖転移酵素の発現変動に強い相関があることをうかがわせる．

腫瘍マーカーには欠点もある．まず，多くの腫瘍マーカーは，がんの初期には微量しか発現されないため，がんを早期に発見するには，きわめて高感度の検出方法が必要とされる．また，がん以外の良性疾患でもマーカーの値が上昇することがあり，患者に不安を与える場合がある．より感度と精度が高く，それぞれのがんに特異的な腫瘍糖鎖マーカーの開発が期待されている．

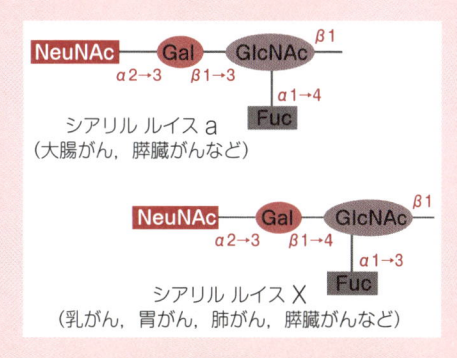

図 代表的な腫瘍マーカーの構造

薬効に対して，糖鎖は重要な寄与をなしている．

3．タンパク質の配送における荷札

　タンパク質(酵素)がそれぞれの機能を果たすためには，適所に配送される必要がある．その際，糖鎖がタンパク質輸送における荷札(タグ)となる．例えばリソソームに運ばれるべき加水分解酵素では，結合しているハイマンノース型糖鎖にリン酸基が付加されることで(マンノース-6-リン酸の生成)，リソソームへ配送されるべきタンパク質として認識される．

4．タンパク質の品質管理

　カルネキシン(あるいはカルレティキュリン)とよばれるシャペロン分子が，新生タンパク質上の N-グリカン(グルコースを1残基もつ)に結合して新生タンパク質のフォールディングを積極的に援助する．

5．ウイルスや毒素の細胞内侵入とのかかわり

　ウイルスや毒素の細胞内への侵入は，細胞表層の糖鎖に結合することから始まる．例えば，インフルエンザウイルスはヒト細胞表面のシアル酸に結合した後，細胞内に侵入し増殖する．増殖した後，細胞を出る際に糖鎖にシアル酸があると邪魔になるため，シアリダーゼという酵素でシアル酸を切断除去する．これがインフルエンザに罹患したときに喉が痛くなる原因となる．抗インフルエンザ薬のタミフルは，このシアリダーゼ阻害剤である．

3.3　脂　質

　脂質(lipid)は，タンパク質，糖質，核酸とともに，細胞の四大主要成分であるが，ポリマーを形成することはない．しかし，脂質は互いに集合することで生体膜を構築するなど，疎水性の分子特性をいかした重要な機能をもつ．脂質は「水に溶けず(あるいは溶けにくく)有機溶媒に溶ける生体物質」と定義されるため，脂質に分類される分子種の数も非常に多い．

3.3.1　脂質の役割

　脂質の化学を学ぶにあたって，脂質の役割を少しでも知っておくと，化学的な特性を理解しやすくなる．

　a) 脂質分子，特に疎水性(非極性)部分と親水性(極性)部分をもつ両親媒性脂質の場合は，脂質二重層を形成し，生体膜の構造基盤を与える．

　b) 炭化水素鎖をもつ脂質は，糖質と同様にエネルギー貯蔵体となる．

c) ステロイドやエイコサノイドのような脂質分子は，細胞内あるいは細胞間のシグナル伝達に関与している．

本節では，動物や植物細胞に存在する一般的な脂質の構造，物理化学的性質および脂質分子が構築する生体膜について概説する．

3.3.2 脂質の分類と構造

脂質は，クロロホルムなどのような有機溶媒には溶けるが，水に不溶あるいは溶けにくい生体分子である．それゆえ，有機溶媒による抽出操作によって，他の水溶性生体分子と容易に分けることができる．生体に含まれる脂質には，脂(fat)，油(oil)，ホルモンやビタミンの一部，非タンパク質性の膜成分がある．これらの脂質成分の分類と構造的特徴を見てみよう．

脂質の分類
脂質
├─ 脂肪酸
│   ├─ トリアシルグリセロール
│   ├─ グリセロリン脂質
│   ├─ スフィンゴ脂質
│   │   └─ セラミド
│   └─ エイコサノイド
├─ ステロイド
└─ 脂溶性ビタミン

(a) 脂肪酸

脂肪酸(fatty acid)とは，数個から数十個の炭素からなる炭化水素鎖をもつカルボン酸である．生体内では遊離型の脂肪酸としてよりも，アルコール基(-OH)とエステル結合を形成して，脂質の主成分をなしている．植物や動物の体内に最も多いのは，炭素数 16 個(C_{16})および 18 個(C_{18})の脂肪酸であり，それぞれパルミチン酸(C_{16})，オレイン酸(C_{18})，リノール酸(C_{18})，ステアリン酸(C_{18})である(図 3.9)．炭素数が 14～20 個の脂肪酸が一般的で，かつ炭素の数は偶数である．その理由は，生合成の際に C_2 単位(炭素 2 個)

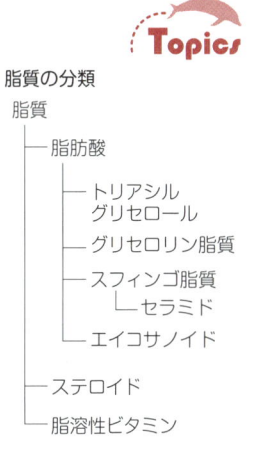

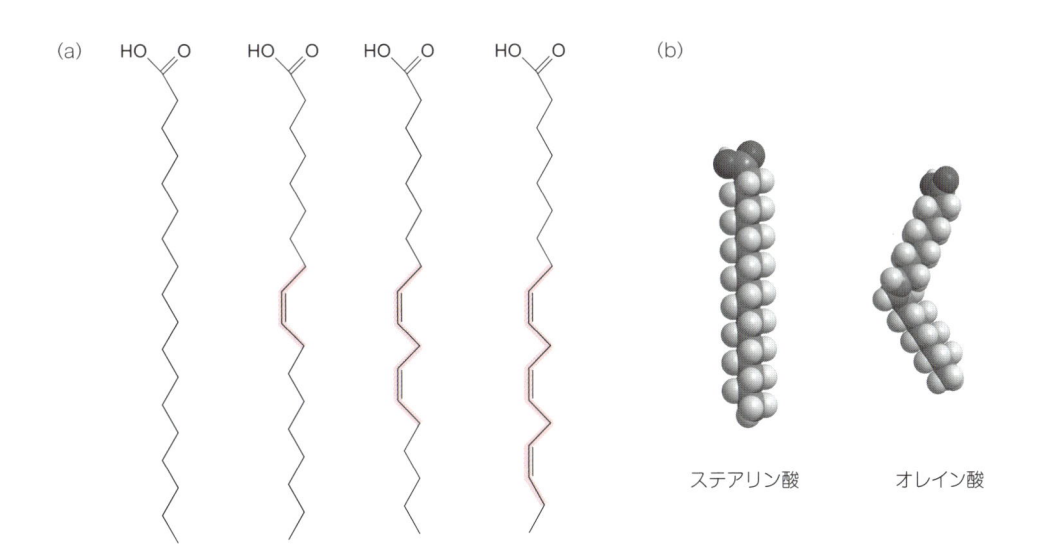

図 3.9 C_{18} 脂肪酸の構造
(a)構造式．二重結合はシス型であることに注意．(b)ステアリン酸とオレイン酸の立体構造．

Topics
脂肪酸の命名法
IUPAC の命名法に従うと，カルボキシ基の炭素を C1 として，以下順番に番号をつける．また，二重結合の位置は Δ^n の記号で示し，肩付きの n は二重結合している炭素の番号の小さい方を表す．二重結合が一カ所の場合は C9 と C10 の間にあるので，Δ^9 の記号が名前の前につく．脂肪酸を簡単に表記する場合，炭素数と二重結合数および二重結合の位置を記載する．例えば，オレイン酸の場合は 18：$1\Delta^9$，アラキドン酸の場合は 20：$4\Delta^{5,8,11,14}$ となる．

Topics
バターは，融点の高い飽和脂肪酸を多く含むので固体である．一方，サラダ油は不飽和脂肪酸を多く含むので，室温で液体である．

が重合していくからである．

　パルミチン酸やステアリン酸は炭化水素鎖中に二重結合が存在しないので**飽和脂肪酸**(saturated fatty acid)とよばれる．それに対して，動植物細胞に含まれる脂肪酸の多くは炭化水素鎖中に二重結合をもつため**不飽和脂肪酸**(unsaturated fatty acid)とよばれる．また，二重結合を複数もつ多価不飽和脂肪酸（リノール酸など）も動植物細胞に多く存在する．生体に多く見られる脂肪酸を表 3.1 にまとめた．一般的な脂肪酸は慣用名でよばれる場合が多く，カルボキシ基の隣の炭素(C2)から，α, β, γ, ε などのギリシャ文字を使い，炭化水素鎖が長い場合，カルボキシ基から最も離れた炭素を(鎖の長さに無関係に)ω(オメガ)炭素とよぶ．

　飽和脂肪酸と不飽和脂肪酸では，物理化学的な性質がかなり異なる．飽和脂肪酸は室温では「ろう」のような固体であるが，不飽和脂肪酸は液体で存在する．脂肪酸の融点は，炭素鎖長と不飽和度の程度の両方と相関があり，炭素数が多ければ多いほど融点は高くなり，不飽和度が高い（二重結合が多い）ほど融点は低くなる．飽和脂肪酸の場合は，炭化水素鎖が伸びた分子ほど，隣接する分子の炭化水素鎖との間のファンデルワールス力が強くなるため，融解させるためのエネルギーが必要となるからである．したがって，ミリスチン酸，パルミチン酸，ステアリン酸の順番に融点が高くなる．

表 3.1　生体中によく見られる脂肪酸

炭素数	二重結合	慣用名	系統名	構造式	融点(℃)
飽和脂肪酸					
14	0	ミリスチン酸	n-テトラデカン酸	$CH_3(CH_2)_{12}COO^-$	52
16	0	パルミチン酸	n-ヘキサデカン酸	$CH_3(CH_2)_{14}COO^-$	63
18	0	ステアリン酸	n-オクタデカン酸	$CH_3(CH_2)_{16}COO^-$	70
20	0	アラキジン酸	n-エイコサン酸	$CH_3(CH_2)_{18}COO^-$	75
22	0	ベヘン酸	n-ドコサン酸	$CH_3(CH_2)_{20}COO^-$	81
不飽和脂肪酸					
16	1	パルミトレイン酸	cis-Δ^9-ヘキサデセン酸	$CH_3(CH_2)_5CH=CH(CH_2)_7COO^-$	−0.5
18	1	オレイン酸	cis-Δ^9-オクタデセン酸	$CH_3(CH_2)_7CH=CH(CH_2)_7COO^-$	13
18	2	リノール酸	cis,cis-$\Delta^{9,12}$-オクタデカジエン酸	$CH_3(CH_2)_4(CH=CHCH_2)_2(CH_2)_6COO^-$	−9
18	3	α-リノレン酸	全 cis-$\Delta^{9,12,15}$-オクタデカトリエン酸	$CH_3CH_2(CH=CHCH_2)_3(CH_2)_6COO^-$	−17
20	4	アラキドン酸	全 cis-$\Delta^{5,8,11,14}$-エイコサテトラエン酸	$CH_3(CH_2)_4(CH=CHCH_2)_4(CH_2)_2COO^-$	−49
20	5	エイコサペンタエン酸(EPA)	全 cis-$\Delta^{5,8,11,14,17}$-エイコサテトラエン酸	$CH_3CH_2(CH=CHCH_2)_5(CH_2)_2COO^-$	−54
22	6	DHA	全 cis-$\Delta^{4,7,10,13,16,19}$-ドコサヘキサエン酸	$CH_3CH_2(CH=CHCH_2)_6CH_2COO^-$	−44

一方，不飽和脂肪酸の場合は，二重結合の部位が一般的にシス形をとるため，その部分で炭化水素鎖が30°ほど屈折し，炭化水素鎖どうしが密に寄り集まることができなくなる（図3.9bを参照）．したがって，炭化水素鎖間のファンデルワールス力が弱くなって融点が下がり，流動性が上がる．この性質は寒冷地に棲息する生物にとってきわめて重要な意味をもつ．

(b) トリアシルグリセロール

動植物の脂肪や油分は**トリアシルグリセロール**（triacylglycerol，**トリグリセリド**あるいは**中性脂肪**ともよばれる）の混合物が大部分をしめており，動物のエネルギー貯蔵物質として重要な役割を担っている．トリアシルグリセロールはグリセロール（グリセリン）の脂肪酸トリエステルで，非極性が高く（極性が低く），水には不溶である．

Topics

寒冷地の魚には，不飽和脂肪酸であるDHAやEPAが多く含まれるため，冷たい水中でも細胞膜や脂質成分の硬化が起こりにくい．細胞膜の硬化（流動性の低下）は，細胞膜に存在するタンパク質の機能不全を引き起こし，引いては細胞死につながる．また，寒冷地に棲息するアザラシなども不飽和脂肪酸を体内に多くもつことが知られている．

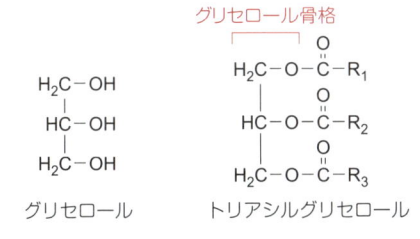

グリセロール骨格

$$\begin{array}{l} H_2C-OH \\ HC-OH \\ H_2C-OH \end{array} \qquad \begin{array}{l} H_2C-O-\overset{O}{\overset{\|}{C}}-R_1 \\ HC-O-\overset{O}{\overset{\|}{C}}-R_2 \\ H_2C-O-\overset{O}{\overset{\|}{C}}-R_3 \end{array}$$

グリセロール　　　トリアシルグリセロール

Column

トランス脂肪酸

不飽和脂肪酸に含まれる二重結合は，一般的にシス型である．これに対して，分子中にトランス型の二重結合が存在する不飽和脂肪酸をトランス脂肪酸，またはトランス型不飽和脂肪酸とよぶ．天然の植物油にはトランス脂肪酸はほとんど含まれていないが，水素添加によりショートニングやマーガリンなどの硬化油を製造する過程で，一部の不飽和脂肪酸がシス型からトランス型に変化することが知られている．例えば，オレイン酸に水素添加を行う際には，オレイン酸中に存在するシス型二重結合がトランス型に変化し，エライジン酸とよばれるトランス脂肪酸が一部生じる．トランス脂肪酸を多量に摂取すると，LDLコレステロール（いわゆる悪玉コレステロール）を増加させ，心臓疾患のリスクを高めることが危惧されている．WHO/FAOレポート（2003年）においても，トランス脂肪酸摂取量と心臓疾患のリスク増加には相関があると報告され，摂取量を全カロリーの1％未満にするよう勧告されている．

日本では，欧米諸国に比べてトランス脂肪酸の平均摂取量は少なく，食品安全委員会の報告でも，日本人が1日に摂取するトランス脂肪酸は全カロリーの0.3%程度とされている．これに対して，平均摂取量が2%を超えているアメリカでは，食品中のトランス脂肪酸含量にかなり注意が払われており，ファーストフード店の加熱調理に使われる油についても，トランス脂肪酸を含まない油が使われるようになってきている．

第3章 生体分子Ⅱ

「油脂」はトリアシルグリセロールの混合物をさし，液体(油)になるか固体(脂)になるかは，脂肪酸部分の組成と温度に影響される．

動物には**脂肪細胞**(adipocyte)とよばれるトリアシルグリセロールの合成と貯蔵に特化した細胞がある．他の細胞では，油脂は細胞質中に分散した小滴として存在するが，脂肪細胞は油脂の粒で満ちている．脂肪細胞が集まった脂肪組織の多くは皮下層と腹腔に存在する．ヒトの場合，脂肪含量は20数パーセントであり(男性に比べて女性の方が数％程度高い)，この量は2〜3カ月は摂食しなくても生きていける量といわれる．それに対して，肝臓のグリコーゲンは1日分程度のエネルギー貯蔵量であり，短期貯蔵体としての役割でしかない．

Topics
皮下脂肪には断熱材としての役割もあり，低温環境(低温の水中など)に生息する恒温動物が体温を保温するのに役立っている．

(c) グリセロリン脂質

グリセロリン脂質(glycerophospholipid, **ホスホグリセリド**ともいう)は生体膜の主要な脂質成分である．トリアシルグリセロールと同様にグリセロール骨格をもち，化学構造的にはグリセロール3-リン酸の誘導体である．リン酸エステル基があることで，この分子はさまざまな極性化合物と結合することができ，グリセロリン脂質に両親媒性の物性を与える．生体成分としてよく見られるグリセロリン脂質を図3.10にまとめた．

グリセロリン脂質の分解には，さまざまなホスホリパーゼが関与する．哺乳動物においては，膵液に含まれているホスホリパーゼA2が食物中のグリセロリン脂質の消化にかかわっている．ホスホリパーゼCはジアシルグリセロール(DAG)を生成し，このDAGが重要なシグナル伝達分子となる．また，ホスホリパーゼDは，同じくシグナル伝達分子となるホスファチジン酸を生成する．このように，ホスホリパーゼ類の作用によって生じる生成物が細胞内のシグナル伝達系において重要な生物活性をもつことを知っておこう(第8章も参照)．

Topics
ホスホリパーゼA2は，ヘビ毒(マムシ毒やハブ毒)やハチ毒にも含まれる．これが血中に入ると，細胞膜のグリセロリン脂質から生成したリゾリン脂質が赤血球などの細胞膜を次々と溶解し，生命が危険にさらされる．

▶ ホスホリパーゼA1はC1位のエステル結合を，ホスホリパーゼA2はC2位のエステル結合を加水分解するので，この二つの酵素を使い分ければ，どちらの位置にどのような脂肪酸が結合しているかを調べることができる．

プラスマローゲン(plasmalogen)はグリセロリン脂質の一つであり，グリセロール部分のC1が，α,β-不飽和アルコールとシス形にエーテル(ビニル

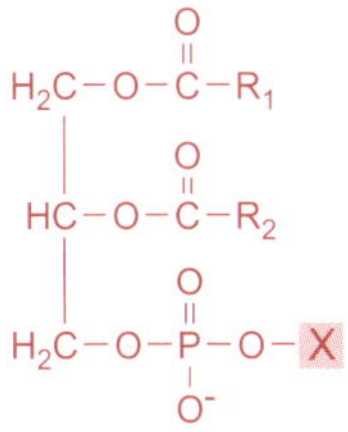

図3.10 生体成分によく見られるグリセロリン脂質

脂質の名称	Xの構造式	X-OHの名称
ホスファチジン酸	—H	水
ホスファチジルエタノールアミン	—CH_2—CH_2—NH_3^+	エタノールアミン
ホスファチジルコリン（レシチン）	—CH_2—CH_2—$N^+(CH_3)_3$	コリン
ホスファチジルセリン	—CH_2—CH—NH_3^+ / COO^-	セリン
ホスファチジルグリセロール	—CH_2—CH—CH_2—OH / OH	グリセロール
ホスファチジルイノシトール	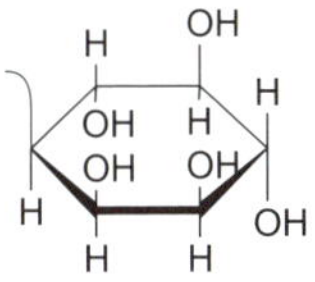 (myo-イノシトール環構造)	myo-イノシトール
ジホスファチジルグリセロール（カルジオリピン）	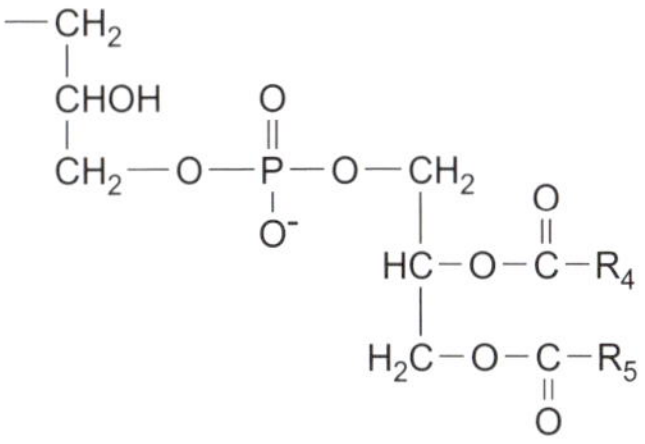 (ホスファチジルグリセロール構造)	ホスファチジルグリセロール

エーテル）結合している．プラスマローゲンのリン酸基には，エタノールアミン，コリン，セリンがエステル結合している場合が多く，これらの分子がヒト中枢神経系のグリセロリン脂質の20%以上を占めるといわれる．

(d) スフィンゴ脂質

スフィンゴ脂質（sphingolipid）も動植物の膜成分として重要であり，グリセロリン脂質についで存在量が多い[*19]．哺乳類の場合，スフィンゴ脂質は特に中枢神経に多く存在する．スフィンゴシンのアミノ基に脂肪酸がアミド結合したものをセラミドとよび，このセラミドをもとにして，さまざまなスフィンゴ脂質類が合成される．

スフィンゴ脂質は大きく三つのグループに分けられる．

スフィンゴミエリン（sphingomyelin）は，セラミドのC1のヒドロキシ基

[*19] 「スフィンゴ」の名前は，発見された当初，その機能が謎めいていたために「スフィンクス」にちなんで命名されたものである．

スフィンゴシン
(スフィンゴ脂質の基本骨格)

セラミド
アミド結合

にホスホコリンあるいはホスホエタノールアミンがエステル結合したものである．スフィンゴミエリンは神経細胞の軸索を取り囲み絶縁体の働きをするミエリン鞘[*20]に多く存在する．

セレブロシド(cerebroside)は，セラミドのC1のOH基に1分子の糖残基がβ-グリコシド結合したものであり，スフィンゴ糖脂質とよばれる糖脂質の一種である．ガラクトースが結合したものがガラクトセレブロシド，グルコースが結合したものをグルコセレブロシドという．ガラクトセレブロシドは，スフィンゴミエリンと同様，神経組織に多い．

ガングリオシド(ganglioside)は，シアル酸を含むオリゴ糖鎖が結合したセラミドであり，その構造も複雑である．$G_{M1} \sim G_{M3}$[*21]の構造を**図3.11**に示す．シアル酸が存在することにより分子全体が陰イオンとなる．ガングリオシドは生理的にも重要で，さまざまな細胞の表面に存在し，脂質部分が細胞膜に埋まり糖鎖部分が表層に露出している．これらは糖タンパク質糖鎖とならんで，細胞の特異的マーカーとしての役割を担い，細胞間の認識に重要である．特に組織の成長，分化やがん化にも関係するといわれている．

[*20] 神経軸索を取り巻くうずまき状の膜系であり，神経パルスの伝導を高速にしている．髄鞘ともよばれる．

[*21] 下付のMはシアル酸が1分子(mono)であることを意味する．シアル酸が2分子であれば，G_Dとなる．

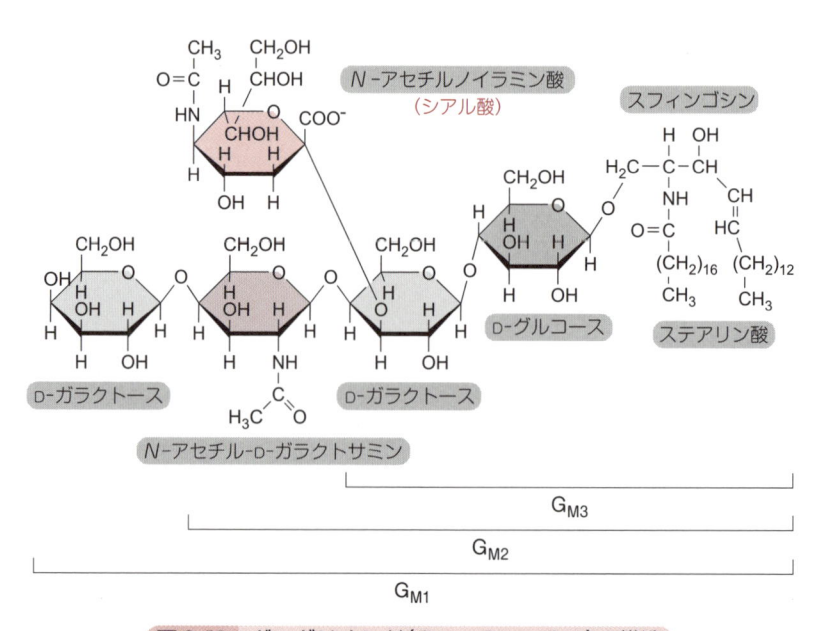

図3.11 ガングリオシド(G_{M1}，G_{M2}，G_{M3})の構造

(e) ステロイド

ステロイド(steroid)は，真核生物の細胞膜を構成する第三の重要な脂質成分であり，シクロペンタノペルヒドロフェナントレン誘導体で，三つの六員環（A環，B環，C環）と一つの五員環（D環）が結合した構造をもつ．

コレステロール

コレステロール(cholesterol)は動物に最も多いステロイドであり，細胞膜にとっても必須の成分である．一方，植物にはほとんど含まれておらず，酵母やカビにも存在しない．コレステロールはC3にヒドロキシ基が存在することから**ステロール**(sterol)に分類される．食品成分中の悪玉代表のようにいわれるコレステロールではあるが，細胞膜の必須構成成分であるとともに，重要な生理作用をもつステロイドホルモンの前駆体でもある．

コルチゾール（C21の化合物）などの**グルココルチコイド類**(glucocorticoid)は糖，タンパク質，脂質の代謝調節やストレス抵抗性に関係する．また，アルドステロンなどの**ミネラルコルチコイド**(mineralocorticoid)は腎臓からの塩分と水分の排泄の調節にかかわる．グルココルチコイドとミネラルコルチコイドは副腎皮質で合成される．さらに，**アンドロゲン**(androgen，男性ホルモン)と**エストロゲン**(estrogen，女性ホルモン)は性的機能の発達に重要である．

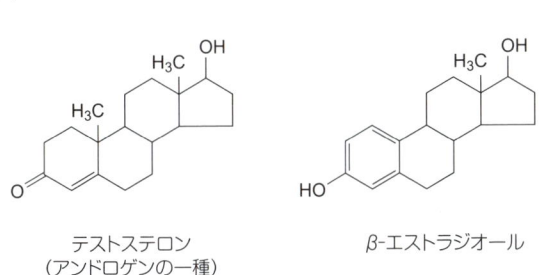

テストステロン
（アンドロゲンの一種）

β-エストラジオール

ビタミンD(vitamin D)は，ステロイドホルモン類に分類される．ビタミンD類にはさまざまな分子種があり，ステロイドのB環が内部開裂を起こして生じる．ビタミンD_2（エルゴカルシフェロール）は，植物ステロール（牛乳に添加されることがある）のエルゴステロールから動物皮膚内で紫外線を用いて合成され，ビタミンD_3は7-デヒドロコレステロールが同じ機構で合成される．ビタミンD_2とビタミンD_3には生物活性がなく，肝臓と腎臓でヒドロキシ化（右図の丸印）されて活性型ビタミンDとなる．活性型ビタミンD

Topics

コレステロールは血管壁に沈着，蓄積しやすく，過剰な蓄積は心臓発作などを引き起こす．血中のコレステロール値が高い人々には，食事療法が必要となる．

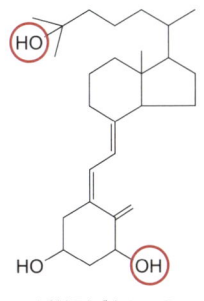

活性型ビタミンD

は小腸からの Ca^{2+} 吸収を促進させるので血中の Ca^{2+} 濃度が上昇し，それにともない骨や歯の Ca^{2+} 蓄積も増加する．

(f) その他の生理的に重要な脂質

多くの脂質分子は細胞膜に存在しているが，膜に含まれない生理活性脂質もある．いくつかの補酵素や脂溶性ビタミン類（ビタミン A，E，K）も脂質に分類される．哺乳類は脂溶性ビタミンを体内で合成できないので，食餌から摂取する必要がある．

イソプレノイド類(isoprenoids)は膜成分ではないが，この仲間には補酵素やビタミンとして重要な生理活性をもつ生体分子がある．イソプレノイドはイソプレン骨格とよばれる5個の炭素からなる化合物から構築される．

例えば，サプリメントとして人気の高い **CoQ₁₀**（**補酵素Q** または **ユビキノン**）は，10個のイソプレン単位からできている．この「10個」という数が哺乳類に特徴的であり，細菌や酵母などでは個数が異なる．

イソプレン

イソプレン単位

ユビキノン

ビタミンA（**レチノール**，retinol）は，ニンジンやブロッコリーなどの緑黄色野菜に含まれる β-カロテンから体内で合成される．レチノールは酸化されてアルデヒド型のレチナールになり，このレチナールは眼の視細胞中で光受容体として働く．レチナールはさらに酸化されてカルボン酸型のレチノイン酸になり，細胞の増殖・分化を調節し，形態形成にもかかわる．

ビタミンK（vitamin K），つまり**フィロキノン**（phylloquinone，植物が生産する）や**メナキノン**（menaquinone，細菌が生産する）もイソプレノイド化合物であり，ヒトの場合，必要量の半分程度が腸内細菌によって供給されている．ビタミンKは血液凝固にかかわるいくつかのタンパク質因子中のグルタミン酸（Glu）残基のカルボキシ化（4-カルボキシグルタミン酸（Gla）の生成）に必要である．ビタミンKが欠乏するとGla残基の生成が行われないため，血液凝固因子が活性化されず出血が止まらなくなる．

ビタミンE（**α-トコフェロール**，α-tocopherol）は，その疎水性のために細胞膜にとけ込み，そこで脂質や膜タンパク質などが酸化によって劣化するのを防いでいる．ビタミンEもサプリメントとしての人気が高いが，これは細胞の酸化を防ぐことによる老化遅延効果を期待してのことである．

エイコサノイド類(eicosanoids)は C_{20} の多不飽和脂肪酸が酸化されてでき

Topics

サプリの飲み過ぎに用心！
脂溶性ビタミン類は必須栄養素ではあるが，過剰摂取にも注意が必要である．レチノイン酸の過剰摂取は腫瘍細胞の増殖を，ビタミンKの過剰摂取は血栓を引き起こす．適切な摂取量を知って利用しよう．

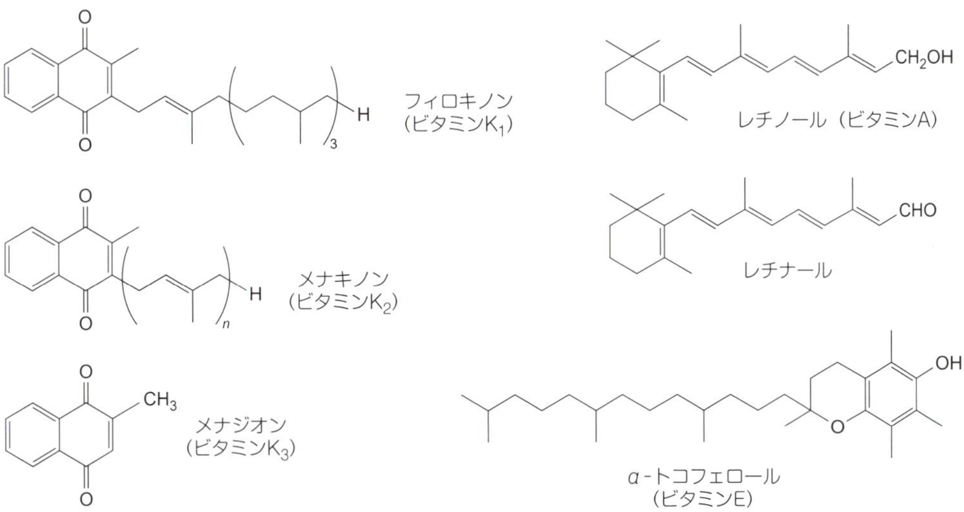

図 3.12 脂溶性ビタミンとその誘導体の化学構造

た誘導体である．エイコサノイドにはプロスタグランジン，プロスタサイクリン，トロンボキサン，ロイコトリエン，リポキシンなど，さまざまな生理活性をもつ化合物が含まれ，痛み，発熱，血圧調節，血液凝固などに関係がある．ヒトの場合，エイコサノイド類の前駆体として最も重要なものの一つが **アラキドン酸**（arachidonic acid）である．アラキドン酸は 4 カ所に二重結合をもつ多不飽和脂肪酸であり，細胞膜中ではホスファチジルイノシトールや他のリン脂質のエステルとして存在し，ホスホリパーゼ A2 の作用で遊離する．

❖ 章末問題 ❖

3-1 D-グルコースのエピマーとなるヘキソースの構造と名称を記せ．

3-2 D-グルコピラノース，D-ガラクトピラノース，D-マンノピラノースについて，それぞれの L 体の α-アノマー構造をハース式で記せ．

3-3 水溶液中で，α-D-グルコピラノースよりも β-D-グルコピラノースの方が多い理由を説明せよ．また，D-マンノピラノースの場合，α-アノマーの存在量が多い理由についても説明せよ．

3-4 高齢者の膝の痛みを緩和させるとの効用で，N-アセチル-D-グルコサミン（GlcNAc）やキチン分解物が健康食品として販売されている．この効用を仮定させる理由について記せ．

3-5 抗インフルエンザ薬として，タミフルやリレンザなどのシアリダーゼ阻害剤が使用される．これらがインフルエンザに対して有効である理由を記せ．

3-6 ステアリン酸，オレイン酸，リノール酸，α-リノレン酸の化学構造を記せ．

3-7 不飽和脂肪酸が細胞膜の流動性を高める理由を記せ．

3-8 かつては，リノール酸，α-リノレン酸，アラキドン酸，エイコサペンタエン酸（EPA），およびドコ

サヘキサエン酸（DHA）の五つの脂肪酸が哺乳動物にとっての必須脂肪酸とされていた．しかし現在では，リノール酸，α-リノレン酸の二つのみが必須脂肪酸とされている．その理由について，生合成経路の観点から述べよ．

3-9 アラキドン酸，エイコサペンタエン酸（EPA），およびドコサヘキサエン酸（DHA）の生理機能について述べよ．

3-10 グリセロリン脂質，スフィンゴ脂質，ステロイドについて，それぞれの構造的特徴を記せ．

第4章
タンパク質の構造と機能

何といってもタンパク質は，体を構成するうえで，最もダイナミックな働きをする物質である．タンパク質を構成する 20 種類のアミノ酸はそれぞれ個性的で，形や大きさ，性質などが大きく異なっている．このようなアミノ酸がつながってペプチドやタンパク質になると，その多様性はさらに大きく広がるとともに，複雑な役どころをなんなくこなす，たいへん有能な生体分子となるのである．

　第2章で見てきたように，タンパク質は 20 種類のアミノ酸がペプチド結合によってつながった鎖状の生体高分子である．その鎖がさらに折りたたまれ特定の立体構造を形成することにより，それぞれのタンパク質固有の機能を発揮している．タンパク質の機能は，体の基本構造を構成するものから，酵素，ホルモンまで非常に多岐にわたるが，個々のタンパク質の性質の違いは，それらを構成している 20 種類のアミノ酸の配列と，それに基づく立体構造の差異によって生みだされている．タンパク質の多彩な機能と構造の関係について，ここでは「酸素運搬タンパク質」，「酵素」，「力を生みだすタンパク質」を紹介する．ただし，これら以外にも，生物が生きていくうえで欠かせない大切なタンパク質は数多くある．第8章で解説するように，細胞の情報伝達や生体防御（免疫）においても，多くのタンパク質が重要な働きをしている．

4.1　酸素運搬タンパク質 ——ミオグロビンとヘモグロビン

　われわれヒトをはじめ多くの脊椎動物は，肺やえらから取り込んだ酸素を，血液循環により体中の組織に届けている．酸素は，食物から取り入れたさまざまな栄養素を酸化的に分解（燃焼）して，エネルギーを取りだすためになく

てはならないものである。しかしながら、酸素の水溶液への溶解度は低く、そのままでは血液を通して体中に必要な酸素を運ぶことはできない。血液中で酸素を運搬するために重要な役割を果たしているのは赤血球である。その赤血球のなかには、酸素を直接結合して運搬するタンパク質である**ヘモグロビン**(hemoglobin)がたくさん含まれており、それが血液の赤い色の原因となっている[*1]。ヘモグロビンはポリペプチド鎖以外に、鉄原子を含む化合物「**ヘム**(heme)」を結合しており、このヘムが、酸素を結合するという重要な役割を果たしている。

一方、ヘモグロビンとよく似た、主に筋肉細胞に存在する**ミオグロビン**(myoglobin)というタンパク質がある(図4.1)。このミオグロビンもヘムを含んでおり、ヘモグロビンと同様、酸素分子を結合することによって組織や細胞内で酸素を運搬している。ミオグロビンは、血液中を運ばれてきた酸素をヘモグロビンから受け取り、力を生みだすのに必要な酸素を筋肉細胞に供給する役割を担う。このようにヘモグロビンとミオグロビンはどちらもヘムを用いて酸素を運搬するタンパク質であり、実際にアミノ酸配列もよく似た(したがって三次構造もよく似た)タンパク質であるが、その働く場所が異なることにより、四次構造に大きな違いがある。この二つのタンパク質を比較することによって、タンパク質の立体構造と機能との関係についての理解が大きく進んだ。

[*1] 実際に赤い色の原因となっているのは、ヘムである。

ヘム
鉄とポルフィリンからなる化合物。ヘモグロビンやミオグロビンなどの酸素運搬タンパク質の他に、過酸化水素を分解する酵素(カタラーゼ)や、電子伝達系(5.2.6を参照)のタンパク質であるシトクロム類などに含まれる。シトクロム類においては、ヘム鉄がFe(Ⅱ)とFe(Ⅲ)の間で変化することにより電子の授受が行われている。ヘムのような、酵素などの活性に必要なタンパク質以外の構成成分を、補欠分子族とよぶ。

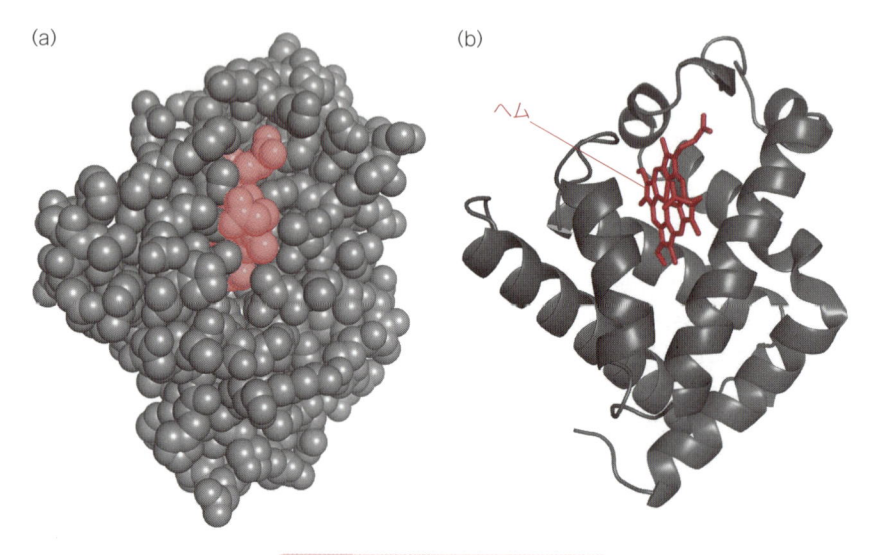

図4.1 ミオグロビンの立体構造
(a)空間充填モデル、(b)リボンモデル。タンパク質の中心のくぼみには、鉄原子を含むヘムが結合している。

4.1.1 ミオグロビンとヘモグロビンの構造

ミオグロビンは，X線結晶構造解析によって世界で最初に立体構造が示されたタンパク質である[*2]．ミオグロビンは，153個のアミノ酸残基からなる1本のポリペプチド鎖からできており，その大部分は8本のαヘリックスを形成している（図4.1）．αヘリックスに挟まれた疎水性のくぼみ（ポケット）には，ヘムが配置されており，酸素分子はこのヘム中の鉄原子に結合する．ヘムは，ポルフィリンと鉄との錯体[*3]である（図4.2）．ポルフィリンの中心の4個の窒素原子NがFe(II)に配位するとともに，ポルフィリン平面に垂直な方向から，タンパク質のヒスチジン残基(His93)の側鎖のN原子が配位結合している．このヒスチジン残基の反対側の空間は空いており，ここに酸素分子が結合する．通常，Fe(II)は酸素と接触するとFe(III)に酸化されやすいが，Fe(III)になるとヘムは酸素と結合できなくなってしまう．しかし，ミオグロビン中のヘムはミオグロビンのタンパク質部分（グロビン）に囲まれているため，酸化されにくい環境になっている[*4]．このことが，ヘムがグロビンの疎水性ポケットに埋まっている理由の一つと考えられる．

一方，ヘモグロビンの立体構造は，ケンドルーと同じキャヴェンディッシュ研究所にいたペルツ(M. Pertz)によって決定された[*5]．ヘモグロビンは，ミオグロビンとよく似たαヘリックスに富むサブユニットが4個会合してできた四量体構造をとっている（図4.3）．4個のサブユニットは，2種類のポ

[*2] 1958年にイギリスのケンドルー(J. Kendrew)が解明した．

[*3] 金属原子と，そのまわりに結合した非金属原子（配位子）からなる分子．

Topics
His93とは，タンパク質のN末端からアミノ酸残基を数えて，「93番目にあるヒスチジン残基」を表す．一文字表記を使って，「H93」と表す場合もある．

[*4] 単独のヘムは，水溶液中で二量体化することによってFe(III)に酸化されやすい．

[*5] ケンドルーとペルツは，これらの功績により1962年にノーベル化学賞を受賞している．

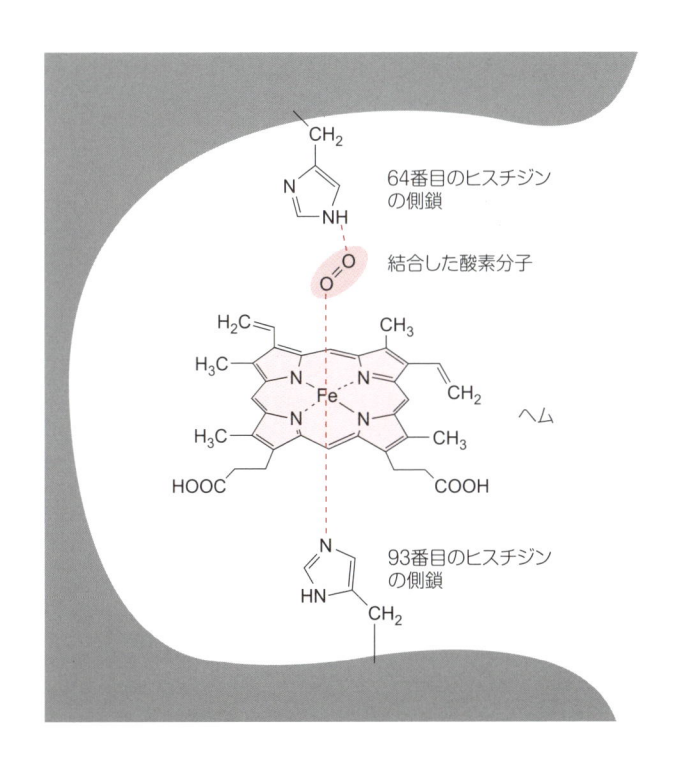

図4.2 ミオグロビン中のヘムの構造

中心のFe(II)にはポルフィリンの窒素とグロビンのヒスチジン残基（His93）の窒素が配位しており，このヒスチジンの反対側に酸素分子が結合する．この酸素には，さらにグロビンのHis64が水素結合を形成し，安定化する．

β鎖　β鎖　α鎖

サブユニットの構造が似ている

α鎖

ヘモグロビン　　　　　　　　　　ミオグロビン

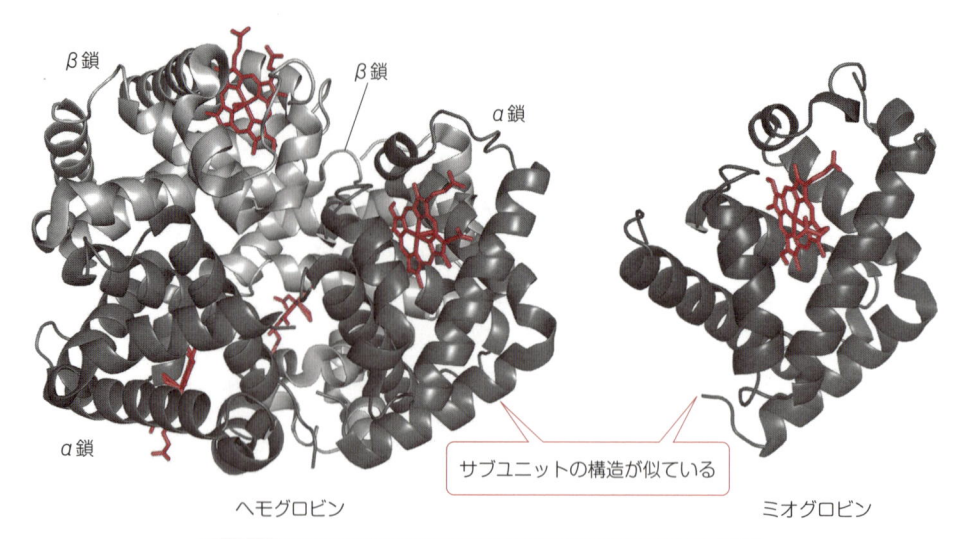

図 4.3　ヘモグロビンとミオグロビンの立体構造の比較
ヘモグロビンは，ミオグロビンと構造がよく似たサブユニットが4個会合し，四量体構造（$\alpha_2\beta_2$）になっている．ヘムは赤色で示した．

リペプチド鎖（α鎖とβ鎖）が2本ずつ，全体で$\alpha_2\beta_2$という構成となっている．サブユニットそれぞれがミオグロビンと同様，ヘムを含んでおり，ヘモグロビン1分子あたり4個の酸素分子を結合することができる．ヘモグロビンのサブユニットとミオグロビンの立体構造はよく似ていることから，共通の祖先タンパク質から進化したものであると考えられるが（分子進化：9.3節を参照），アミノ酸配列を比較すると類似性はそれほど高くはない〔同一アミノ酸は26％程度（図4.4）〕．このことは，タンパク質が機能を果たすうえでは立体構造が重要であるため，アミノ酸配列（一次構造）が変化しても立体構造があまり変化しないように両者が進化してきたことを示唆している[*6]．

[*6] アミノ酸残基が異なっていても，性質や大きさが似ているアミノ酸に置き換わったりした場合は，立体構造があまり変化しない場合も多い．

```
ミオグロビン     1  GLSDGEWQLVLNVWGKVEADIPGHGQEVLIRLFKGHPETLEKFDKFKHLK  50
ヘモグロビンα鎖  1  VLSPADKTNVKAAWGKVGAHAGEYGAEALERMFLSFPTTKTYFPHFDLSH  50

                   SEDEMKASEDLKKHGATVLTALGGILKKKGHHEAEIKPLAQSHATKHKIPVKYLEFISEC  110
                   G------SAQVKGHGKKVADALTNAVAHVDDMPNALSALSDLHAHKLRVDPVNFKLLSHC  104

                   IIQVLQSKHPGDFGADAQGAMNKALELFRKDMASNYKELGFQG  153
                   LLVTLAAHLPAEFTPAVHASLDKFLASVSTVLTSKYR------  141
```

図 4.4　ミオグロビンとヘモグロビンαサブユニットのアミノ酸配列の比較
どちらもヒト由来．両者で共通しているアミノ酸をピンク色にした．一致度は，26％である．

4.1.2 ミオグロビンとヘモグロビンにおける機能の違い

ヘモグロビンのサブユニットの立体構造はミオグロビンとよく似ているが，酸素との結合特性は大きく異なっている．図 4.5 に示すように，酸素分圧（酸素の濃度）に対してミオグロビンとヘモグロビンに結合する酸素の量を比較すると，ミオグロビンは，酸素分圧が低いところから急激に酸素飽和度 1（100％）に近づいていくのに対して（双曲線型[*7]），ヘモグロビンは，酸素が低濃度のときにはあまり酸素と結合せず，ある程度濃度が上昇した時点で飽和曲線が急激に上昇している．このような S 字形の曲線は，**シグモイド (sigmoid) 曲線**とよばれる．それでは，なぜヘモグロビンは S 字形の酸素結合性を示すのだろうか．それは，この二つのタンパク質が生体内で働く場所と密接な関係がある．

ヘモグロビンは赤血球中に存在し，陸上動物の肺や魚のえらから酸素を受け取り，末梢の毛細血管まで運ぶ．一方，ミオグロビンは筋肉などの組織細胞中で酸素の運搬や貯蔵を行う．つまり，ヘモグロビンは比較的酸素分圧が高い（酸素分子が多い）環境で酸素を受け取るのに対して，ミオグロビンは組織細胞中の，より酸素分圧が低い場所で酸素を受け取るのである．図 4.5 で示すように，ヘモグロビンは動脈血と静脈血の酸素分圧の差によって，結合した酸素のうちのかなりの量を離す．これによって，肺で酸素を受け取り，末端の組織で多くの酸素を細胞に渡すという機能を果たすことができる．一方，ミオグロビンは同じ条件下では酸素をほんのわずかしか離さない．これは，血液中のヘモグロビンが放出した酸素を，さらに酸素分圧が低い筋肉組織中で結合し輸送するのに都合がいい．このように，両タンパク質の酸素結合特性は，それらが働く体内の環境に適したものとなっている．

Topics

特にクジラなどの水中にすむ哺乳動物は，筋肉中に酸素を蓄えておく必要があるために，大量のミオグロビンを筋肉に含んでいる．また，マグロやカツオのような魚の筋肉（身）の色が赤いのも，長距離を泳げるようミオグロビンを多く含んでいるためである．

[*7] 酸素分圧（pO_2）と酸素飽和度（Y）の関係は，次の式で与えられる．
$$Y = pO_2/(K + pO_2)$$
ここで，K はミオグロビンと酸素分子の解離定数（結合定数の逆数）である．

シグモイド曲線

S 字状に見える曲線．グラフとして表すと，ある部分で縦軸の値が急上昇し，その後，傾きが緩やかとなり一定値に近づく．酵素反応では，アロステリック酵素について，横軸に基質濃度，縦軸に反応速度をプロットした際に見られる．複数のポリペプチド鎖からなるタンパク質（多量体）では，一部のタンパク質に基質が結合することによって，他方のタンパク質の基質との相互作用が高まることによって，その現象を説明することができる．

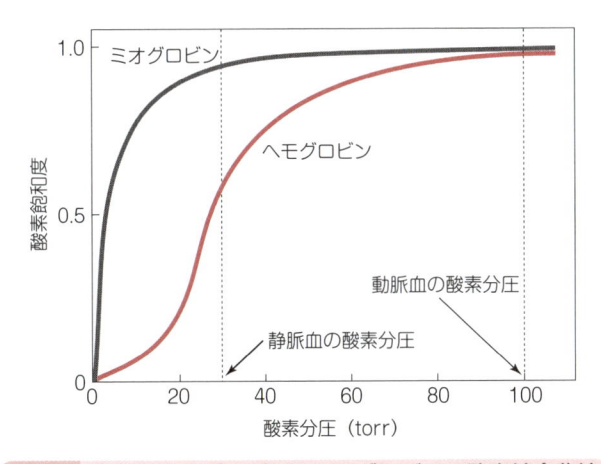

図 4.5 ヒトのミオグロビンとヘモグロビンの酸素結合曲線
ミオグロビンは双曲線型であるのに対して，ヘモグロビンは S 字形（シグモイド）曲線を示す．1 atm = 760 torr，1 torr は約 133 Pa である．

4.1.3 ヘモグロビンにおける酸素結合と構造の関係

ヘモグロビンのS字形酸素結合曲線は，四つのサブユニット間の相互作用が生みだすものである．図4.6に示すように，酸素が結合していない状態のヘモグロビンは，比較的酸素に対する親和性の低い，T状態というコンフォメーション（立体配座）をとっているが，ヘムに酸素が結合し始めると，ヘムを取り囲むポリペプチド鎖のコンフォメーションが変化し，サブユニット全体が酸素との親和性が高い状態（R状態）に変わる．この立体構造の変化は，接触している隣のサブユニットにも影響を与え，酸素を結合していない他のサブユニットのコンフォメーションもR状態へ変化しやすくなり，こうしてタンパク質全体が，より酸素との親和性が高い状態へ変化する．その結果，S字形の酸素結合曲線を示すのである．複数のサブユニットが会合してできた（オリゴマー構造をもつ）タンパク質のサブユニット間に働くこのような相

Column

タンパク質のかたちを知る

タンパク質の立体構造は，その機能が現れる仕組みを知るうえで，なくてはならない情報である．現在，タンパク質の立体構造を解析するための方法として，「X線結晶構造解析（x-ray crystal structure analysis）」と「核磁気共鳴（nuclear magnetic resonance；NMR）」が主に用いられている．

NMRには，タンパク質がどう動くか，どのように結合するかなど，溶液中でのタンパク質の動的な構造を調べることができるという利点がある．しかし，NMRで解析できるタンパク質の大きさには限りがあり（分子量～3万程度），比較的大きなタンパク質の構造を決定するには，X線結晶構造解析を行うのが一般的である．

タンパク質の結晶にX線を当てると，X線はタンパク質を構成する原子によって散乱する．しかし，結晶中では原子が規則正しく並んでいるために，X線は特定の方向に強められ（干渉），検出器で多数の斑点として観察される（図）．X線結晶構造解析は，この斑点（回折点）のパターンと強度を測定することによってタンパク質の立体構造を決定するものである．

この解析には，良質のタンパク質の結晶（タンパク質の結晶をつくることは一般に難しい）と，構造決定の際に必要となる回折X線の位相（X線の波のずれ）の計算，つまり位相問題の解決が必要となる．最初にこの位相問題を解決したのがケンドルーとペルツであり，彼らが開発した方法によって多くのタンパク質の構造が決定されてきた．

現在では，強力なX線を発生させられる放射光施設〔日本では，茨城県のPhoton Factory（フォトン・ファクトリー）や兵庫県のSPring-8（スプリングエイト）が有名〕を用いて，分子量が数百万以上にもなるタンパク質複合体の立体構造も決定されている．

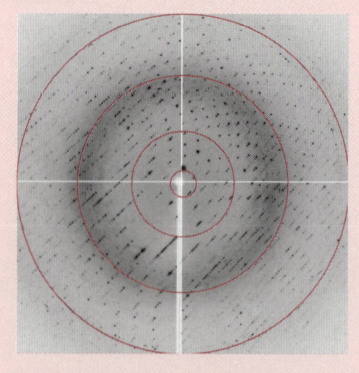

図　タンパク質のX線回折パターン
小さな黒い点が回折点．同心円は回折点の位置を示すために描かれている．

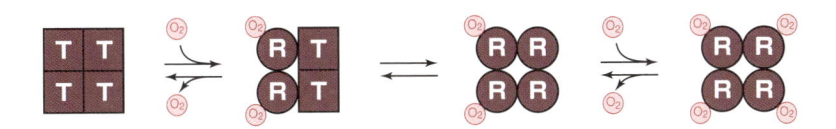

図4.6 ヘモグロビンの酸素結合とコンフォメーション変化

酸素が結合していないヘモグロビンは酸素との親和性が低いT状態(図中では四角)であるが、酸素が結合すると結合したサブユニットのコンフォメーションが変化しR状態(図中では丸)になる。さらにその影響は酸素が結合していない他のサブユニットにも及び、R状態への変化が促進される。その結果、酸素との親和性が急激に上昇する。この図では、簡略化のため酸素分子が2個結合した時点ですべてのサブユニットがR状態に変化しているが、実際はR⇌Tの平衡は酸素分圧に応じて徐々に変化する。

互作用を**協同性**(cooperativity)、特に活性が上昇する場合を「**正の協同性**(positive cooperativity)」[*8]とよぶ。

*8 負の協同性をもつタンパク質もある。

それでは、このようなタンパク質のコンフォメーション変化はどのようにして起こるのだろうか。図4.7に、ヘムと酸素との結合の様子を示した。酸素と結合していないヘム中で、Feはポルフィリン平面から少し(約0.6Å)飛びだしているが、ここに酸素が結合するとFeの電子状態が変化し、ポルフィリン平面中に入り込む。これにともなって、Feに配位しているヒスチジン残基とその根元にあるαヘリックス(ヘリックスF)も平面の方向へ引き寄せられる。このような立体構造変化がサブユニットをT状態からR状態へ変化させるのである。この変化は、隣のサブユニットとの接触面にも影響を及ぼすので、隣接する酸素が結合していないサブユニットもR状態へと変化

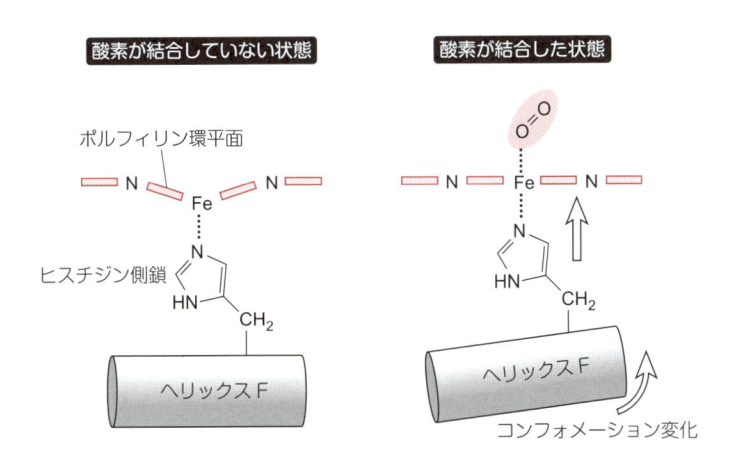

図4.7 ヘモグロビンの立体構造変化

酸素が結合していない状態ではFeはヘムのポルフィリン環からすこしはみでているのに対して、酸素が結合するとポルフィリン平面に収まるようになる。その結果、配位結合したヒスチジン残基およびそれを含むグロビン中のαヘリックスFが引っ張られ、それによってタンパク質の他の部分の構造(コンフォメーション)も変化する。

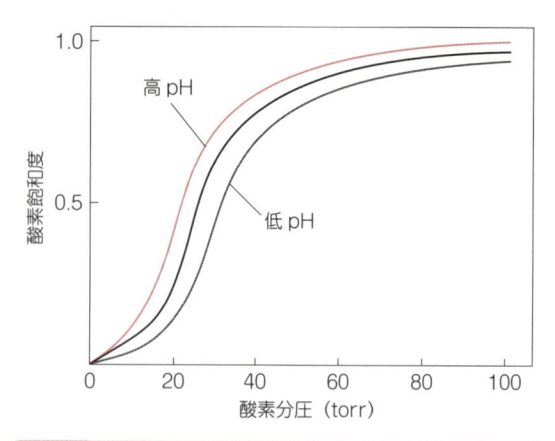

図4.8 ヘモグロビンの酸素結合に pH が及ぼす影響
pH が低い状態では，H^+ がヘモグロビンに結合することにより T 状態に変化しやすくなり，酸素との親和性が低くなる．

> **Topics**
> アロステリックタンパク質の S 字形曲線は，基質以外の物質によっても変化させることができるので，体の中の代謝を調節する酵素にもよく見られる特徴である．ヘモグロビンとミオグロビンの立体構造の解明によって，このような協同性がタンパク質のサブユニット間の相互作用によるものであることが明らかになった．

しやすくなる．その結果，四量体全体の平衡も R 状態へと傾き，全体として酸素との親和性が上昇するのである．

ヘモグロビンの S 字形酸素結合曲線には，もう一つの重要な特徴がある．それは，この性質が，水素イオンなどの酸素以外の物質にも影響されるということである．**図 4.8** には，ヘモグロビンの酸素結合曲線に及ぼす pH（水素イオン濃度）の影響を示している．pH が低下するにつれて S 字形曲線が右側へ移動し，酸素との親和性が低下することがわかる．これは**ボーア効果**(Bohr effect)とよばれ，ヘモグロビンが水素イオン(H^+)と結合することにより立体構造が T 状態へ変化しやすくなることを意味している．生理的には末梢組織，特に活発に活動している組織では，呼吸のため二酸化炭素が増加し，下記のように H^+ 濃度が上昇することから，ヘモグロビンがより酸素を放出しやすくなるという結果を導いている．

$$CO_2 + H_2O \rightleftharpoons H^+ + HCO_3^-$$

このように，ヘモグロビンは四つのサブユニット間の相互作用により，S 字形酸素結合曲線やボーア効果などの巧妙な調節機能を獲得したタンパク質である．このような機構は**アロステリック**(allosteric)**効果**とよばれている．アロステリック効果は，代謝を調節する他の酵素にもしばしば見られる特徴である(4.2.6 を参照)．体内の代謝は，環境のいろいろな変化に合わせて調節され正常な状態に保たれているが，それもこのような調節機構を備えた**アロステリック酵素**(allosteric enzyme)で行われている場合が多い．

4.2 酵素

生物が生きていくには，非常に多くの化学反応を体内で正確に進めなければならない．しかし，生体内で起こる多くの反応は生理的条件下（体温程度の温度やpH）では自然に進まないため，反応速度を高めるための触媒が必要であり，その役割を果たすのが酵素である．酵素は，通常，タンパク質からなる生体触媒であるが，最近，触媒活性をもつRNA（リボザイム）なども見いだされてきた（2.2.4を参照）[*9]．

*9 しかし，ほとんどの酵素はタンパク質を主として構成されているため，本節ではタンパク質酵素に焦点を絞り，RNA酵素については扱わない．

触媒（生体触媒）
ある特定の化学反応を促進させる効果をもつ物質のこと．触媒は，反応の途中では構造や性質が変化するが，反応の前と後で構造や化学的特徴に変化は生じない．生物がもつ触媒を特に生体触媒といい，その主要なものは酵素である．酵素は生体内の化学反応の促進に寄与し，同時に酵素反応は多くの関連化学物質によって制御されており，複雑で精緻な生命活動をコントロールしている．

4.2.1 酵素の特異性

酵素は，通常の触媒と同様，反応を進めるのに必要なエネルギー〔**活性化エネルギー**(activation energy)〕を小さくすることによって反応速度を上げる（図4.9）．また，酵素自身は，反応の間に一時的に変化することはあっても，一連の反応が終わると元の形に戻る．酵素によって反応を受ける物質は**基質**(substrate)，生成した物質は**生成物**(product)とよばれる．

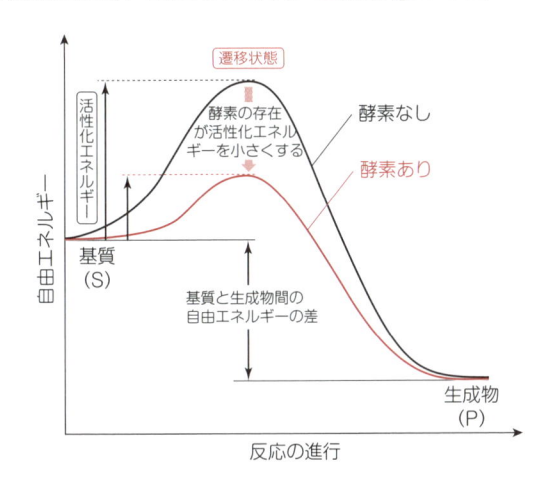

図4.9 酵素の触媒作用と活性化エネルギー
通常の反応に比べて，酵素が存在することで遷移状態になるための活性化エネルギーが低くなる．ここで，基質と生成物の間の自由エネルギーの差は，酵素の有無に関係していないことに留意しよう．

体内では多くの酵素が働いているが，酵素は一般に「**基質特異性**(substrate specificity)」が非常に高く，ある特定の物質としか反応しないことが知られている（図4.10）．例えば，基質が立体異性体を含む物質である場合，

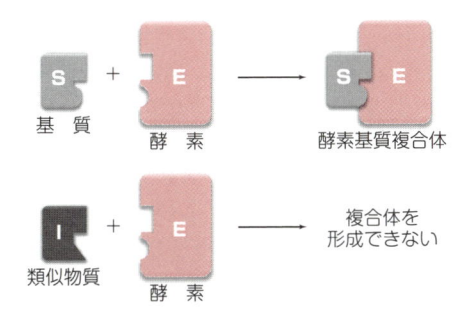

図4.10 酵素の基質特異性
酵素は特有の立体構造をもち，基質を認識する部分も立体的に特異的な構造となっている．そのため，その鍵穴のような基質認識部位に合致する基質としか反応しない．

それらを厳密に認識し，特定の異性体としか反応しない．また，生成物についても，純度がきわめて高く副生成物が少ない．これらのことから，酵素は「立体特異性」や「反応特異性」も非常に高い触媒であるといえる．

このような酵素の高い特異性は，鍵と鍵穴の関係に例えて説明されることが多い（「鍵と鍵穴説」[*10]）．すなわち，酵素の表面にはくぼみ（鍵穴）があり，それにぴったり当てはまる形をした特定の基質（鍵）のみが酵素に結合し反応を受けられるというものである．現在でも，この「鍵と鍵穴説」は基本的に正しいことが確認されている．

一方，その後さまざまな酵素と基質との複合体の立体構造がX線結晶解析から明らかになるにつれて，「鍵と鍵穴説」で仮定されたように，酵素の表面にある基質結合部位は，固定された構造で基質を認識しているだけではないことがわかってきた．通常，タンパク質分子は水溶液で小さな速い運動（ゆらぎ）をつねに行っている．酵素の場合も，ある程度ゆらぎのある状態から，基質が結合することによって，その立体構造，特に基質結合部位周辺の構造が変化するとともに，基質もより反応を受けやすい状態になる場合がある．このように，基質との結合によって酵素の立体構造が変化し，反応性が上昇することを**誘導適合**（induced fit）とよんでいる．

図4.11に，そのような例としてグルコキナーゼを示した．グルコキナーゼは，エネルギーを得るためにグルコースを分解するための最初の反応系である解糖系（5.2節を参照）において，グルコースをATPを用いてリン酸化する反応を触媒する酵素（ヘキソキナーゼの一種）である．この酵素は，基質であるグルコースが結合した状態と，していない状態の立体構造がわかっているが，両者を比較してみると，結合していない状態では酵素があたかも口を開けたように活性部位を広げているが，基質が結合した状態では，餌を捕まえた魚のように口を閉じた構造となっている．このように，基質を結合した状態で結合部位を閉じることで，まわりの水分子によってATPが加水分

[*10] 19世紀の終わり頃に，ドイツのフィッシャー（E. Fischer）によって提唱された．

Column

"やわらかい"タンパク質

これまで，タンパク質は特定の形（立体構造）をもち，その構造を知ることによって多くの情報を得ることができる，と学んできた．しかし，「タンパク質は決まった形をもつ」という"常識"に反するようなタンパク質が，近年報告されている．

それらは「天然変性タンパク質」とよばれ，通常の溶液状態（水溶液中）では，変性状態にある．すなわち，特定の立体構造を形成していない．しかし，ひとたびそのタンパク質が認識する物質（例えば酵素に対する基質）が現れると，特定の立体構造を形成し，特定の物質だけを認識するようになる．このような天然変性タンパク質は，特に真核生物に多く見つかっており，その機能に注目が集まっている．

タンパク質に立体構造があることを学んだばかりだが，構造をもたないタンパク質もあるのだ．

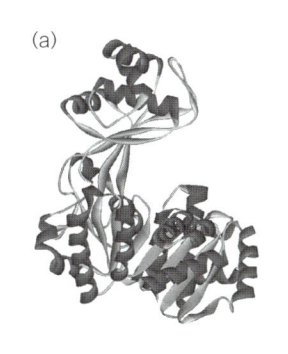

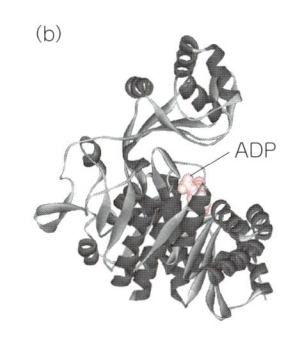

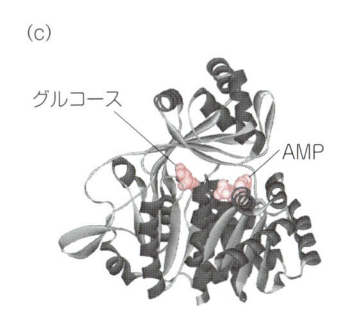

図 4.11 酵素の誘導適合モデル

グルコキナーゼは，基質であるグルコースと結合するとコンフォメーション変化を起こす．基質がない状態では口を開いたような構造(a)であるが，基質と結合するとコンパクトな構造(b, c)に変化する．この反応には高エネルギーリン酸結合のエネルギーを必要とする．ここではアーキア(古細菌)の酵素の構造を示している．ヒトでは ATP → ADP の反応が起こるが，アーキアでは ADP → AMP の例が知られている．

解されるのを防ぐことができ，効率的にグルコースのリン酸化を進めることが可能となっている．このように，鍵と鍵穴の関係で酵素が正しく基質を認識するとともに，誘導適合によって部分的にその構造を変化させることは，触媒効率を著しく高めるために役立っているのである．

4.2.2 酵素の分類

酵素はその反応の特徴から，

1. 酸化還元酵素(オキシドレダクターゼ)　　乳酸脱水素酵素など
2. 転移酵素(トランスフェラーゼ)　　グルコキナーゼなど
3. 加水分解酵素(ヒドロラーゼ)　　リパーゼなど
4. 除去付加酵素(リアーゼ)　　ピルビン酸脱炭酸酵素など
5. 異性化酵素(イソメラーゼ)　グルコース-6-リン酸イソメラーゼなど
6. 合成酵素(リガーゼ)　　アミノアシル tRNA 合成酵素など

の6種類に分類されている．さらに，それぞれの酵素には，国際生化学分子生物学連合(IUBMB)の委員会によって酵素分類番号(EC 番号)が付けられている．これは，4個の番号の並びとして表され，上記の6分類の番号が先頭に示される．例えば，アルコール脱水素酵素は，EC1.1.1.1であり，最初の番号が1であることから酸化還元酵素に分類されることがわかる．

4.2.3 酵素を構成する物質

酵素のなかには，それを構成するポリペプチド鎖が単独で活性を発揮するものもあるが，ポリペプチド鎖以外に補因子とよばれる物質を活性の発現に必要とする場合も数多くある．補因子には，主に必須イオン(マグネシウム

Topics
補因子や補酵素という名称からは，酵素活性を「補う」物質のような印象を受けるが，多くの場合，補酵素を必要とする酵素は，補酵素なしには活性を示すことができない．実際は，酵素活性になくてはならない物質であることが多い．

図4.12 生体内で用いられる代表的な補因子(必須イオン，補酵素)の構造
(a)鉄-硫黄クラスター(Fe-Sクラスター)．赤色で示したSはアミノ酸側鎖．(b) NAD．(c)ユビキノン(Q)．

やカルシウムなどの金属イオン)と**補酵素**(coenzyme)の2種類がある．金属イオンは，可逆的に酵素に結合し，基質の結合に関与するものと，酵素の活性部位に固く結合し触媒反応に直接関与するものなどがある．また，電子の受け渡しに金属が必要とされる場合もあり，その例として，生体内の酸化還元反応に関与する鉄-硫黄クラスターなどが挙げられる(図4.12)．

補酵素はさらに，補助基質と補欠分子族に分けられる．補助基質は，反応において一種の基質として働き，反応後は異なる物質となって酵素から離れる．その後，他の酵素の作用によって元の物質に戻され，繰り返し利用される．一方，補欠分子族は反応全体を通して酵素に結合したままで，反応後には元の状態に戻る．哺乳類ではこのような補酵素を食物から必須栄養素として摂取している場合が多く，それらは**ビタミン**(vitamin)とよばれている．主な補酵素と，その生体内での役割を表4.1に示す．

Topics
補因子の種類
・必須イオン
・補酵素 ─ 補助基質
         └ 補欠分子族

表4.1 生体内で用いられる主な補酵素とその特徴

補酵素名	主な役割(代表的な代謝での反応)
ATP	生体内でのエネルギーの共通通貨(筋肉・リン酸化反応)
NAD	二電子転移酸化還元反応(解糖系・クエン酸回路・電子伝達系)
NADP	二電子転移酸化還元反応(光合成)
FAD	一または二電子転移酸化還元反応(電子伝達系)
FMN	一または二電子転移酸化還元反応(電子伝達系)
補酵素A(CoA)	アシル基の転移(クエン酸回路・脂質代謝)
ユビキノン(Q)	一または二電子転移酸化還元反応(脂溶性・クエン酸回路・電子伝達系・光合成)

4.2.4 酵素反応の特徴

一般に，酵素の反応速度は，温度やpHに大きく影響される．酵素反応は一種の化学反応であるため，温度が上昇するとそれにともなって反応速度も上昇する．しかし，一般に酵素の本体であるタンパク質は熱に対して不安定であるため，温度がある程度以上に上昇すると，立体構造を保持することができずに変性し，活性を失ってしまう(図4.13，2.1.8も参照)．

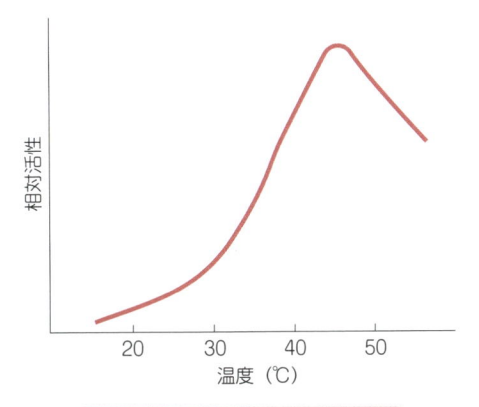

図4.13　酵素活性の温度依存性

また，酵素の反応速度はpHによっても大きく影響を受ける．図4.14に示すように，酵素はあるpHで最も高い活性を示し(最適pH，至適pH)，その最適pHから離れるとともに活性が低下し，結果としてつりがね型のpH依存性曲線を描くことが多い．これは，解離基をもつアミノ酸残基が酵素活性に関与することを示唆している．すなわち，活性が上昇または低下するpH付近にpK_aをもつアミノ酸残基が，酵素の触媒作用に関与していることが推定できる．このように，酵素のpH依存性から，酵素の触媒機構についての情報を得ることも少なくない．

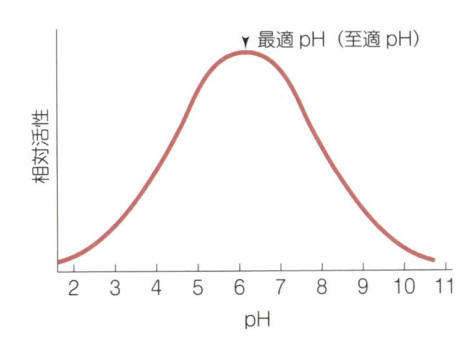

図4.14　酵素反応におけるpHの影響

4.2.5 基質濃度と酵素の反応速度論

酵素の反応速度[*11]は，単位時間あたりに生じる生成物の量で定義され，

*11 通常，反応初期の"初速度 v_0"が用いられる．

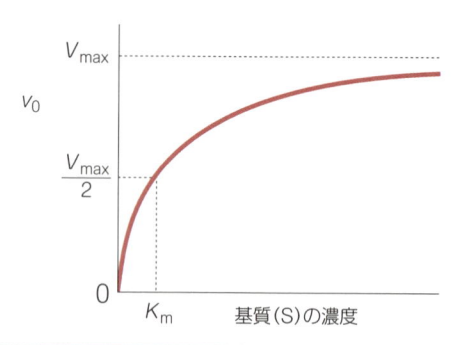

図 4.15　酵素反応における基質濃度と反応速度の関係
酵素反応における反応速度の基質濃度依存性．基質濃度が非常に高くなると，反応速度が頭打ちとなる．基質濃度が無限大の時の反応初速度を V_{max}，反応初速度が $V_{max}/2$ の時の基質濃度は K_m（ミカエリス定数）と等しくなる．

基質濃度に依存している．一般に，酵素反応の反応速度は，基質濃度が低濃度の間は基質濃度に比例するが，基質濃度を高めていくと，反応速度は徐々に頭打ちとなる（図 4.15）．これは下記のような反応機構によって説明することができる．

$$E + S \underset{k_{-1}}{\overset{k_1}{\rightleftarrows}} ES \overset{k_2}{\longrightarrow} E + P$$

ここで，E は酵素，S は基質，ES は酵素-基質複合体，P は生成物を表しており，k_1, k_{-1}, k_2 はそれぞれの反応速度定数である．酵素（E）は基質（S）と結合し，酵素-基質複合体（ES）を形成するが，これは比較的速い速度で起こる可逆反応であるため，両向きの矢印で表されている．その後，基質が酵素の触媒作用によって生成物（P）に変化すると，酵素は生成物を放し，再び反応前の酵素の状態に戻る．つまり，基質と酵素が反応するためには，その途中で酵素-基質複合体を形成する必要があり，基質が酵素に対して大過剰に存在すると，酵素-基質複合体が飽和状態になるために，それ以上基質を加えても反応速度が上昇しないのである．このような酵素反応における基質と反応速度の関係は，次の**ミカエリス・メンテンの式**（Michaelis-Menten equation）で表される．

$$v_0 = \frac{V_{max}[S]}{K_m + [S]}$$

ここで，K_m はミカエリス定数とよばれ，酵素と基質の親和性（どれだけの強さで結合するか）を示しており，K_m 値が小さいほど親和性が高い．また，V_{max} は，基質が大過剰の時，すなわち酵素-基質複合体が飽和した際の最大反応速度を表している．V_{max} と K_m の二つの定数は，酵素によって異なり，

酵素の性質や反応効率を示す重要な指標となっている．このミカエリス・メンテンの式から，基質の濃度([S])がK_mと等しい場合，反応速度(v_0)は$V_\mathrm{max}/2$に等しい．また，[S]がK_mに比べて非常に小さい場合は，v_0が[S]にほぼ比例するのに対して([S]に関して一次反応)，[S]がK_mに比べて十分に大きい場合は，v_0はV_maxに近づき，基質濃度が大きくなってもあまり変化しなくなり，図 4.15 のような実際の基質と反応速度の関係に合うことがわかる．

4.2.6 酵素反応の制御

　酵素のもつすぐれた特徴の一つに，触媒活性の調節方法の多彩さがあげられる．単に化学反応を促進させるだけでは，生命体を維持できない．それぞれの生命体が置かれた環境に応じて，酵素は活性を制御しなければならない．その活性調節の方法の一つがアロステリック制御であり，それを行う酵素はアロステリック酵素とよばれる．アロステリック酵素とは，基質や調節物質（活性化や阻害をする物質）が酵素の特定の部位に結合することにより構造が変化し，活性が調節される酵素のことである．

　図 4.16 に示すように，一般にアロステリック酵素の反応速度(v_0)は基質濃度([S])に対してS字形（シグモイド）曲線となり，この曲線の形は調節物質などによって変化する．このような現象は，ヘモグロビンと酸素の結合にも見られ（例えばボーア効果；4.1.3 を参照），同様のメカニズムによるものと考えられる．

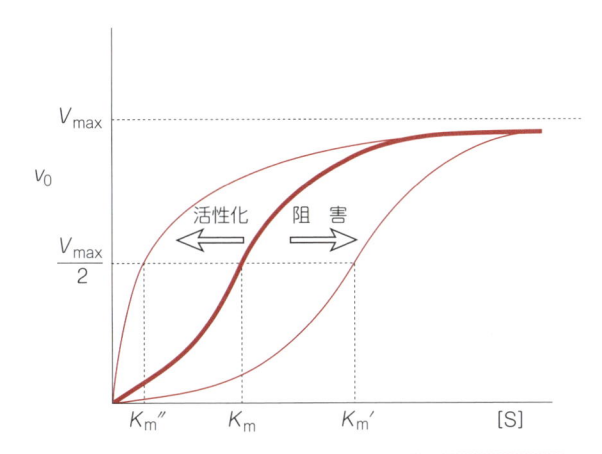

図 4.16　アロステリック制御における酵素反応速度
アロステリック酵素の活性化と阻害の様子を示した．中央のS字曲線が通常の状態であり，阻害されると右の曲線，活性化されると左の曲線で示したような反応速度となる．同じ基質濃度でも反応速度が大きく異なることがわかる．

4.3 力を生みだすタンパク質

もう一つの重要な機能性タンパク質の例として,力を生みだすタンパク質を紹介する.具体的には,筋肉の収縮を行うタンパク質や,細胞内の物質輸送を行うタンパク質などがあり,これらは"**モータータンパク質**(motor protein)"とよばれている.このようなモータータンパク質は,細胞の形態を維持したり運動を行う際に重要な役割を果たしている,細胞骨格とよばれるタンパク質とも密接な関係をもっている.

4.3.1 筋肉を構成するタンパク質と筋収縮の仕組み

力を生みだすタンパク質として真っ先に思い浮かぶのが,筋肉に含まれるタンパク質ではないだろうか.筋肉には,意識することなく自発的に動く不随意筋(心筋,内臓の平滑筋など)と,自分の意思で制御できる随意筋(骨格筋)がある.骨格筋を顕微鏡で見ると,横縞のある横紋筋とよばれる筋肉からできているのがわかる.これは多数の細胞が融合して,大きな多核細胞を形成したものである.横紋筋は,多数の筋原繊維の束からなり,それはサルコメアとよばれる最小単位が長軸方向につながったものからできている(図4.17).サルコメアは,**アクチン**(actin)からなる細い繊維(直径約 7 nm)と**ミオシン**(myosin)からなる太い繊維(直径約 15 nm)からできており,それらが交互に一部を重ね合わせて繰り返されている.この重なっている部分が,顕微鏡で観察した際に暗い縞状に見えるのである.

筋肉が収縮する際は,細い繊維が太い繊維の間に滑りこみ,重なり合っている部分が大きくなる.逆に筋肉が弛緩した際にはこの重なりが小さくなる.

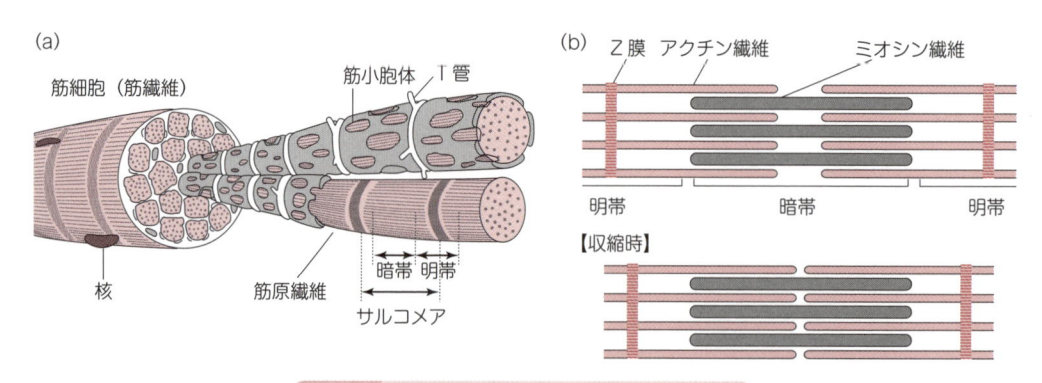

図 4.17 筋細胞が収縮する機構とサルコメア

(a)筋細胞の構造.筋細胞(筋繊維)には,複数の筋原繊維が束ねられている.(b)筋原繊維が収縮する仕組み.筋原繊維はアクチン繊維とミオシン繊維からなり,繊維の滑り込み運動によって,収縮・弛緩する.

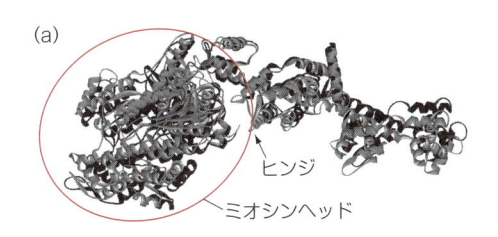

図4.18 筋細胞の収縮メカニズム
(a)ミオシンの立体構造．(b)ミオシンヘッドの構造変化はATP分解と共役して起きる．ミオシンヘッドがアクチン繊維をたぐり寄せることで滑り込み運動が起こる．

このような繊維の滑り込み運動は，ミオシンの頭部（ミオシンヘッド）とアクチン繊維との相互作用によって起こる（図4.18）．この相互作用の力の源として，ATPのエネルギーが用いられる．まず，ATPがミオシン頭部に結合すると，アクチン繊維からミオシンが離れる（①）．その後，ATPの加水分解によって頭部の一部が構造変化し，繊維に対する角度を変化させる（②）．次に，加水分解によって生じたリン酸がミオシン頭部から離れると，ミオシンは再びアクチンに結合する（③）．最後に加水分解によって生じた残りのADPが離れると，再び構造変化が起こり，ミオシン頭部がアクチン繊維を引き寄せ，滑り込み運動が起こる（④）．ここに再びATPが結合することで同様の構造変化が繰り返され，結果として，2本の繊維の間で滑り込みが起こり，筋原繊維全体が収縮する．

　それでは，このような筋収縮はどのようにして引き起こされるのだろうか．アクチン繊維には，トロポミオシンという繊維状のタンパク質が巻きついており，その影響で，通常，アクチンはミオシン頭部と結合（接触）できない状態になっている．そこへ筋肉を収縮させるために神経から刺激が伝えられると，その影響で一時的に筋細胞内のCa^{2+}濃度が上昇する．Ca^{2+}はCa^{2+}結合タンパク質（トロポニン）に結合し，トロポミオシンの構造を変化させることにより，アクチン繊維とミオシン頭部が結合（接触）できるようにする．こうして筋収縮が開始されるのである（図4.19）[*12]．

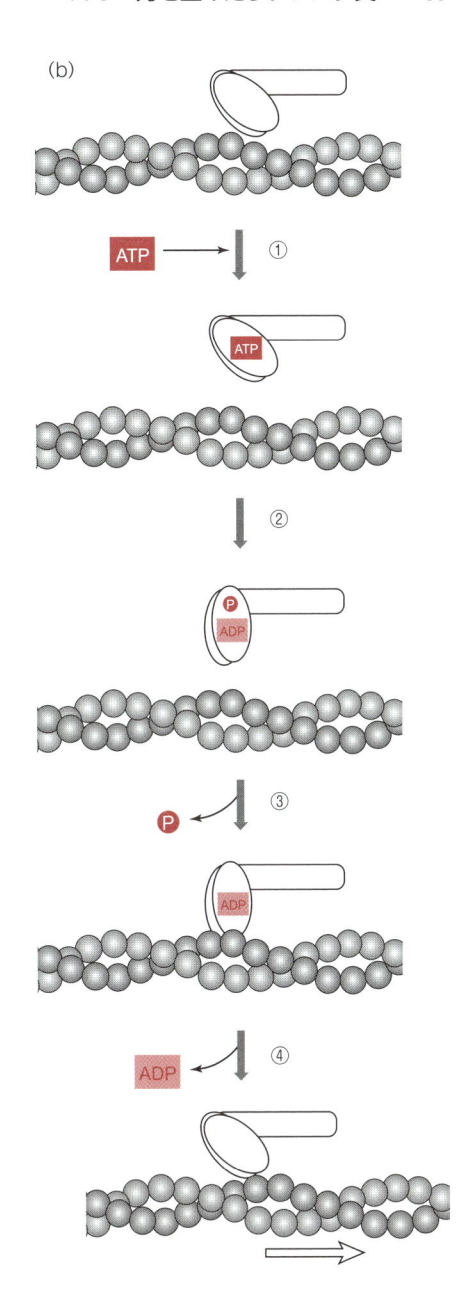

[*12] Ca^{2+}は筋収縮における重要な情報伝達物質であるが，その他にもさまざまな場面で細胞内の情報伝達に関与することが知られている．

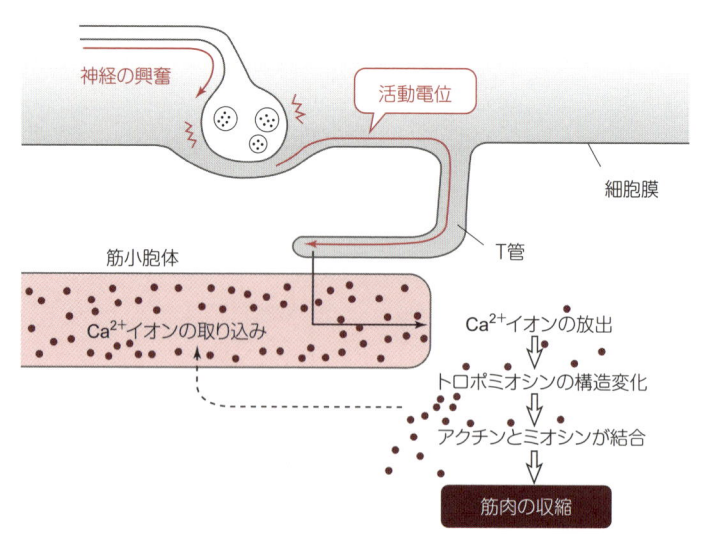

図4.19 神経からの刺激による筋細胞の収縮

4.3.2 細胞の運動や細胞内物質輸送にかかわるタンパク質

真核細胞内には，細胞骨格とよばれるタンパク質の繊維構造が張り巡らされており，細胞の形態を保ったり，細胞内の物質輸送の足場としての役割を果たしている．ここでは，まず細胞骨格を構成するタンパク質の種類と構造について述べた後で，細胞骨格繊維の上を運動する，モータータンパク質について解説する．

(a) 細胞骨格

細胞骨格(cytoskeleton)は，細胞の形態を保ったり，細胞が運動を行う際に必要な力を生みだす，細胞内の構造体である．細胞骨格は繊維状タンパク質からなり，細胞内の物質輸送以外にも，真核細胞のオルガネラの移動や細胞分裂など，細胞におけるさまざまな物理的運動の基盤をなしている．細胞骨格は，アクチン繊維，微小管，中間径繊維に分けられ，それぞれ異なるタンパク質からなる．

アクチン繊維(actin filament)は，球状のアクチンタンパク質(G-アクチン)が重合したものであり，2本の繊維が，直径約6〜7 nmの右巻きのらせん状に巻きついている．アクチン繊維の両末端には，アクチンタンパク質が重合しやすいプラス端と，脱重合しやすいマイナス端が存在し，プラス端で繊維が成長しやすく，マイナス端で繊維が消失しやすいという性質がある．アクチンタンパク質の重合にもATPが関与している(**図4.20**)．

アクチンは，筋細胞中にも収縮装置として大量に存在しているが，それ以外の細胞でも最も多量に存在するタンパク質である．アクチン繊維は，細胞の形を決定し，細胞質流動(細胞内の物質が動く現象)や細胞分裂時の収縮に

Topics
「筋肉」というと，人間の腹筋や上腕筋を一番に思い浮かべるかもしれない．しかし筋肉は生物のさまざまな部位に存在する．ニワトリやウシの肉はもちろん，ホタテの貝柱も筋肉であるし，シャジクモという藻からも筋肉(アクチンとミオシン)のサンプルを得ることができる．

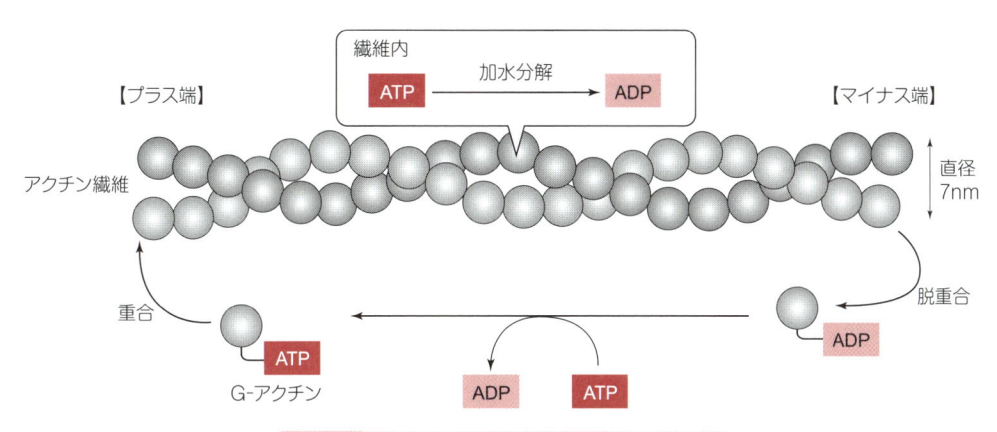

図 4.20 アクチン繊維の構造と伸長のしくみ

アクチンタンパク質に ATP が結合すると重合が促進され，ATP が加水分解されて ADP となると，繊維から脱離しやすくなる（脱重合）．脱離したアクチンタンパク質は，再び ATP と結合することによって，アクチン繊維に結合することができる．このようにして，細胞内ではアクチンのリサイクルが頻繁に行われている．

関与している．

微小管（microtubule）は，α チューブリンと β チューブリンという 2 種類のタンパク質が会合した二量体を基本単位とし，それらが円周状に 13 個集まった，直径約 25 nm の管状繊維である．アクチン繊維同様，微小管にも方向性があり，チューブリン二量体が結合しやすい方の末端をプラス端，脱離しやすい方をマイナス端とよぶ．二量体が微小管へ結合・脱離する際には，ATP ではなく GTP が関与する．

微小管は，細胞分裂（有糸分裂）の際に紡錘体を形成する（**図 4.21**）．微小管は核の周辺にある中心体を起点として重合し，放射状に複数の繊維を伸ばしていく．このとき，中心体から遠い先端側がプラス端となり，この先端に染色体を結合して染色体を分離する役割を果たす．

さらに，微小管は，繊毛のような構造体もつくることができる．ミドリム

繊 毛
細胞内小器官の一つ．細胞膜の外側表面に存在し，細かい繊維状の構造物が規則的に波打つことによって，細胞が遊泳する際の原動力を生みだす．この動きは，繊毛内部の微小管とダイニン（p. 86 を参照）の相互作用で起こる．

*13 大腸菌などの真正細菌の鞭毛は，フラジェリンというタンパク質からなるらせん状の繊維であり，回転運動を行う．ミドリムシなどの真核細胞の鞭毛とは異なるものである．

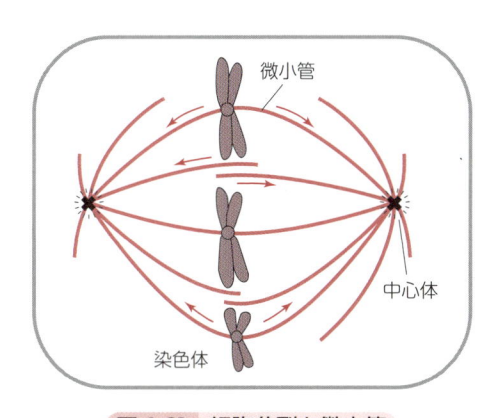

図 4.21 細胞分裂と微小管

シなどの原生生物や精子がもつ鞭毛は非常に長い繊毛の一種であり，ATPのエネルギーを使って波打つように動くことができる[*13]．

中間径繊維（intermediate filament）は，ケラチンやビメンチンなどの繊維状タンパク質が集まったものであり，ほとんどの真核細胞の細胞質に見られる．直径は約 10 nm で，アクチン繊維と微小管の中間の太さである．アクチン繊維や微小管と異なり，重合の際に ATP や GTP を必要とせず，方向性もない．中間径繊維は核膜の内側を裏打ちし，核から外側にでて細胞膜の周辺部にまで伸びている．

(b) 物質輸送モータータンパク質

細胞内の物質輸送において，細胞骨格繊維の上を，ATP などのエネルギーを使って移動するモータータンパク質が重要な役割を果たしている．

例として，神経細胞の軸索内での輸送を紹介しよう（**図 4.22**）．軸索は，神経細胞の細胞体から伸びた長い突起で，その先端部で他の神経細胞とシナプスを形成している．神経細胞は，オルガネラや細胞内で合成した神経伝達物質などを先端部へ送り届けなければならない．軸索内には，よく発達した物質輸送のルートが形成されており，微小管やアクチンのレール上を，モータータンパク質が小胞体やミトコンドリアなどの荷物を結合して移動している．他にもタンパク質の分泌経路やエンドサイトーシスの際に細胞骨格繊維に沿って細胞内の荷物を結合して輸送するモータータンパク質が働いている．ここでは，物質輸送に関わるモータータンパク質として，微小管のレールの上を移動するキネシンとダイニン，アクチン繊維上を移動するミオシンVの

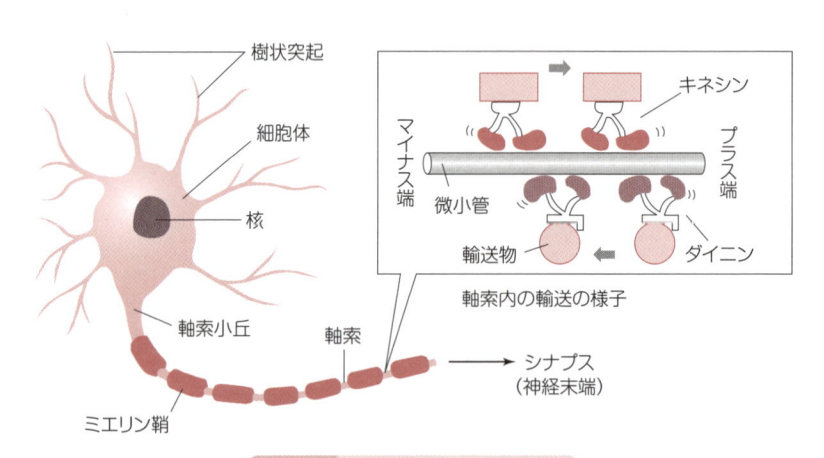

図 4.22 神経細胞の軸索内輸送

細胞内輸送では，微小管をレールのように使って，キネシンやダイニンなどのモータータンパク質が輸送物を運搬する．キネシンはマイナス端からプラス端の方向に，ダイニンはプラス端からマイナス端の方向に輸送を行う．

働きについて概説する．

キネシン(kinesin)は，複数のポリペプチド鎖からなるタンパク質複合体であり，通常は2本の比較的長いポリペプチド鎖と，2本の比較的短いポリペプチド鎖から構成される．キネシンはその頭部ともいうべき部分を微小管に接触させ，微小管のプラス端へ向かって移動する．その際に，反対側の尾部に積み荷(小胞やミトコンドリアなどの細胞小器官)を結合し，それらを移動させることができる．この移動には，ATPをエネルギー源として用いている．**ダイニン**(dynein)もキネシン同様，複数のポリペプチド鎖からなるタンパク質複合体であり，移動を行う部分と積み荷を結合する部分からできている．ダイニンも微小管上をATPのエネルギーを用いて移動するが，キネシンとは逆に，微小管のプラス端からマイナス端へ向かう．ダイニンは細胞内での荷物の輸送以外にも，繊毛や鞭毛の運動に関与している．

ミオシンは，タイプⅠからⅤに分類できる．キネシンやダイニンと同様に，ATP加水分解を行う頭部をもち，尾部が各タイプによって異なっている．細胞内の物質輸送にかかわっているのはタイプⅤのミオシンである*14．ミオシンⅤは，尾部でつながった二量体構造をとっており，その尾部には小胞などの荷物を結合することができる．一方，頭部は2本の足の先端に位置しており，ATPを加水分解する際のエネルギーを用いて，アクチン繊維上をプラス端方向へ移動する(**図4.23**)．あたかも"二足歩行"を行っているかのようなこの運動の，"歩幅(ピッチ)"は約37 nmである．

*14 筋細胞の収縮にかかわるのはタイプⅡのミオシンである．

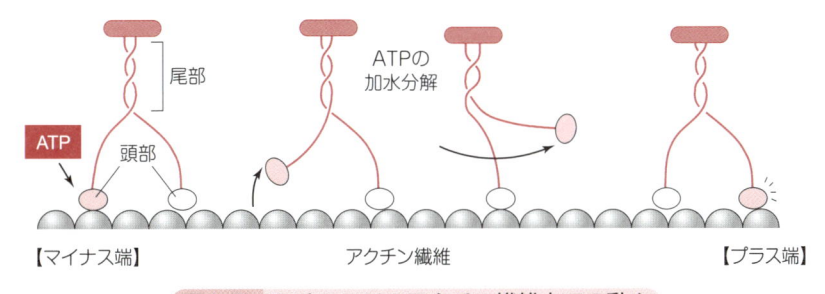

図4.23 ミオシンⅤのアクチン繊維上での動き

頭部の一方がアクチン繊維に結合しているときに他方は繊維から離れ，プラス端方向に移動した後，再びアクチン繊維に結合する．その後，もう一方の頭部が離れ，同様にプラス端方向へ移動し結合する．

キネシン，ダイニン，ミオシンⅤの移動速度は，約1 μm/秒である．この速度は，その分子のサイズが数十 nmであることを考えると，非常に速いといえるだろう．

Topics

ダイニン，キネシン，ミオシンⅤなどのモータータンパク質は，ATPのエネルギーを利用して運動する．このような特徴は「1分子計測」に適しており，蛍光標識することで，キネシンが微小管上を移動していく様子を観察することができる．数十 nmしかないタンパク質が"歩行"している様子が実際に解析されている．

❖ 章末問題 ❖

4-1 ミオグロビンとヘモグロビンの例のように，タンパク質の機能にはアミノ酸配列よりも立体構造が重要である場合が多い．これはなぜか．

4-2 2,3-ビスホスホグリセリン酸（BPG）は，ヘモグロビンのサブユニット間のすきまに結合することにより，酸素との親和性が低いコンフォメーション（T状態）を安定化する．BPGがヘモグロビンに結合すると，ヘモグロビンの50％酸素飽和分圧（p_{50}）はどのように変化するか．模式図を描いて説明せよ．

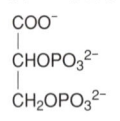

```
         COO⁻
         |
         CHOPO₃²⁻
         |
         CH₂OPO₃²⁻
```
2,3-ビスホスホグリセリン酸

4-3 ヘモグロビンのような複数のサブユニットからなるオリゴマータンパク質のサブユニット間の結合は，どのような相互作用（力）によって保たれているか．

4-4 基質特異性と反応特異性の違いを説明せよ．

4-5 補酵素を一つあげ，その名前と生体内での役割を説明せよ．

4-6 なぜ酵素が最適pHをもつのか説明せよ．

4-7 K_m値とは何か説明せよ．

4-8 アロステリック制御について説明せよ．

4-9 筋肉が力を生みだす機構を，図を用いて説明せよ．

第5章
細胞のエネルギー代謝

生物がエネルギーを得る方法は、大きく2種類に分けられる。一つは、われわれヒトを含む動物のように、摂取した食物を分解して、栄養分と生きていくために必要なエネルギーを得ている従属栄養生物である。一方の植物などは、環境から自らの力で栄養分やエネルギーを獲得している独立栄養生物である。植物は太陽光のエネルギーを利用して、空気中の二酸化炭素から糖や脂質などの有機物を合成し、われわれは、植物がつくりだした有機物を摂取して生きている。つまり地球上のほとんどすべての生物は、直接的または間接的に太陽の光に依存して生きている、といっても過言ではない。

代謝(metabolism)とは、個々の生物がその生命活動を維持するために必要な一連の化学反応全体を指し、多くは酵素によって触媒されている。生命活動の維持には、器官を動かすためのエネルギーを得ることや生体成分となる有機分子を合成することが必要である。生物は、活動するためのエネルギーを、植物などの光合成を行う生物であれば光のエネルギーから、その他の動物などは外部より摂取した食物などから得ている。このエネルギーを得るために有機物を分解するような反応を**異化反応**(catabolic reaction)とよび、逆に、低分子化合物から糖やアミノ酸、ヌクレオチドなどを合成する反応を**同化反応**(anabolic reaction)とよぶ(図5.1)。このように代謝反応は大きく二つに

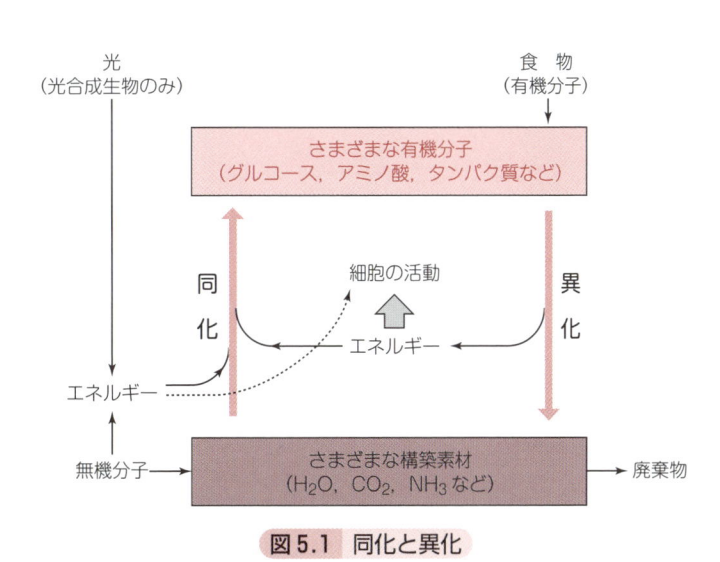

図5.1 同化と異化

分けることができる．

図 5.2 には，生体を構成する主要な成分である糖質，タンパク質，脂質のそれぞれについて，生体内で行われている同化反応および異化反応の流れを示した．ここにあげた主要三つの成分の代謝経路は，互いに密接に関係している．タンパク質と脂質の合成・分解の中間体は，糖代謝における中間体と共通するものが多い．したがって本章ではまず，糖の代謝を見ていくのがわかりやすいだろう．

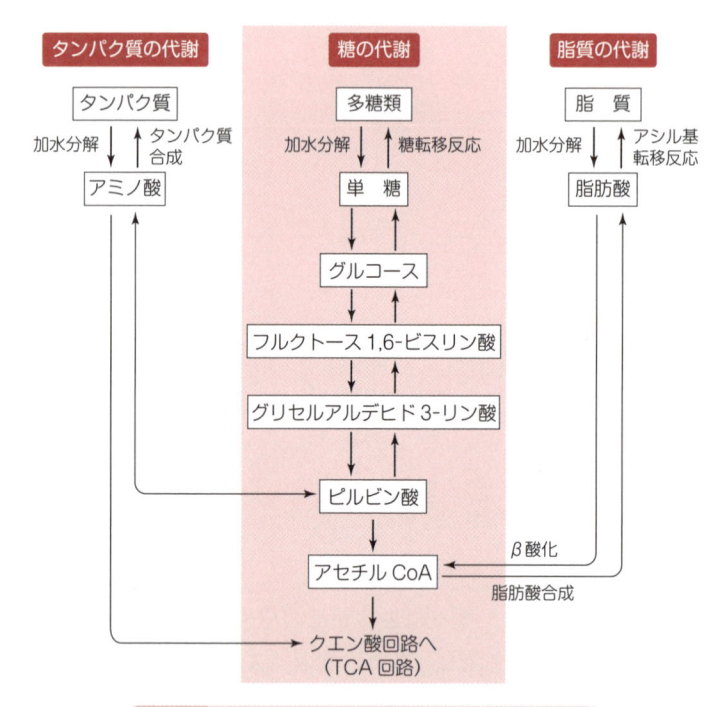

図 5.2 糖質・タンパク質・脂質の代謝の概要

5.1 エネルギーの通貨 ATP と酸化還元補酵素

生体内のエネルギーは，一般に**アデノシン三リン酸**(adenosine triphosphate；**ATP**)を介してやり取りされている．図 5.3 に示すように，ATP は，塩基としてアデニンを含むヌクレオシドであるアデノシンに，3 個のリン酸基が結合したヌクレオチドの一種であり(2.2 節も参照)，これら 3 個のリン酸基の間で形成されているリン酸無水物結合(高エネルギーリン酸結合)によってエネルギーが保持されている．ATP の 3 個のリン酸基のうちの 1 個が加水分解されることによってエネルギーが放出され，2 個のリン酸基が結合した**アデノシン二リン酸**(adenosine diphosphate；**ADP**)と 1 個の無機リン酸が生じる(図 5.3)．また，加水分解される部位によっては，リン酸基 2

図5.3　アデノシン三リン酸(ATP)とアデノシン二リン酸(ADP)の構造
ATPの二つの高エネルギーリン酸結合のうち，末端側が加水分解されると，ADPと無機リン酸が生成するとともに，エネルギーが放出される．

個からなるピロリン酸が遊離し，**アデノシン一リン酸**(adenosine monophosphate；**AMP**)を生じる場合もある．

　食物や光合成によって得られたエネルギーは，最終的にはATPに変換され，筋肉による運動や生体分子の合成，また濃度勾配に逆らった細胞膜内外の物質輸送など，さまざまな反応に利用される．これらは，ATPのリン酸無水物結合が加水分解される際に放出されるエネルギーによって進められる**共役反応**(coupled reaction)である．このようにATPはエネルギーを生みだす反応とそれを利用する反応の橋渡し的な役割を果たしている．この様子からATPは，"生体内におけるエネルギーの通貨"ともよばれている．

　このようなエネルギー通貨としては，ATPが最も幅広く用いられているが，電子の授受を行うことができる補酵素(酸化還元補酵素)も，エネルギーのやり取りにおいて重要なはたらきをしている．代表的な酸化還元補酵素として，**ニコチンアミドアデニンジヌクレオチド**(nicotinamide adenine dinucleotide；NAD)，**ニコチンアミドアデニンジヌクレオチドリン酸**(nicotinamide adenine dinucleotide phosphate；NADP)，**ユビキノン/ユビキノール**(ubiquinone/ubiquinol；Q)などがあげられる(図4.12を参照)．これらは，酸化状態と還元状態の二つの状態を取ることができ，その性質が代謝の際のエネルギーの伝達において重要である．

Topics

代表的な酸化還元補酵素

酸化型	還元型
NAD	NADH
NADP	NADPH
Q	QH_2

5.2 糖の酸化的分解とATP生産

5.2.1 解糖系

代謝のなかでも，エネルギーを生産する系は生物が生きていくうえで特に重要な反応である．まず初めに，エネルギーを生産するために糖の分解を行う**解糖系**(glycolysis)と，それとは逆に糖を合成する**糖新生**(gluconeogenesis)とよばれる過程を見ていきたい．この反応は細胞質ゾル（サイトゾル）で行われる．

以下の式に示したのが，解糖系全体の反応式である．

$$\text{グルコース} + 2\text{ADP} + 2\text{NAD}^+ + 2\text{P}_i \rightarrow$$
$$2\text{ピルビン酸} + 2\text{ATP} + 2\text{NADH} + 2\text{H}^+ + 2\text{H}_2\text{O}$$

図5.4に示すように，解糖系はグルコースを出発物質とし，最終的にグルコース1分子あたり2分子のピルビン酸を生じる．10段階の酵素反応から

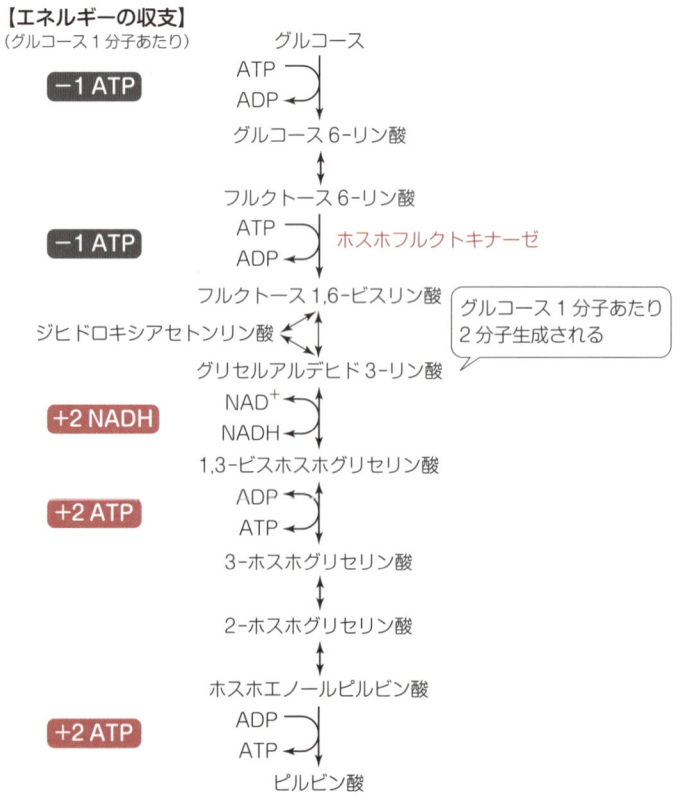

図5.4 解糖系の概略とエネルギーの収支

解糖系の反応の概略を示す．両向きの矢印は，反応が可逆的であることを表す．エネルギーの収支は，グルコース1分子あたりの値を示している．

なる．その結果，2分子のATPと2分子のNADHが生成される．解糖系の前半の段階では2ヵ所の反応でリン酸化が起こり，2分子のATPがADPとなる．その後，アルドラーゼによってグルコースが開裂し，三つの炭素を含む化合物であるグリセルアルデヒド3-リン酸2分子が生成する．ここからが後半の反応となり，グリセルアルデヒド3-リン酸1分子からNADHが生成する反応が1段階と，ATPが生成する反応が2段階あり，総計で2分子のNADHと4分子のATPが生じる．ここで見てきたATPとADPが関与する4段階の反応のうち3段階が，不可逆的な反応となっている．解糖系では，このような不可逆的な反応が，系全体の反応の流れを制御する役割を果たしている．

5.2.2 解糖系の反応の制御

生物は常にエネルギーを必要としているが，常に一定にグルコースを分解する反応を進めていては無駄にエネルギーを消費してしまう可能性もある．生物は，状況に応じて必要なエネルギーを得るために，解糖系などの酵素反応を制御する必要がある．そのための酵素反応の制御方法の一つに，**フィードバック阻害**(feedback inhibition)がある．これは，多段階反応の最終生成物が十分に存在するときに，その最終生成物が一連の反応の初期の反応を阻害することによって全体の反応を進みにくくする制御方法である(**図5.5**)．その典型的な例として，ホスホフルクトキナーゼで触媒される3番目の反応(フルクトース6-リン酸からフルクトース1,6-ビスリン酸への反応)を見てみよう．細胞内のATPの濃度が比較的高い場合には，エネルギーが十分に存在すると判断され，ホスホフルクトキナーゼはフィードバック阻害を受け

Column

熱に強いタンパク質

温泉の源泉や海底火山は非常に熱く，われわれ人間からすると，とても生き物がいるようには思えない苛酷な環境である．しかし，そのような"極限"環境に生育する微生物が，今までに何種類も見つかっている．特に高温環境に生きる微生物は「超好熱菌」，「高度好熱菌」とよばれ，環境に適した特別な性質をもっている．

その一つが，高い耐熱性をもつタンパク質である．通常，タンパク質は熱に対して不安定である．しかしながら超好熱菌のタンパク質は，その種類によっては100℃でも壊れず安定に存在できる．

タンパク質である酵素は基質特異性が高く，センサーとして物質を認識し濃度を計測する機器などに利用できると期待されている．しかし，熱に対して不安定であるために，低温で保存しなければならないし，有機溶媒中で加工することも難しかった．超高熱菌から見つかった熱に強いタンパク質は，有機溶媒や界面活性剤に対しても高い耐性を示す．この耐熱性タンパク質は，これまでの限界を打ち破り，タンパク質や酵素の有効利用に貢献できる可能性を秘めている．

$$A \xrightarrow{E_1} B \xrightarrow{E_2} C \xrightarrow{E_3} D \xrightarrow{E_4} E \xrightarrow{E_5} P$$

図 5.5　酵素反応のフィードバック阻害による制御
Aは出発物質，B〜Eは中間体，Pは最終生成物，E_1〜E_5はそれぞれの反応を触媒する酵素を表す．

て活性が低下する．逆に細胞内のエネルギーが足りない場合は，ATPの分解産物であるADPやAMPの濃度が高くなり，これによってホスホフルクトキナーゼは活性化され，反応速度が上昇する．このような，生成物による酵素活性の調節は，ホスホフルクトキナーゼがアロステリック酵素であることによって可能になっている．図5.6に示すように，ホスホフルクトキナーゼは，基質であるフルクトース6-リン酸の濃度に対して，アロステリック酵素に特徴的なS字形（シグモイド）酵素活性曲線を示す．このS字形曲線は，ATPの濃度が上昇すると右側に移動し，基質との親和性が低下する（すなわち活性が低下する）．反対に，AMPが存在すると酵素活性曲線は左側へ移動し，基質との親和性が増大する（活性は上昇する）．ATPはホスホフルクトキナーゼの基質の一つでもあるが，このように活性の調節を行うATPやAMPは，酵素の基質結合部位とは異なる場所に結合することによって酵素タンパク質の構造を変化させ，活性を調節している．

図 5.6　ホスホフルクトキナーゼの活性曲線
ホスホフルクトキナーゼの基質（フルクトース6-リン酸）濃度に対する活性曲線は，ATP濃度が上昇すると右側に移動し，逆にAMP存在下では左側に移動する．同じ基質濃度で比較すると（破線），ATPによって活性が阻害され，AMPによって活性が上昇していることがわかる．

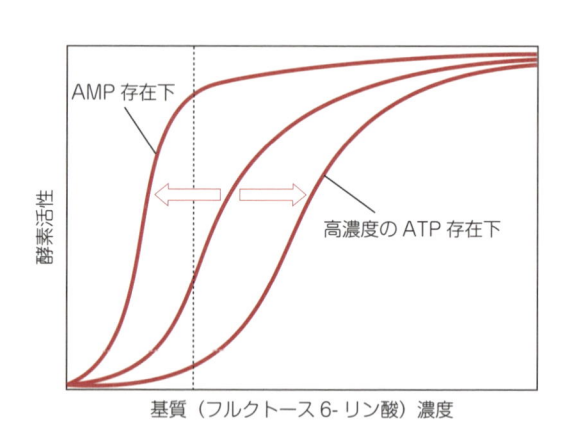

5.2.3　ピルビン酸のゆくえ

解糖系で生じたピルビン酸は，生物や細胞の種類，また，置かれた環境によって異なる代謝経路へと進む（図5.7）．ピルビン酸は，好気的条件下[*1]ではピルビン酸デヒドロゲナーゼとよばれる酵素によって補酵素A（CoA）とともに酸化されてアセチルCoAとなる．この際，炭素1個分が二酸化炭素（CO_2）となって放出されるとともに，NAD^+が還元されてNADHを生成する．ここで生じたアセチルCoAは，クエン酸回路（後述）に入り，2分子

[*1] 酸素が十分に存在する条件のこと．酸化反応を進行させることができる．

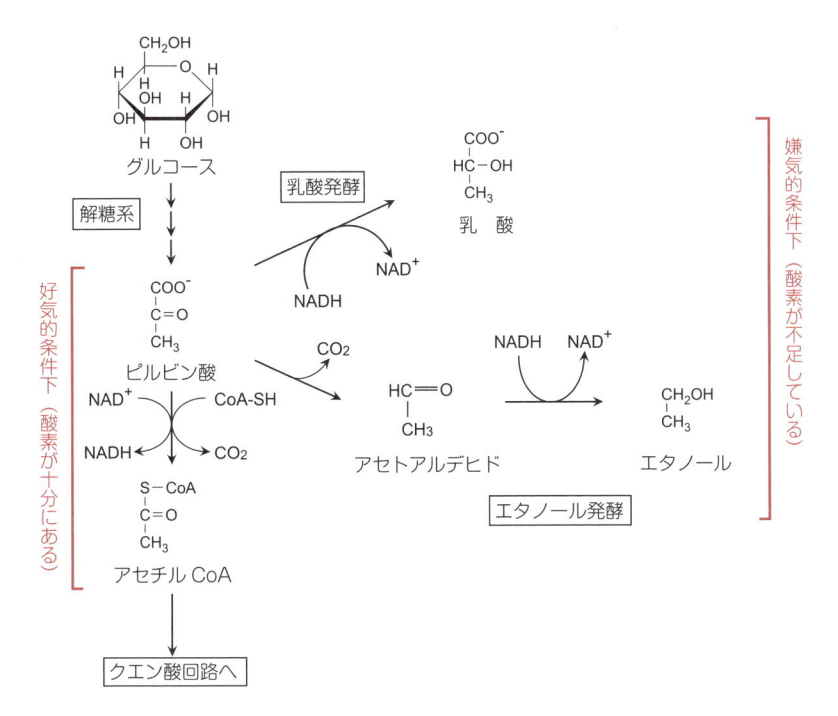

図 5.7 ピルビン酸の代謝

グルコースの解糖によって生成したピルビン酸は，好気的条件下では CO_2 を放出し補酵素 A (CoA) と縮合してアセチル CoA となる．一方，嫌気的条件下（酸素が不足している状態）では，NADH によって還元されて乳酸になったり（乳酸発酵），酵母などの微生物では CO_2 を放出した後に NADH によって還元されてエタノールとなる（エタノール発酵）．

の CO_2 にまで完全に酸化される．

一方，嫌気的条件下では，代謝経路が異なる．酵母などの微生物は，ピルビン酸から CO_2 を取りだした後，NADH を用いてこれを還元し，エタノールを生成する（エタノール発酵，アルコール発酵）．また，激しい運動中の筋肉，赤血球などの細胞では，ピルビン酸が直接 NADH で還元されて乳酸が生じる（乳酸発酵）．このように，嫌気的条件下で NADH が酸化されてエタノールや乳酸がつくられるのは，電子伝達系（後述）において酸素を用いた NADH の酸化を行えないために細胞内に NADH が余ってしまい，ついには解糖系を進めるための NAD^+ が枯渇するからである．

5.2.4 糖新生

ここまで解糖系について見てきたが，もしグルコースを主要なエネルギー源として用いる生物（動物など）が常にグルコースを分解していたら，体内の遊離のグルコースはすぐになくなってしまうだろう．特に脳は，エネルギー源としてグルコースのみを用いるので，グルコースが枯渇した場合，それを体内で新たに合成しなくてはならない．解糖系とは対照的に，グルコースを合成する代謝経路が糖新生経路である（図 5.8）．

この代謝経路にかかわる酵素は，解糖系と共通しているものも多いが，解糖系では不可逆的な反応が 3 カ所あるので，これらの逆反応を行うために異なる酵素が用いられている．解糖系では，グルコースの分解によって ATP と NADH が生成するが，糖新生においては，逆にグルコースの合成に必要

アセチル CoA

アセチル補酵素 A の略称．有機化合物の一つ．補酵素 A の末端のチオール基が酢酸とチオエステル結合している．生物のエネルギー生産系の反応にかかわり，解糖系からクエン酸回路への橋渡し役などを担う．β酸化での主要な生成物である．

発 酵

酵母などの微生物の働きによって，有機化合物が酸化され，アルコールや二酸化炭素などが生じること．発酵によって，微生物は生育に必要なエネルギーを得ることができる．ビールやパン，味噌などの食品の製造過程で有効に利用されている．

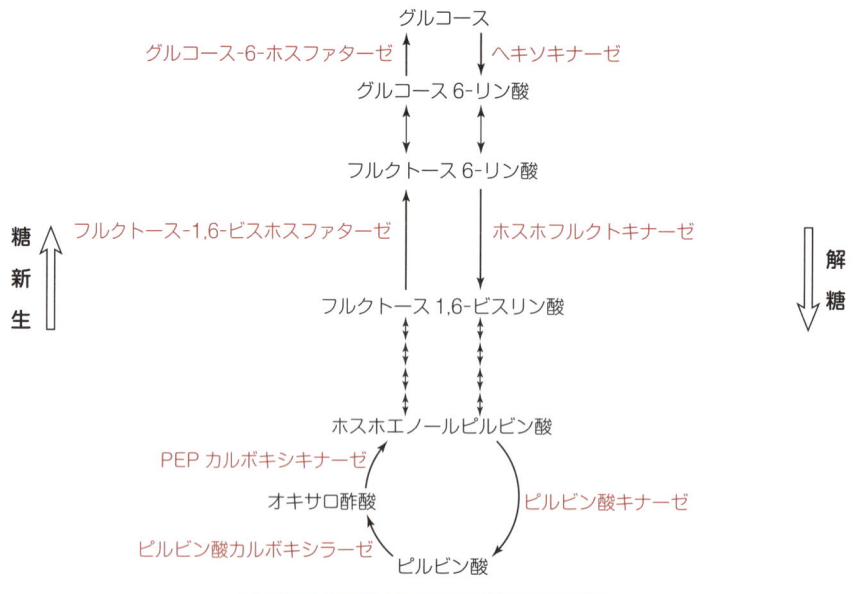

```
                          グルコース
     グルコース-6-ホスファターゼ ↑ ↓ ヘキソキナーゼ
                         グルコース 6-リン酸
                              ↕
                         フルクトース 6-リン酸
    糖           ↑              ↓              解
    新  フルクトース-1,6-ビスホスファターゼ  ホスホフルクトキナーゼ    糖
    生           ↑              ↓
                         フルクトース 1,6-ビスリン酸
                              ↕
                         ホスホエノールピルビン酸
          PEP カルボキシナーゼ ↑  ↓ ピルビン酸キナーゼ
            オキサロ酢酸
       ピルビン酸カルボキシラーゼ     ピルビン酸
```

図 5.8 解糖系と糖新生経路の概略図

図には，特に重要な反応のみを示した．両矢印は，反応が可逆的であることを表す．解糖において不可逆的な反応は，糖新生では異なる酵素によって触媒される．酵素名を赤色で示す．

*2 糖新生は開始点をピルビン酸としているが，このピルビン酸は図 5.7 の経路またはクエン酸回路中に存在するオキサロ酢酸を経て，糖新生の反応に用いられる．

*3 トリカルボン酸回路やTCA 回路ともよばれる．

なエネルギーが ATP や NADH として供給される．結果として，ピルビン酸 2 分子からグルコースを再生することができる*2．

5.2.5 クエン酸回路

解糖系で得られたピルビン酸は，アセチル CoA を経て，ミトコンドリアのマトリックス内の**クエン酸回路***3 (citric acid cycle) とよばれる代謝経路でさらに酸化される．クエン酸回路は，文字通り回路(環)状の反応経路であり，アセチル CoA がオキサロ酢酸と結合して，クエン酸を生じるところから反応が始まる(**図 5.9**)．最終的にオキサロ酢酸に戻るまでに，クエン酸 1 分子あたり，2 分子の CO_2，3 分子の NADH，1 分子のユビキノール(QH_2)，そして 1 分子の GTP または ATP を生じる．すなわち，この過程で，炭素 2 個を含むアセチル CoA が CO_2 に酸化され，そこから得られたエネルギーが還元型の補酵素(NADH と QH_2)および ATP として取りだされるのである．生じた NADH と QH_2 は，解糖系およびピルビン酸からアセチル CoA への酸化(5.2.3 を参照)によって生じた NADH とともに電子伝達系(後述)で酸化されることによって，さらなる ATP の産生に用いられる．

また，クエン酸回路の中間体は他の生体物質の合成や分解とも関係している(**図 5.10**)．たとえば，2-オキソグルタル酸は，アミノ基を取り込むことによってアミノ酸の合成にも用いられる．また，クエン酸は脂肪酸やステロイド，オキサロ酢酸はアスパラギン酸の合成や分解とも関係がある．

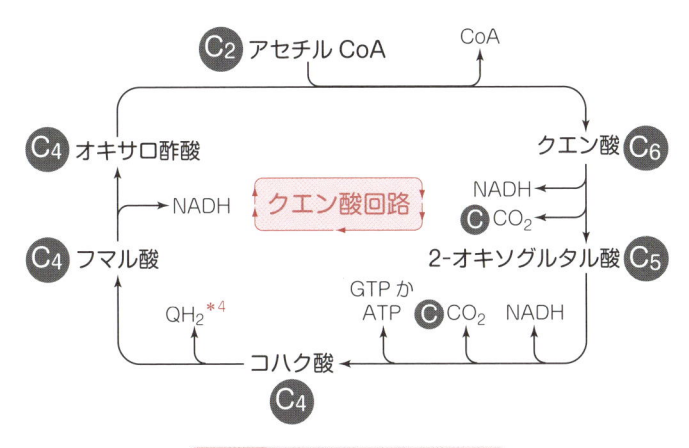

図 5.9 クエン酸回路の概略図

アセチル CoA のアセチル基（炭素 2 個の化合物；C_2）はオキサロ酢酸（C_4）と縮合して最初の生成物であるクエン酸（C_6）となる．その後，酸化反応により CO_2 を放出しながら，2-オキソグルタル酸（C_5），コハク酸（C_4），フマル酸（C_4）を経てオキサロ酢酸に戻る．この過程で NADH，QH_2，GTP または ATP などのエネルギー物質が生成される．これらの反応は 8 段階からなり，それぞれ特異的な酵素によって触媒される．

*4 この反応は，補酵素の一種である FAD（表 4.1 を参照）を含む酵素（コハク酸デヒドロゲナーゼ）によって触媒される．この過程で，一時的に FAD が還元されて $FADH_2$ が生じる．

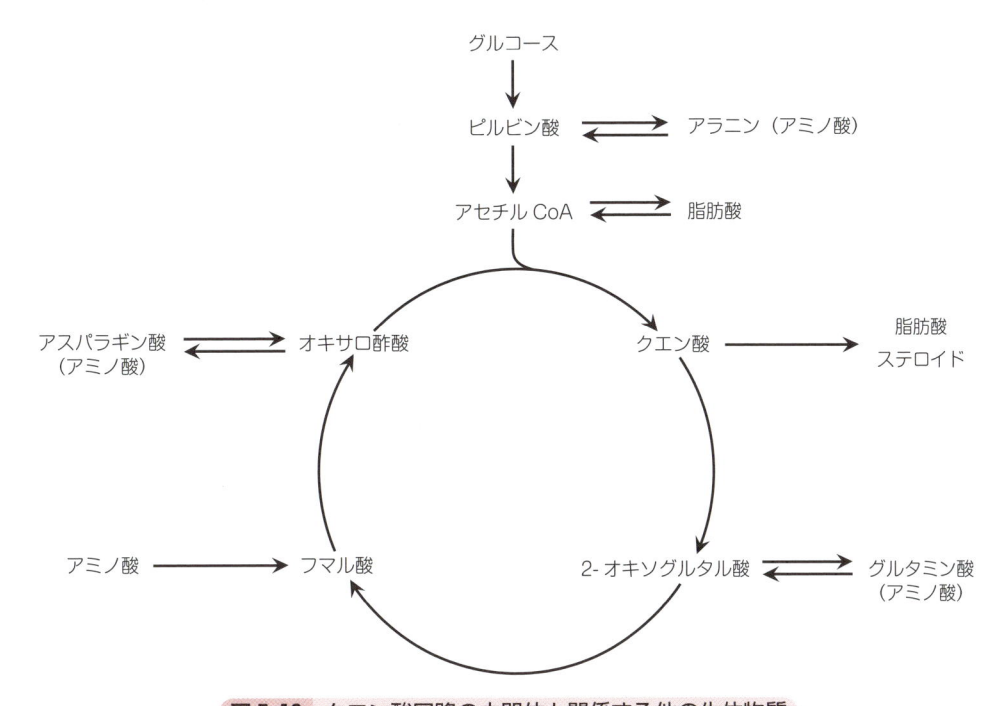

図 5.10 クエン酸回路の中間体と関係する他の生体物質

このようにクエン酸回路は，単に環状の異化反応というだけでなく，分岐して他の生体物質や代謝系とリンクすることによって，代謝反応の交差点として重要な役割を果たしている．

5.2.6 電子伝達とATP合成

これまで見てきたように，解糖系やクエン酸回路は物質を酸化することによって，NADHやユビキノール(QH_2)などの還元型補酵素を生みだす．次に，これらの還元型補酵素は細胞内の膜に埋め込まれている**電子伝達系**(electron transport)とよばれる一群の酸化還元酵素複合体で再酸化されるとともに，その結果生じた電子の移動と共役して，プロトン(H^+)が膜の内外で輸送され，膜を境にした**プロトン濃度勾配**(proton gradient)が形成される．このプロトン濃度勾配によって生みだされたエネルギーを利用して，**ATPシンターゼ**(ATP synthase)がATPを産生する．

このような電子伝達と，それに共役したATPの合成は，真核生物の場合，ミトコンドリア内膜で行われる．ここで，ミトコンドリアの構造を詳しく見てみよう(図5.11)．

> **Topics**
>
> **電子伝達系で生じるATP**
> 好気的条件下では，解糖系・クエン酸回路・電子伝達系でATPが生成される．このとき，グルコース1分子あたりでは，4分子のATPと10分子のNADH，2分子のQH_2が生成される．さらに1分子のNADHから約2.5分子のATP，1分子のQH_2から約1.5分子のATPが生産されるので，1分子のグルコースを代謝することで最大32分子のATPを得ることができる．一方，嫌気的条件では酸素を用いたNADHの酸化ができないため，解糖系で生じた2分子のATPが生成するのみである．

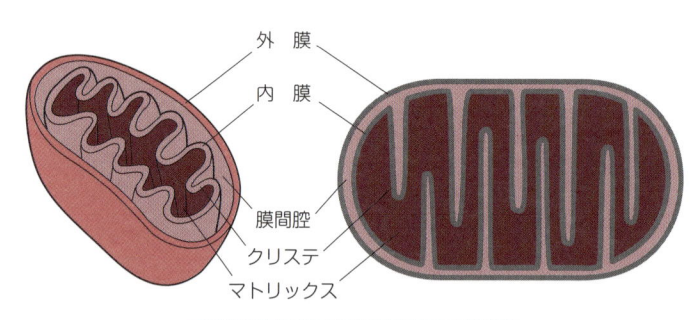

図5.11 ミトコンドリアの構造

ミトコンドリアは内膜と外膜からなる二重膜構造をもつ．内膜は内側に折りたたまれてクリステとよばれる構造をつくる．内膜と外膜の間の空間は膜間腔とよばれる．

ミトコンドリアは，外膜と内膜からなり，その間の空間が膜間腔である．内膜の内側をマトリックス，内膜がマトリックス側に突きだしているような部分をクリステとよぶ．ミトコンドリア外膜には比較的タンパク質は少ないが，内膜には非常に多くのタンパク質が存在している．外膜は透過性が高く，イオンと分子量1万以下の可溶性物質は自由に行き来することができる．一方，内膜は電荷のない小さな分子のみが透過でき，比較的大きな極性分子やプロトンを含むイオン性分子は透過できない．この膜の特徴を生かして，ATPの合成が可能となっている．

ミトコンドリア内膜には，4種類の電子伝達複合体(I～IV)が膜に埋まった状態で存在している(図5.12)．解糖系やクエン酸回路で生成した還元型の補酵素NADHは，まず複合体IにおいてNAD$^+$に酸化される．放出された電子は複合体I，III，IVを順番に通ってミトコンドリアマトリックス中の酸素(O_2)分子を還元し，水(H_2O)を生成する．この電子の流れを利用して，電子伝達複合体はプロトン(H^+)をマトリックス側から膜間腔側へ押し

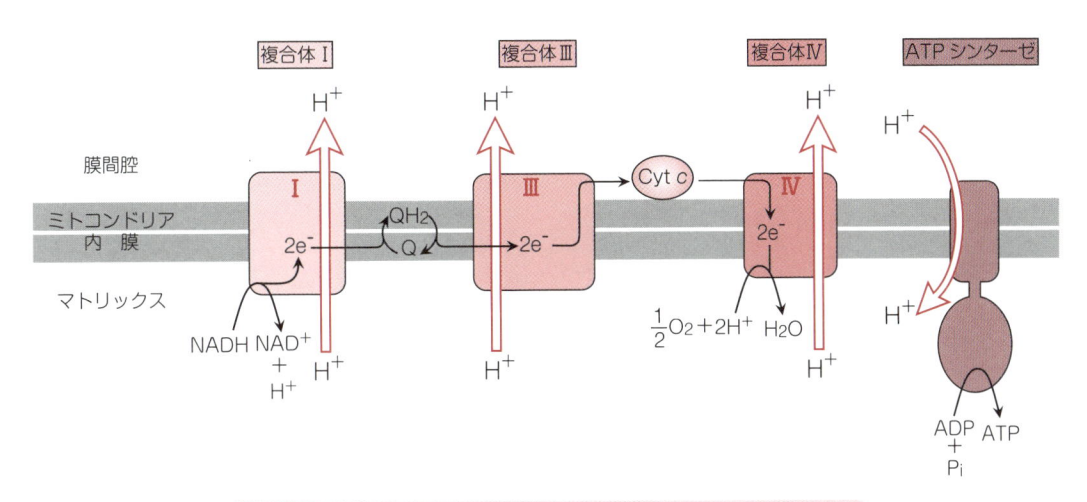

5.2 糖の酸化的分解とATP生産

図5.12 ミトコンドリアの電子伝達系で働くタンパク質複合体

解糖系やクエン酸回路で生成したNADHなどの還元型補酵素は複合体Ⅰによって酸化され，NAD^+となる．放出された電子は，ユビキノン(Q)，複合体Ⅲ，シトクロムc(Cyt c)を経由して複合体Ⅳに渡される．複合体Ⅳは酸素(O_2)を還元し，水(H_2O)を生成する．この電子の流れに共役して，プロトン(H^+)がマトリックス側から膜間腔へ汲みだされ，膜をはさんだプロトン濃度勾配が形成される．プロトンがATPシンターゼのイオンチャンネル部を通ってマトリックス側に戻る際，ADPとリン酸(P_i)からATPが合成される．ここでは，クエン酸回路から直接QH_2に電子を渡す複合体Ⅱは示していない．

だし，膜をはさんだプロトン濃度勾配を形成する．膜間腔に貯まったプロトンは，同じく膜に埋まりこんでいるATPシンターゼの内部を通過してマトリックス側に戻る．ATPシンターゼは，プロトンが流れ込むエネルギーを使ってADPとリン酸(P_i)からATPを合成する．つまり，NADHに含まれていた電気的エネルギー(還元力)を用いて形成されたプロトン濃度勾配のエネルギーが，最終的にはATPの高エネルギーリン酸結合という化学エネルギーのかたちで蓄えられるのである．

図5.13に示すように，ATPシンターゼはドアのノブとその軸のような形をもつ酵素である．このうちノブの部分はF_1(エフワン)部分，膜に埋もれた軸の部分はF_O(エフオー)部分とよばれ，それぞれ複数のサブユニットからなる．F_O部分にはcサブユニットでできたリングがあり，これとaサブユニットとの間にプロトンが通過する通路(チャンネル)がある．ここをプロトンが通過するとcリングが回転し，これと連動してF_1部分中心の細長いγサブユニットが回転する．ノブの部分はαサブユニットとβサブユニット各3個からなり，γサブユニットが回転することによってα，βサブユニットのコンフォメーションが変化し，ADPとリン酸からATPを合成する反応が行われる(コラムを参照)．

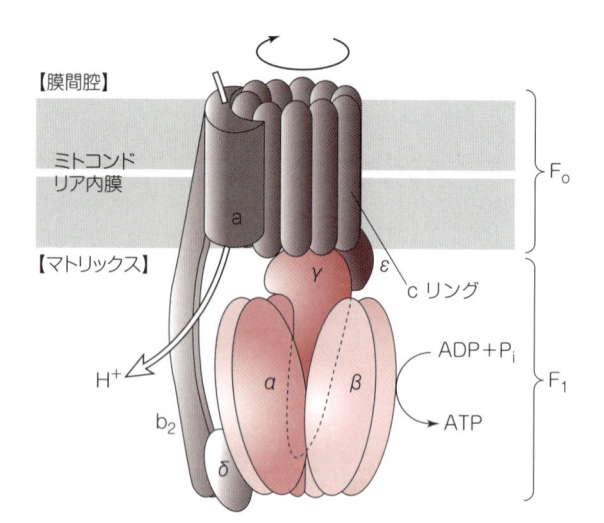

図5.13 ATPシンターゼの構造

プロトン（H^+）が膜間腔側からマトリックス側へ流れ込むと，cリングおよびそれと結合したγサブユニットが回転する．これにともなって，F_1 部分で ATP が合成される．

5.3 光合成

　植物や一部の細菌（光合成細菌）で見られる**光合成**（photosynthesis）では，まず光のエネルギーを用いて ATP が合成されるとともに，NADH に類似した還元型補酵素である NADPH がつくられる．この反応は，光のエネル

Column

本当に ATP シンターゼは回転しているか

　電子伝達系の最後の段階で ATP 合成を行う酵素が，ATP シンターゼである．本書では，「ATP シンターゼはドアのノブと軸のような構造をもち，回転することによって ATP を合成する」と述べた．その機構を直接，可視化して証明した有名な実験があるので紹介しよう．

　ATP シンターゼの F_1 部分は酵素なので，外部から ATP を与えると，逆反応である ATP の加水分解が行われる．この性質を利用して，ATP シンターゼの回転を観察する実験が行われた．

　図のように，F_1 部分をカバーグラス上に固定し，回転軸（γサブユニット）に蛍光標識したアクチン繊維を付けておく．そこへ ATP を加えると，ATP の加水分解によって軸が回転し，蛍光標識したアクチン繊維が回転する様子を蛍光顕微鏡で観察することができた．この実験によって，ATP シンターゼの軸の回転と，ATP の合成や分解が連動していることが証明されたのである．

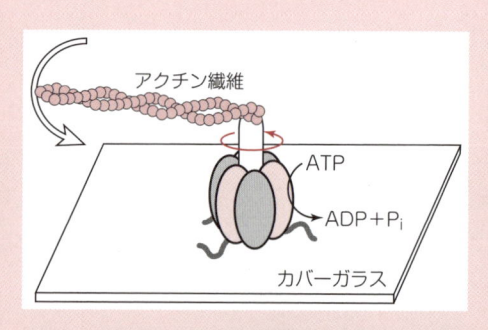

図　ATP シンターゼの回転を証明した実験
図5.12とは回転方向が逆である．

ギーに依存しているので，**明反応**(light reaction)とよばれる．一方，明反応によって得られた ATP と NADPH を利用して，CO_2 から糖質を生合成する過程があり，この反応は，**暗反応**(dark reaction)とよばれる．このように光合成の反応は，大きく二つに分けて考えることができる．明反応では，膜に埋め込まれた電子伝達複合体中を電子が流れるのと共役して ATP が合成されることから，ミトコンドリアの電子伝達系に非常に似ている部分もある．このことにも注意しながら学んでいこう．

5.3.1 明反応

植物における光合成は，よく知られているようにオルガネラである**葉緑体**(クロロプラスト，chloroplast)で行われる(図5.14)．葉緑体は二重膜(外膜と内膜)に囲まれており，内膜の内側を**ストロマ**(stroma)，この中に積み重なった袋状の膜構造を**チラコイド**(thylakoid)とよぶ．チラコイドが層状に重なっている部分は**グラナ**(grana)とよばれ，それらは**ストロマチラコイド**(stroma thylakoid)とよばれる薄いシートで連結されている．

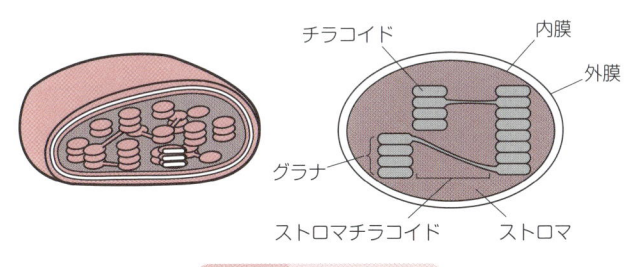

図5.14 葉緑体の構造

葉緑体は内膜と外膜をもつ．内膜の内側はストロマとよばれ，その中にはさらに膜で囲まれた構造体であるチラコイドが存在する．明反応はチラコイド膜上で行われ，暗反応はストロマで行われる．

明反応を行う複合体は，チラコイド膜に埋まり込んでいる．明反応で光のエネルギーを吸収するタンパク質複合体には，**光化学系Ⅰ**(photosysytem Ⅰ；PSⅠ)と**光化学系Ⅱ**(photosysytem Ⅱ；PSⅡ)があり，この他にシトクロム b_6f 複合体も同じくチラコイド膜に埋まりこんだ状態で存在している．PSⅠとPSⅡの中には，光のエネルギーを吸収するための集光性色素分子が数多く含まれているが，最も主要な集光性色素は**クロロフィル**(chlorophyll，葉緑素ともいう)である[*5]．図5.15に示すように，クロロフィルはヘムと似たポルフィリン環の中心に Mg^{2+} を結合しており(ヘムの場合は Fe^{2+} または Fe^{3+})，さらに外側に長鎖アルコールであるフィトール側鎖をもつ．クロロフィルは，ポルフィリン環に結合した置換基の違いによって，いくつかの種類に分けられる．

PSⅠとPSⅡは，それぞれクロロフィル分子2個からなる「特殊ペア」と

クロロフィル

光合成の明反応で光のエネルギーを吸収する集光性色素．代表的なものにクロロフィルaがある(図5.15)．部分的に環構造や置換基の異なる分子(クロロフィルbやd)が存在し，それぞれが特定の波長で光を吸収する．

[*5] クロロフィルの他に，カロテノイドなどの補助色素も含まれる．

Topics

PSⅡ中にある色素 P680 内の電子が光エネルギーによって励起された状態を P680* と表す．この P680* は電子を放出して(酸化されて) P680$^+$ となるが，水から電子を受け取り最初の状態 (P680) に戻る．光化学系複合体はこのようなサイクルを繰り返しながら，水から得た電子を励起して明反応に用いている．

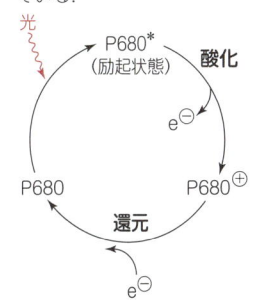

図 5.15 クロロフィルaの構造

*6 極大吸収波長がそれぞれ約 700 nm と約 680 nm であることから名づけられている.

よばれる色素 P700 と P680 を含んでいる*6. 周囲の多数のクロロフィル分子(アンテナクロロフィル)によって捕らえられた光のエネルギーによって P700 や P680 に含まれる電子は励起されて色素の外に放出され,その電子が伝達される際のエネルギーを利用して明反応が進められる.

図 5.16 に示すように,PSⅡから見ていくと反応を理解しやすい.PSⅡの P680 が光によって励起されると,電子が放出される.放出された電子はプラストキノン(PQ)に渡って PQH_2 が生成し,PQH_2 はシトクロム b_6f 複合体へ移動する.酸化状態のPSⅡは水から電子を引き抜くことによって酸素(O_2)を生じる*7. PQH_2 は,次にシトクロム b_6f 複合体に電子を渡すが,その際にプロトン(H^+)がストロマ側からチラコイド内腔側へ輸送され,チラコイド膜をはさんだプロトン濃度勾配が形成される.一方,PSⅠも同様に,P700 が光によって励起され,それによって放出された電子はフェレドキシンというタンパク質を経由して $NADP^+$ を還元し,NADPH が生成する.電子を失った P700 はシトクロム b_6f 複合体からプラストシアニン(PC)を経

*7 ここで放出された酸素によって,われわれヒトを含めた動植物は呼吸をしているのである.

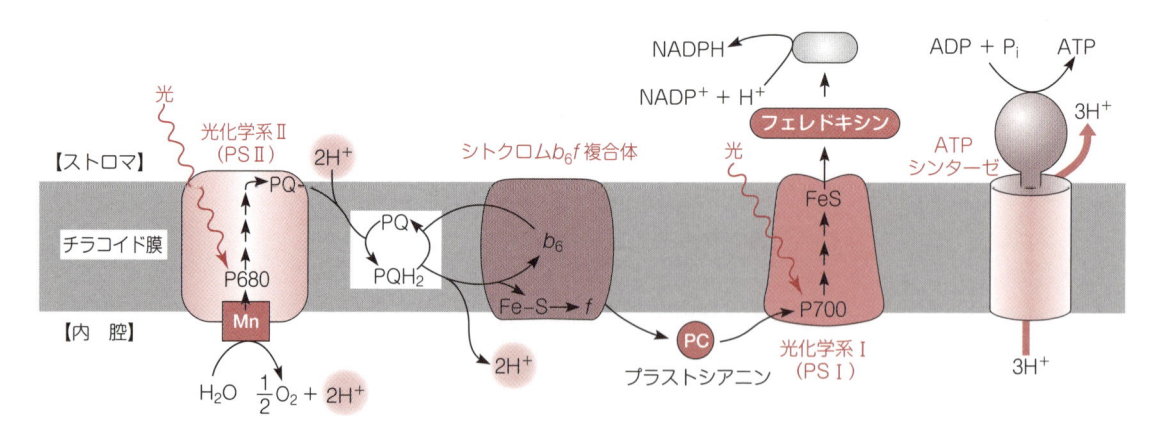

図 5.16 明反応で起こる反応の概略

葉緑体のチラコイド膜には光化学系Ⅰ(PSⅠ),シトクロム b_6f 複合体,光化学系Ⅱ(PSⅡ)という複合体が埋まっている.光によって PSⅠとPSⅡ内の色素 P700 と P680 中の電子が励起され,NADPH の合成や,膜をはさんだプロトン濃度勾配の形成に用いられる.チラコイドの内腔(図の下側)からストロマ側へプロトンが移動する際のエネルギーを用いて,ATP シンターゼが ADP とリン酸(P_i)から ATP を合成する.

由して流れてきた電子を受け取り（還元され），元の状態へ戻る．そして，これらの過程で形成されたプロトン濃度勾配を用いて，ミトコンドリアのものと類似した葉緑体 ATP シンターゼ[*8]が ATP を合成する．

ミトコンドリアと異なるのは，葉緑体のチラコイドでは膜の内側（内腔側）にプロトンが取り込まれ，プロトンがストロマ側へ移動する際に ATP が合成される点である（ミトコンドリアでは内膜の外側へ放出される）．また，ミトコンドリアの電子伝達系では，NADH のような還元型補酵素によって電子の流れを引き起こすのに対して，葉緑体のチラコイド膜では，光のエネルギーで電子を直接励起することによって電子の流れを引き起こす．このような違いはあるが，膜をはさんだプロトン濃度勾配によって ATP を合成するメカニズムは，両者で大変よく似ていることがわかる．

5.3.2 暗反応

光合成のもう一つの重要な反応が暗反応であり，葉緑体の場合はストロマで行われる．明反応では ATP と NADPH が産生されるが，暗反応ではこれらのエネルギー物質を利用して，大気中から取り込んだ CO_2 を糖質へ変換する反応が行われる．この反応経路は，**カルビン回路**（Calvin cycle）とよばれる環状の反応経路である（図 5.17）．

カルビン回路では，リブロース 1,5-ビスリン酸に CO_2 が取り込まれることによって一連の反応が開始される．この反応に関与する酵素はリブロース 1,5-ビスリン酸カルボキシラーゼ/オキシゲナーゼであり，通常，**Rubisco（ルビスコ）**という略称でよばれることが多い．この CO_2 の固定化反応は非常に重要であり，Rubisco は地球上で最も多量にあるタンパク質の一つとい

[*8] ミトコンドリアの ATP シンターゼと同様，F_1 部分と F_0 部分からできており，F_0 部分を通ってプロトンが通過すると中心の軸が回転し，F_1 部分で ATP が合成される．

Topics

葉緑体は，もともとシアノバクテリアのような光合成細菌が，植物の祖先である真核細胞に取り込まれて共生関係を築いたものと考えられている．そのため，シアノバクテリア（下図）の光合成の仕組みは葉緑体とよく似ており，シアノバクテリアのチラコイド膜にはPSⅠとPSⅡが存在する．

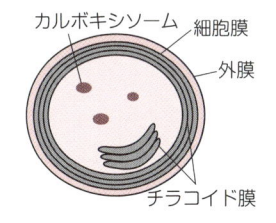

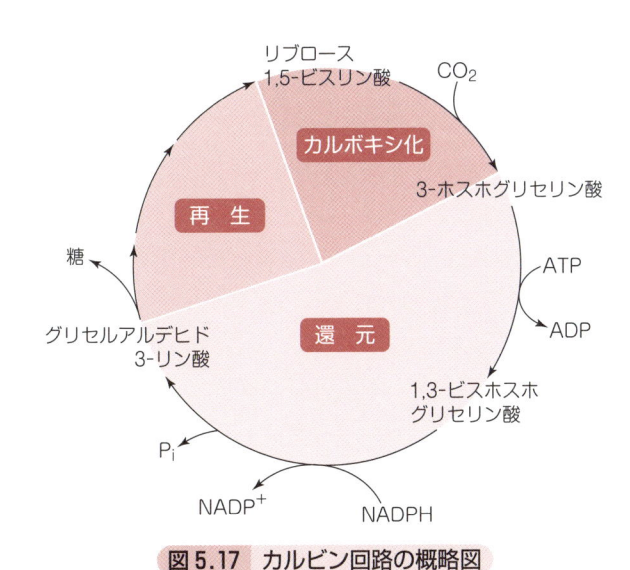

図 5.17 カルビン回路の概略図

*9 植物の葉の可溶性タンパク質の約50%を占める.

われている*9. 図5.17に示すようにRubiscoによるCO_2の固定化反応によって生じた3-ホスホグリセリン酸は，ATPの加水分解と共役して，1,3-ビスホスホグリセリン酸となる．その後，さらにNADPHを用いた還元反応により，グリセルアルデヒド3-リン酸が生成する．このグリセルアルデヒド3-リン酸は解糖系や糖新生経路の中間体でもあるが，カルビン回路においても糖質合成の中間体として用いられ，グルコースなどのヘキソース(六単糖)合成の材料となる．グルコースは別の代謝経路で用いられるほか，デンプンなどの貯蔵多糖の合成に使われる．また，回路状の反応を維持するために，一部のグリセルアルデヒド3-リン酸は，リブロース1,5-ビスリン酸を再生するのに用いられる．

5.4 脂肪酸のβ酸化

脂質は細胞膜の必須成分であるが，生体内の貯蔵エネルギー源としても重要な役割を果たしている．脂質の構造はすでに学んだ(3.3節を参照).

貯蔵エネルギー源として生物が利用しているのは，主にトリアシルグリセロール(中性脂肪)であり，グリセロールに3本の脂肪酸アシル基がエステル結合している．この構造からわかるとおり，この分子は非常に疎水的で，糖質のように水和して体積が増えたりすることがないので，細胞内に貯蔵するのに都合が良い．また，脂肪酸は糖質と比べてより還元された状態にあるので，酸化的に分解された際に，より多くのエネルギーを放出することができる．グリコーゲンのような貯蔵多糖はエネルギーが必要な際に迅速に分解され，短時間でATPを供給することができるが，トリアシルグリセロールは持続した長期間にわたる運動のためのエネルギー源に適している．

トリアシルグリセロールを加水分解すると，グリセロールと脂肪酸が生成する．脂肪酸の生体内での分解は，主に**β酸化**(beta oxidation)反応によって行われている(図5.18).

*10 カルボキシ基から数えて3番目の炭素原子.

β酸化は，真核生物ではミトコンドリアとペルオキシソーム(1.2.4を参照)で，細菌では細胞質ゾルで行われる．これは，1回につき炭素2個分を脂肪酸のカルボキシ基側から切断していく酸化反応であり，その際に酸化される炭素原子がβ位*10にあるのでβ酸化とよばれる．この反応は，一連の反応を繰り返していくサイクル状の経路として表すことができる．脂肪酸を酸化するためには，まずアシルCoAシンテターゼという酵素による脂肪酸分子の活性化が必要であり，ATPと補酵素A(CoA)を利用して，脂肪酸は脂肪酸アシルCoAへと変換される．次に，脂肪酸の第一の酸化が起こり，その結果還元型ユビキノン(QH_2)を生じる．次に水和反応を経て，第二の酸化が起き，その際にNADHが生じる．その後，α位とβ位の炭素の間の結

5.4 脂肪酸のβ酸化

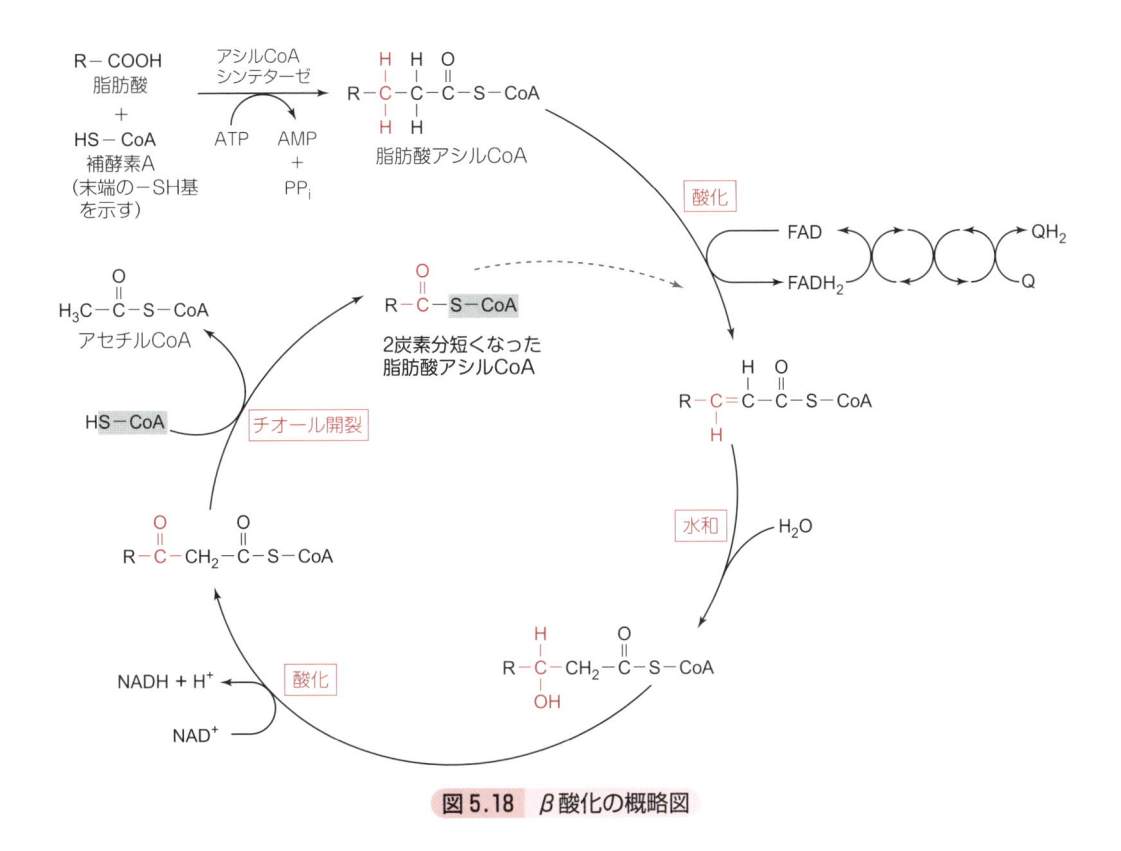

図 5.18 β酸化の概略図

合が開裂し(チオール開裂),脂肪酸は炭素数が2個短い脂肪酸アシル CoA とアセチル CoA を生じる.短くなった脂肪酸アシル CoA は,同じ反応を繰り返して2炭素ずつ短くなる.

β酸化反応で生じたアセチル CoA はクエン酸回路の基質となり,QH_2 と NADH は電子伝達系に渡り,ATP 合成に用いられる.このとき,脂肪酸からエネルギーをどれだけ得ることができるか糖質と比較してみよう.炭素数 18 の脂肪酸(ステアリン酸)1 分子から得られる正味の ATP は,120 分子に相当する.一方,炭素数 6 のグルコースから得られる ATP は 32 分子である(最初の炭素数を考慮して 3 倍にしても 96 分子).このように,糖質から得られる ATP が少なくなるのは,糖質がすでに部分的に酸化されているからである.また,先に述べた通り,脂肪酸は疎水性なので,糖質のように大量の水を含むことがなく,体積あたり非常に多くのエネルギーを貯蔵することができる.

❖ 章末問題 ❖

5-1 ATP の化学構造式を書け．

5-2 解糖系で生じる正味の ATP 量は，グルコース 1 分子あたりでいくつか．

5-3 解糖系などの連続した酵素反応を制御するしくみの一つであるフィードバック阻害はどのようにして行われているかを説明せよ．

5-4 解糖系で生じたピルビン酸のゆくえを，生物や細胞の種類，また，おかれた環境別に説明せよ．

5-5 クエン酸回路で生じる還元型の補酵素の名前は何か．

5-6 クエン酸回路は回路としてのみならず，他の代謝系との交差点となっている．クエン酸回路の中間体物質を一つあげ，どのような有機化合物合成と関連しているか答えよ．

5-7 電子伝達系で ATP が生成されるしくみについて説明せよ．

5-8 ミトコンドリアと葉緑体の構造についての類似性について説明せよ．

5-9 β 酸化の機構を説明せよ．

5-10 次にあげるエネルギー生産の代謝経路が，真核生物ではそれぞれどのオルガネラで行われているか答えよ．［解糖系・電子伝達系・光合成・β 酸化］

第6章
生物の遺伝情報
―― 複製，転写，翻訳

「親子や兄弟は，どうして姿や性格が似ているのだろう」．この疑問はおそらく人類が太古から考え続けてきたものに違いない．家族が似ているのは，それぞれの特徴を担う遺伝情報が親から子へ伝えられるからである．そのような遺伝情報を担う物質が存在しているのではないかという考えは，すでに古代ギリシア時代にも認められており，現代では，遺伝情報が日常生活に関係した分野でも利用されている．遺伝子や遺伝情報とは一体どのようなもので，どのように生物の働きをコントロールしているのであろうか．

6.1 遺伝情報の流れ

　細胞分裂により生じた娘細胞は，通常，親細胞と同じ性質を示し，ある生物の子供はその親と同じ種類の生物となる．これは娘細胞や子孫が，親と同様な遺伝情報を受け継いでいるからである．この遺伝情報を運ぶ物質がDNA (deoxyribonucleic acid) であり，すべての生物はDNAをもっている．遺伝情報は，このDNAのなかに4種類の塩基 (A, T, G, C) の配列として書き込まれており，それぞれの遺伝情報が書き込まれたDNAの領域を**遺伝子** (gene) とよぶ[*1]．細胞がもつすべての遺伝子とDNA上のその他の領域（遺伝子以外の遺伝情報にかかわる部分）の総体が生物の設計図であり，これを**ゲノム** (genome) とよぶ（第1章も参照）．すなわち，ある生物をその生物たらしめているすべての情報がゲノムである．具体的には，細胞に含まれる全DNAを意味する．

　現在までに多くの生物のゲノムDNAの塩基配列が決定され，それぞれの生物がもつ遺伝子が明らかになりつつあるが（**表6.1**），遺伝子の数とそれをもつ生物の複雑さには明確な関連性はなく，これまで知られていなかった

[*1] 研究の進展により，遺伝子の定義は曖昧になりつつある．本書では，機能性RNAにコピーされるDNAの領域を，遺伝子と定義する．タンパク質のアミノ酸配列をコードしている部分，すなわちmRNAに転写される領域を遺伝子と定義する場合もある．

表6.1 代表的な生物のゲノムサイズと遺伝子数

生物種	ゲノムサイズ(Mb)	遺伝子の概数
大腸菌(K-12株)	4.6	4,400
酵母(S. cerevisiae)	12.5	5,770
線虫(C. elegans)	97	19,000
ショウジョウバエ	120	14,000
シロイヌナズナ	130	26,000
イネ	390	32,000
マウス	3,000	24,000
ヒト	3,000	22,000

注：ゲノムDNAの塩基配列のみから遺伝子の正確な数を推定するのは困難であり、発現しているmRNAの解析などさまざまな手法が組み合わされ遺伝子の数が推定されている．この表の遺伝子数はあくまでも概数であり、今後の研究の進展によりその数は変化する．1 Mb＝100万塩基．

Topics

ゲノム解析における「ゲノム」とは、染色体1セットのDNAを指し、生物の遺伝情報の総体としての「ゲノム」とは意味が若干異なる．例えば、ヒトゲノムDNAは約30億塩基対と表記されるが、これは染色体1セット（つまり23本）のDNAのサイズを表している．ヒトは両親からそれぞれ1セットの染色体を受け継ぎ、生殖細胞以外の体細胞は2セットの染色体を持っている（二倍体細胞）．つまり体細胞は約60億塩基対のDNAをもっていることになる．また、核ゲノム、ミトコンドリアゲノム、葉緑体ゲノムというように区別してよぶ場合もある．

DNA領域からの遺伝子発現調節が多々あると推定されている．

　DNA上の遺伝情報は、あくまでも情報であり設計図である．生物が生きていくためには遺伝情報をもとにつくられたタンパク質、そしてタンパク質がつくる糖や脂質やさまざまな化合物が必要である．図6.1に示すように、DNA上の遺伝情報は**転写**(transcription)とよばれる過程により、RNAへとコピーされる．次に、コピーされたRNAのうち、タンパク質のアミノ酸配列情報をもつRNA(mRNA)上の情報をもとに**翻訳**(translation)とよばれる過程によりタンパク質が生合成される．また、細胞分裂の際には**複製**(replication)とよばれる過程により、DNAからDNAのコピーがもう一組つくられ、細胞分裂により生じる二つの細胞へと受け継がれる(7.1節も参照).

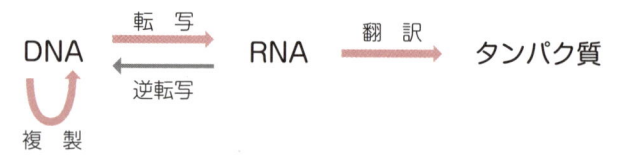

DNA ⇄ RNA → タンパク質
（転写／逆転写）（翻訳）
複製

図6.1 生物の遺伝情報の流れ

通常、遺伝情報はDNA→RNA→タンパク質へと流れ、タンパク質から核酸(DNA, RNA)への流れはない．DNA→RNAの転写過程と逆に、RNAの情報をもとにDNAが合成される逆転写過程も存在する．

　この核酸(DNAまたはRNA)からタンパク質への遺伝情報の流れは一方通行であり、タンパク質のアミノ酸配列の情報に基づいて細胞内で核酸がつくられることはない．この遺伝情報の流れの不可逆性のことを、分子生物学の**セントラルドグマ**(central dogma)とよぶ．

6.2 DNA の複製

細胞が分裂するとき,親細胞がもつゲノム DNA がコピーされ,そのもう 1 セットが娘細胞へと受け継がれる(7.1 節を参照).この,元の DNA からまったく同じ塩基配列をもつ DNA のコピーをつくる過程が,複製である.この複製過程はどのように行われるのであろうか.

6.2.1 半保存的複製

第 2 章で述べられているように,DNA は相補的塩基対からなる 2 本鎖である.一つの 2 本鎖 DNA から二つの 2 本鎖 DNA がつくられる方法としては,次のような二つの可能性が考えられる.1) 新たにできる二つの 2 本鎖 DNA はそれぞれ,1 本の親鎖と新たに合成された 1 本の相補鎖からなる(図 6.2 a).2) 二つの 2 本鎖 DNA の一方は元のままであり,もう一方の 2 本鎖 DNA の両方の鎖が新しく合成される(図 6.2 b).

メセルソン(M. Meselson)とスタール(F. Stahl)は,質量数が大きい窒素の同位体 ^{15}N を用いた実験を行い,前者が正しいことを証明した.このように 2 本鎖 DNA の一方が親細胞からそのまま引き継がれ,もう一方が新たに合成さる複製様式を**半保存的複製**(semiconservative replication)という.

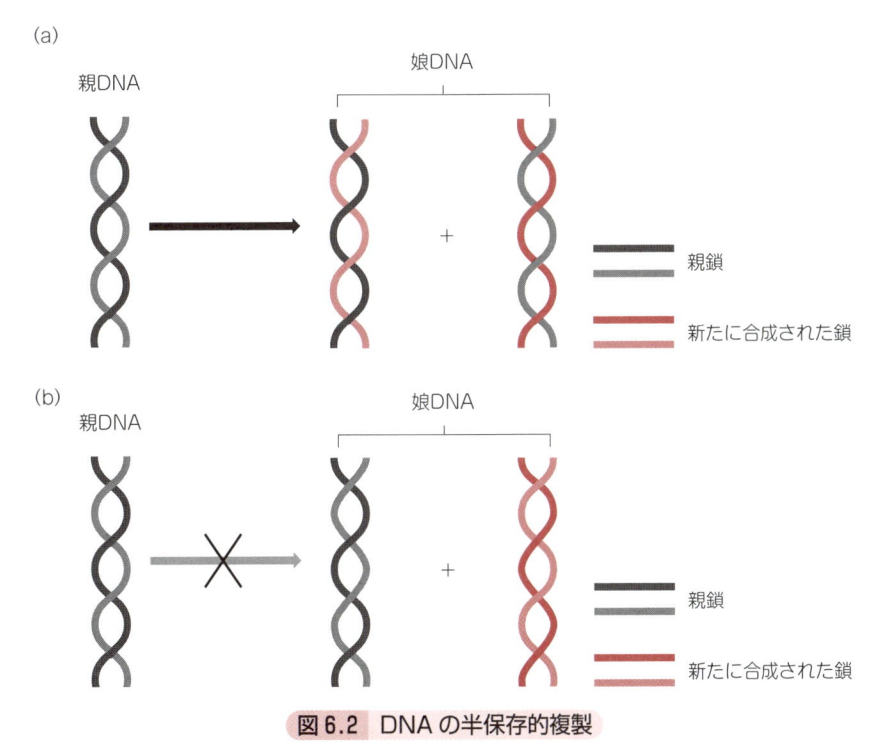

図 6.2 DNA の半保存的複製

(a)半保存的複製.娘 DNA 鎖はそれぞれ 1 本の親鎖と 1 本の新たに合成された相補鎖を含む.(b)保存的複製.このようなモデルも考えられたが,現実のものではない.

6.2.2 複製フォークと半不連続複製

複製は，**複製起点**（replication origin）とよばれる DNA 上の特定の部分から開始される．複製起点は，原核生物ではゲノム DNA に 1 カ所だけであるが，真核細胞では一つの染色体あたり数百カ所存在し，多くの場所で同時に複製が行われる．

複製起点から親鎖の 2 本鎖 DNA を両方向にほどきながら，それぞれの鎖を鋳型として複製が行われる．この，DNA 2 本鎖が 1 本鎖に分離して複製が行われている部分を**複製フォーク**（replication fork）とよぶ（図6.3）．複製フォークの先端で DNA の巻き戻しを行うのが **DNA ヘリカーゼ**（DNA helicase）とよばれる酵素である．

新たなポリヌクレオチド鎖の合成を担っている酵素 **DNA ポリメラーゼ**（DNA polymerase）は 5′→3′ 方向にしか新しい鎖を合成できないため，一方

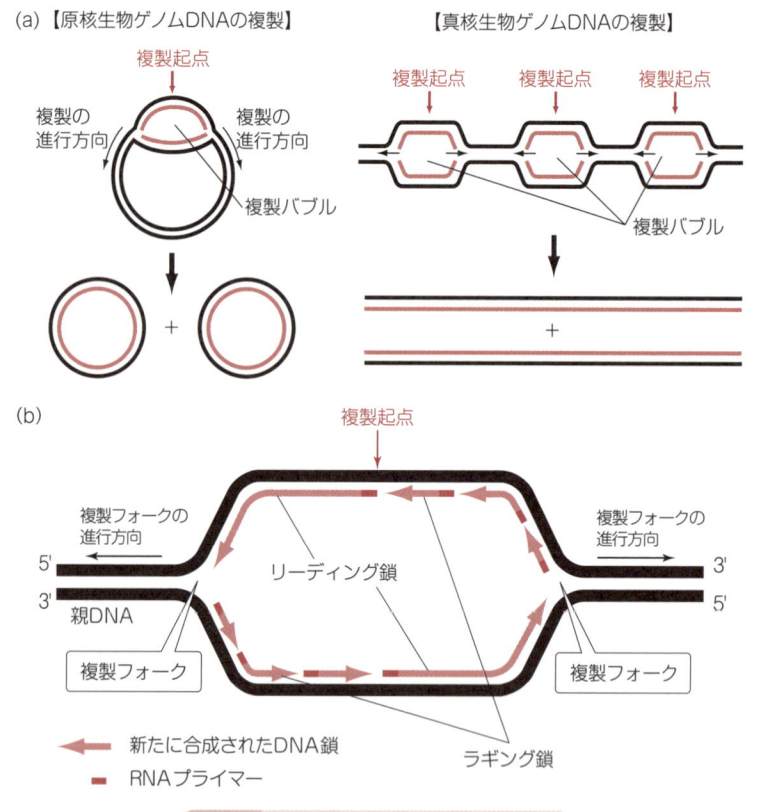

図6.3 複製フォークと半不連続複製

(a)原核生物と真核生物ゲノム DNA の複製．原核生物では 1 カ所の複製起点から複製が開始され，複製フォークは両方向に進む．新規に合成された DNA 鎖は複製終結点で連結され，環状となる．一方，真核生物は多数の複製起点をもち，それぞれの複製フォークが出会うと DNA 鎖が連結される．(b)複製フォーク．DNA の複製は複製フォーク部分で進行する．リーディング鎖は連続して合成されるが，ラギング鎖は不連続となる．

の娘鎖は複製起点から連続したポリヌクレオチドとして合成されるが，もう一方の娘鎖は複製フォークの進行につれ何度も新たな合成が開始され，短い断片となる．このことを**半不連続複製**(semidiscontinuous replication)という．連続した娘鎖を**リーディング鎖**(leading strand)，短い断片の娘鎖を**ラギング鎖**(lagging strand)とよぶ．ラギング鎖の短いDNA断片は，発見者にちなんで「岡崎フラグメント」とよばれている．

6.2.3 DNAポリメラーゼ

DNAの複製過程には多くのタンパク質が関与するが，その中心はDNAポリメラーゼとよばれる酵素である．DNAポリメラーゼは，1本鎖DNA[*2]を鋳型として，その相補鎖であるポリヌクレオチド鎖を4種類のデオキシヌクレオシド三リン酸(dATP, dGTP, dCTP, dTTP)を原料として新たに合成する酵素である．図6.4のように，DNAポリメラーゼは新たに

[*2] 細胞内では，2本鎖DNAが部分的に解離した複製フォーク部分が鋳型となる．

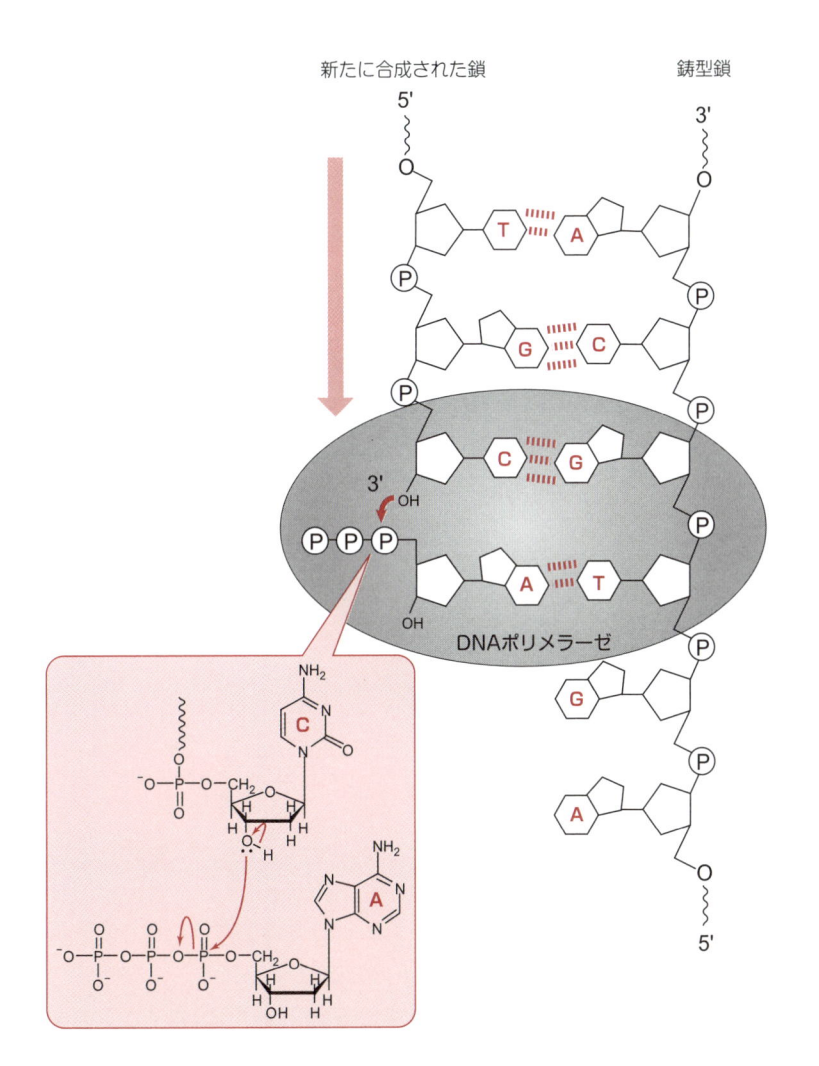

図6.4 DNA鎖の伸長反応

DNAポリメラーゼは，伸長中の鎖の3'末端にあるデオキシリボースのヒドロキシ基とデオキシヌクレオシド三リン酸(鋳型鎖と相補的塩基対を形成する)のα位のリン酸基の間に，新たなホスホジエステル結合を形成する反応を触媒する．

合成されている鎖の糖部分の3'ヒドロキシ基が，鋳型鎖と相補的塩基をもつデオキシヌクレオシド三リン酸のα位のリン酸基とホスホジエステル結合を形成する反応を触媒している．この反応を繰り返し，新たな2本鎖DNAを完成させるのである．この酵素は5'→3'の方向へのみDNAを伸長し，逆方向へは合成しない．

DNAポリメラーゼは，鋳型となる1本鎖DNAがあるだけでは相補鎖の合成を開始できず，**プライマー**(primer)とよばれる短いヌクレオチド断片が鋳型鎖と相補的塩基対を形成している構造を必要とする．細胞内の複製過程では，このプライマーは鋳型鎖と相補的な短いRNA断片(10～12塩基)であり，**プライマーゼ**(primase，DNA依存性RNAポリメラーゼの一種)とよばれる酵素により合成される．

DNAポリメラーゼはポリメラーゼ活性だけでなく，3'→5'エキソヌクレアーゼ活性ももち，伸長中の鎖に間違ったヌクレオチドを結合させたとき，誤って挿入したヌクレオチド残基を除去し，校正する．

原核生物である大腸菌は5種類のDNAポリメラーゼをもつが，このうち複製過程で働くのはDNAポリメラーゼⅠとⅢであり，DNAポリメラーゼⅡなどは損傷を受けたDNAの修復に関与している(表6.2)．真核生物は多種[*3]のDNAポリメラーゼをもっているが核DNAの複製を行っているのはDNAポリメラーゼα，δおよびεである．ミトコンドリアDNAはDNAポリメラーゼγにより複製され，葉緑体DNAも専用の酵素で複製されている．その他のDNAポリメラーゼはDNAの修復や組換えに関与している．

> **エキソヌクレアーゼ**
> エキソヌクレアーゼ(exonuclease)は，核酸加水分解酵素(ヌクレアーゼ)の一種である．ポリヌクレオチド鎖の端からホスホジエステル結合を順次加水分解し切断するものをエキソヌクレアーゼ，ポリヌクレオチド鎖の内部のホスホジエステル結合を切断するものをエンドヌクレアーゼとよぶ．

> [*3] 真核生物のDNAポリメラーゼは10種類以上あると報告されている．DNAポリメラーゼαはプライマーの合成を行い，δとεが核DNAの相補鎖の合成を行っている．

表6.2 大腸菌のDNAポリメラーゼの性質

	DNAポリメラーゼ		
	Ⅰ	Ⅱ	Ⅲ
分子量	10.9万	11万	16.7万(コア酵素) 43.5万(ホロ酵素)
DNA伸長活性	＋	＋	＋
3'→5'エキソヌクレアーゼ活性	＋	＋	＋
5'→3'エキソヌクレアーゼ活性	＋	－	－
機　能	複製，修復	修復	複製

6.2.4 大腸菌DNAの複製機構

この項では複製機構の詳細がよく研究されている原核生物の一種，大腸菌の複製機構について概説する(図6.5)．

大腸菌のゲノムDNAの複製は，複製起点(245 bpにわたる)にイニシエー

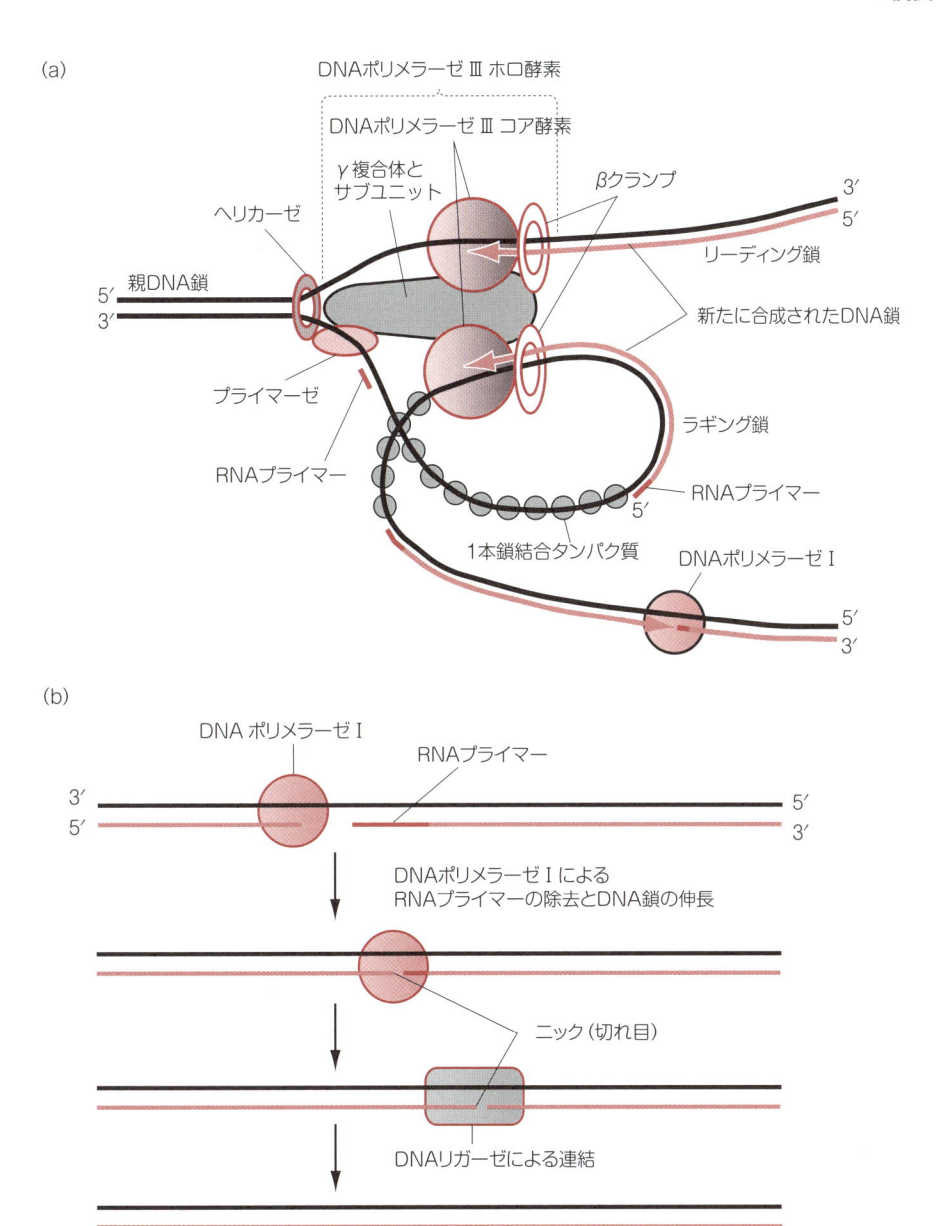

図 6.5 大腸菌の複製機構

(a)複製フォークにおける DNA 鎖の合成．DNA ポリメラーゼⅢホロ酵素は二つのコア酵素をもち，それぞれがリーディング鎖とラギング鎖を合成している．先行するラギング鎖の RNA プライマー部分に出会うと DNA ポリメラーゼⅢコア酵素は遊離し，代わって DNA ポリメラーゼⅠが RNA プライマーを除去しながら DNA 鎖の合成を行う．(b)ニックトランスレーションと鎖の連結．DNA ポリメラーゼⅠと DNA リガーゼの共同作業により RNA プライマーは除去され，ラギング鎖どうしは連結される．

タータンパク質(DnaA)が結合し，2本鎖DNAを解離させて1本鎖部分を生じることから始まる．次に，生じた1本鎖部分にDNAヘリカーゼ(DnaB)やプライマーゼなどのタンパク質が結合し，プライモソームとよばれる複合体が形成される．このプライモソーム中のDNAヘリカーゼにより2本鎖DNAが巻き戻され，複製フォークが進行する[*4]．複製フォークの進行にともなって，ラギング鎖では1000～2000ヌクレオチドごとに，プライマーゼによるRNAプライマーの合成が行われる．プライモソームとDNAポリメラーゼⅢホロ酵素[*5]は，さらに複合体を形成し，レプリソームとよばれる大きな分子装置をなしている．

　DNAポリメラーゼⅢホロ酵素には二つのDNAポリメラーゼⅢコア酵素が含まれており，一方がリーディング鎖の，もう一方がラギング鎖の合成を行っている．リーディング鎖を合成しているDNAポリメラーゼⅢコア酵素は，ひとたび相補鎖の合成が始まれば鋳型鎖に結合したまま複製を続ける．DNAポリメラーゼは5′→3′の方向へしかDNAを合成できないため，ラギング鎖側の鋳型鎖はRNAプライマーが合成された後，しばらくの間1本鎖の状態に置かれる．このときには**1本鎖結合タンパク質**(single-strand binding protein；SSB)が1本鎖DNAに結合し，1本鎖の状態を安定化して非特異的な2本鎖形成を防いでいる．複製フォークが1000～2000ヌクレオチド分進行すると，ラギング鎖側の鋳型鎖に新たなDNAポリメラーゼⅢコア酵素が結合し，RNAプライマーの3′末端から新たな相補鎖の合成を開始する[*6]．ラギング鎖を合成しているコア酵素は，先行するRNAプライマーに出会った時点で鋳型鎖から離れ，さらにホロ酵素の残りの部分からも離れる．そして遊離のコア酵素は，新たに合成されたRNAプライマー部分に結合し，次のラギング鎖の合成を再開する．すなわち，ラギング鎖の合成を行うコア酵素は合成のたびに鋳型DNAから脱着している．

　途中まで合成されたラギング鎖には，DNAポリメラーゼⅢに代わってDNAポリメラーゼⅠが結合する．この酵素はDNAポリメラーゼ活性に加え5′→3′エキソヌクレアーゼ活性をもち，この活性により前方のRNAプライマーを除去しながらラギング鎖のさらなる伸長反応を行う(図6.5b)．このときRNAプライマーの大まかな除去はRNaseHが行う．DNAポリメラーゼⅠの働きによりDNAの切れ目が移動しているように見えるため，この機構を**ニックトランスレーション**(nick translation)とよぶ．最後に残った切れ目は**DNAリガーゼ**(DNA ligase)という酵素により連結される．

　大腸菌のゲノムDNAは環状であり，複製は複製終結部位とよばれる特定の塩基配列(ter配列)部分で終了する．この部位には特定のタンパク質が結合しており，複製フォークがこの部位に到達するとDNAヘリカーゼの働きが阻害され複製は停止する．

[*4] このとき複製フォークの前方では，2重らせんの巻きが強くなっている(正の超らせん)．そこでDNAヘリカーゼによる巻き戻しができなくなるのを防ぐため，DNAトポイソメラーゼがDNAの切断・再結合を行い，超らせんを解消している．

[*5] DNAポリメラーゼ活性をもつコア酵素部分と，鋳型DNAを挟み込み鋳型鎖上をスライドするβクランプ，それらに加え，ヘリカーゼやプライマーゼなど他のタンパク質との相互作用を担うγ複合体などを含む全体を指す．

[*6] このラギング鎖を合成しているDNAポリメラーゼⅢコア酵素は，リーディング鎖を合成しているもう一方のコア酵素とともに複合体を形成し，ホロ酵素となる．

真核生物の複製機構の本質は原核生物と類似しているが，より複雑であり，さらに多くの因子が関与している．真核生物の複製機構の詳細は他書に譲る．

6.2.5 DNAポリメラーゼの応用

(a) DNAの塩基配列決定

DNAの塩基配列を決める方法はいくつかあるが，サンガー(F. Sanger)が開発した原理に基づく方法が広く用いられている[*7]．この方法は，開発者にちなんで**サンガー法**(Sanger method)，または使用する化合物から**ジデオキシ法**(dideoxy chain termination method)ともよばれている．サンガー法は細胞が行っているDNAの複製の応用ともいえ，DNAポリメラーゼによるDNAの相補鎖の合成と特定塩基部分での相補鎖合成反応の停止，および合成されたポリヌクレオチド鎖の電気泳動による分離分析からなる(図6.6)．

DNAポリメラーゼの項で述べたように，DNAポリメラーゼは1本鎖

[*7] この業績により，サンガーは，2度目のノーベル賞を受賞した．

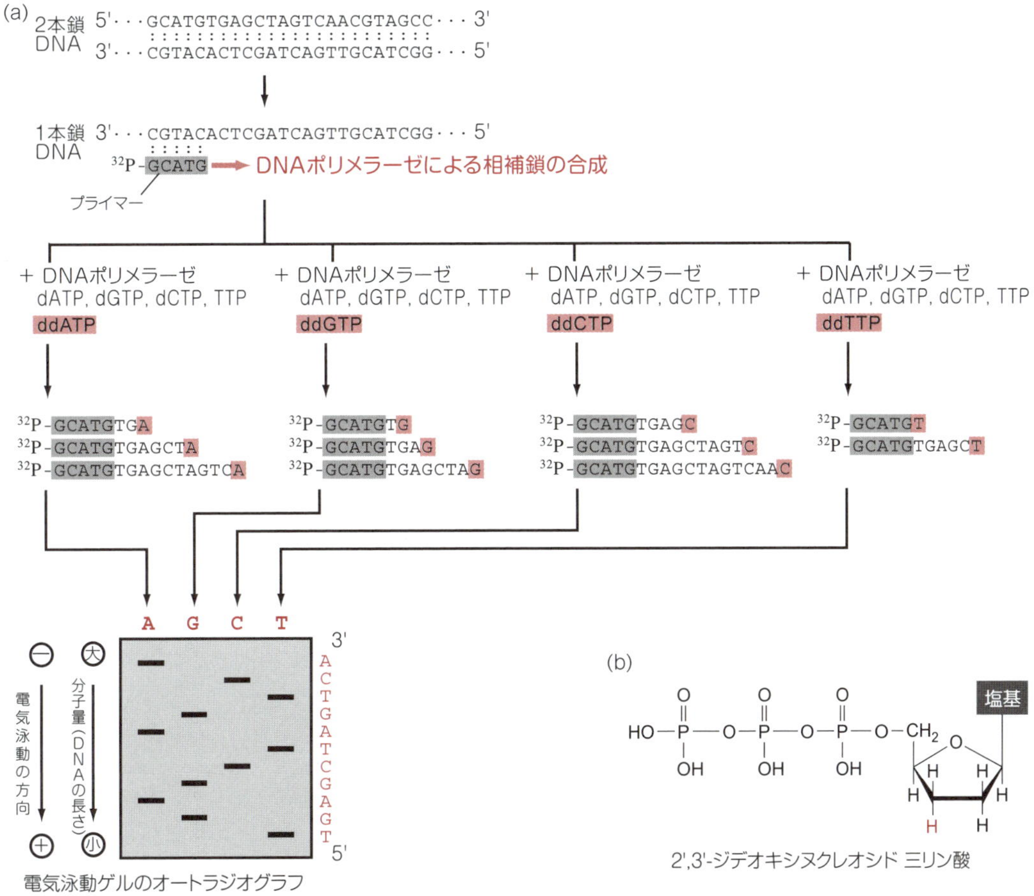

図6.6 サンガー法によるDNAの塩基配列決定法
(a)手法の概略，(b) 2′,3′-ジデオキシヌクレオシド三リン酸の構造．

DNAを鋳型とし，4種類のデオキシヌクレオシド三リン酸(dATP, dGTP, dCTP, dTTP)を原料として相補鎖を合成する．この反応を行うとき少量の2′,3′-ジデオキシヌクレオシド三リン酸(ddATP, ddGTP, ddCTPまたはddTTP, 図6.6b)を反応系に加えておく．すると，ジデオキシヌクレオチドが伸長中の相補鎖の3′末端に一定の頻度で取り込まれ，ジデオキシヌクレオチドが結合した時点で相補鎖の合成は停止する．これは，ジデオキシヌクレオチドが次のデオキシヌクレオシド三リン酸と結合すべき3′ヒドロキシ基をもたないためである．例えば，ddATPを加えた系では最初のAの部分で停止した相補鎖，2番目のAで停止した相補鎖，3番目のAで停止した相補鎖というように，さまざまな位置のA部分で伸長が停止した相補鎖の混合物が得られる(図6.6a)．この反応を4種類の2′,3′-ジデオキシヌクレオシド三リン酸ごとに行い，それぞれの相補鎖の混合物を並べてポリアクリルアミドゲル電気泳動(PAGE)で分離すると，ポリヌクレオチドの大きさの順に並べることができる．あらかじめ，プライマーを放射性のリン(^{32}P)でラベル化しておくか，または^{32}Pでラベル化したデオキシヌクレオシド三リン酸を加えておくと，電気泳動ゲル中のポリヌクレオチドの位置をオートラジオグラフで検出できる．この階段状の電気泳動パターンを順に読んでいくと，DNAの塩基配列を知ることができる．

現在では，^{32}Pの代わりに蛍光物質でラベル化した2′,3′-ジデオキシヌクレオシド三リン酸と，キャピラリーカラム電気泳動を用いた自動**シークエンサー**(sequencer)が広く使用されている．また，近年ではサンガー法とは異なる原理に基づき，一度に数十万〜数百万のDNA断片の塩基配列を決定できる次世代シークエンサーが開発され，ゲノム解析に用いられ始めている．

(b) PCR

生体試料に含まれるDNAは微量であり，対象となるDNAを増やさなければDNAの塩基配列決定や病気の遺伝子診断などの分析はできない．DNAクローニング(または分子クローニング)では，DNAを断片化してベクターとよばれるDNA分子に組み込み，大腸菌などの宿主細胞に挿入し，宿主細胞の代謝系・細胞分裂を利用してDNAの増幅を行う．このような，いわゆる組換えDNA技術または遺伝子操作とよばれるクローニングは，時間と操作の熟練を要する．

マリス(K. B. Mullis)は，好熱菌の耐熱性DNAポリメラーゼを用い，宿主細胞を使用せずに短時間で目的DNAを増幅する技術を開発した．これが，**PCR**(polymerase chain reaction, ポリメラーゼ連鎖反応)である．図6.7にPCRの概略を示す．PCRは，以下の三つのステップからなる．①目的DNAを含む試料を加熱し，2本鎖DNAを1本鎖DNAへと変性させる．②

DNAシークエンサー
DNAの塩基配列を自動で分析する装置．2′,3′-ジデオキシヌクレオシド三リン酸を取り込んで伸長が停止した，さまざまな長さのポリヌクレオチド断片の電気泳動を行い，DNAを検出する．^{32}Pの代わりに蛍光色素でラベル化した2′,3′-ジデオキシヌクレオシド三リン酸またはプライマーを使用する．

試料を冷却し，増幅したい DNA の塩基配列部分を挟むようにデザインした 2 種類の DNA プライマーとアニール（相補的塩基対を形成し会合すること）させる．③耐熱性 DNA ポリメラーゼにより，それぞれの鎖のプライマー部分から相補鎖を伸長させる．これで，目的の DNA 領域は 2 倍に増える．ステップ①〜③を 1 サイクル（数分間）とし，n サイクル繰り返すと，DNA 断片を 2^n 倍に増幅することができる[*8]．実際の操作では，微量チューブに試料 DNA，2 種類の DNA プライマー，耐熱性 DNA ポリメラーゼ，4 種類のデオキシヌクレオシド三リン酸を入れ，図 6.7(b) のように温度を上げ下げするだけで，DNA を増幅することができる．

[*8] 例えば，20 サイクル行うと DNA は約 100 万倍になる．

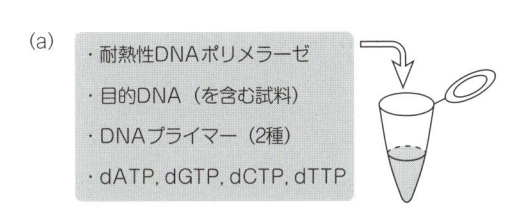

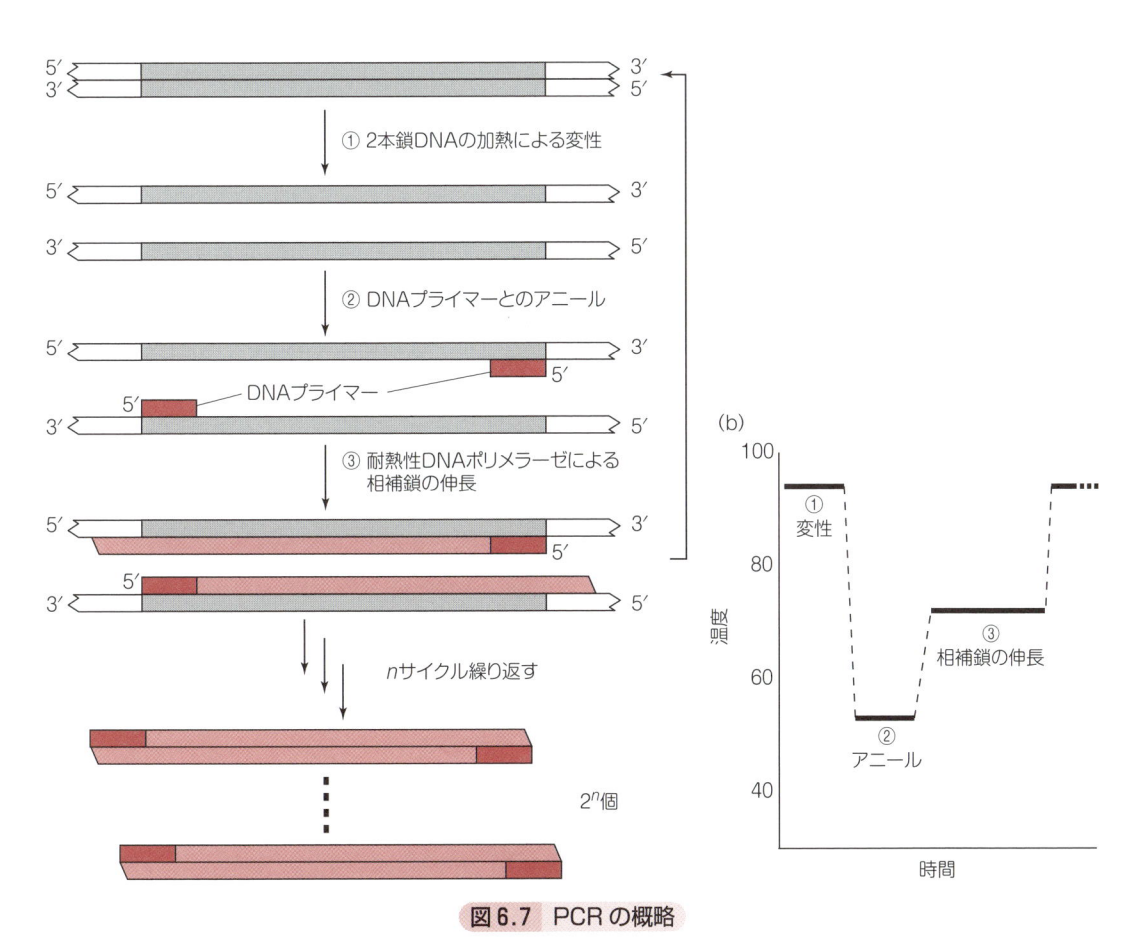

図 6.7 PCR の概略

(a) 反応に用いる材料と PCR 反応の概略．(b) PCR 反応における温度変化の例．

DNAポリメラーゼはタンパク質でできた酵素であり，高温ではもちろん失活し，その触媒能を失う．マリスは，温泉に生息する好熱菌から，高温でも失活しない耐熱性DNAポリメラーゼを単離し，これを用いることにより，反応系に一度必要な物質を加えれば，後は温度を上げ下げするだけで簡便にDNAを増幅できるようにした．

PCRでは，増幅したいDNA領域の両端と2種類のDNAプライマーがアニールする必要がある．このため，塩基配列がまったく未知のDNAを増幅することはできず，少なくともプライマーがアニールする部分の塩基配列情報が必要である．また，現在入手できるPCR用の耐熱性DNAポリメラーゼが増幅できるDNA長は数kb～数十kbであり，それ以上の長さのDNAを増幅するにはクローニングなどの別の方法が必要となる．

Topics

PCRは，非常に簡便な方法であり，基礎研究だけでなく医療現場における各種検査（遺伝子診断，感染した細菌やウイルスの同定など），食品検査，人物同定など現代社会で広く利用されている．

6.3 DNAからRNAへの転写

ゲノムDNA上には，その生物のすべての遺伝情報が塩基の配列として書き込まれているが，その生物が生命活動を営むにはRNAを経てタンパク質がつくられなければならない（6.1節を参照）．

遺伝子を文章に例えると，DNAは4種類のデオキシヌクレオチドの連なりであり，その情報は，句読点やスペースなしに書かれた1巻の百科事典のようなものである．しかも文章間や文節間に余分な文字が挿入され，文章の順番も順不同である．このようなものから，いったいどのようにして意味ある情報を引きだすのであろうか．さらに，細胞は常にすべての情報を読みだしている訳ではなく，必要なときに必要な場所で特定の遺伝情報のみを読みだしている．これらの調節の大半は，DNAからRNAをつくる過程で行われている．DNA上の遺伝情報が，RNAポリメラーゼの働きによりRNAへとコピーされるこの過程を，**転写**(transcription)とよぶ．

6.3.1 RNAの種類

近年の研究により，生物，特に真核生物は多様な機能をもつ多種のRNAを生産していることが明らかとなりつつある．この節では，主要な3種類のRNAについて触れる．**メッセンジャーRNA**(messenger RNA；mRNA)は，タンパク質のアミノ酸配列情報を担っているRNAで，DNAのコード領域から転写される．**リボソームRNA**(ribosomal RNA；rRNA)は，リボソームタンパク質と複合体を形成して，タンパク質合成装置であるリボソームの構成成分となっている．**転移RNA**(transfer RNA；tRNA)は，3′末端のリボースのヒドロキシ基に特定のアミノ酸を結合させ，タンパク質合成を行っているリボソームへと運び，mRNA上の情報に従って正しいアミノ酸が結

合されるようにしている．すなわち tRNA は，アミノ酸の運搬体としてだけでなく，構造上は類似性がない mRNA 上の遺伝情報とアミノ酸を関連づけるアダプターの役割を果たしているのである．

　これらの RNA は，1 本鎖である．mRNA は特定の高次構造をあまり形成せず，通常は伸びた状態にある[*9]．一方，tRNA や rRNA は，特定の立体構造を形成することによりその機能を発現する．翻訳された後の mRNA は，速やかに分解される（細胞内寿命は数分～数時間と比較的短い）．原核生物においては転写，翻訳そして mRNA の分解も同時並行に進められている．

[*9] 部分的にヘアピン構造をとることもあるが，大部分は伸びている．

6.3.2　RNA ポリメラーゼによる転写

(a) RNA ポリメラーゼ

　転写過程の中心を担っているのが **RNA ポリメラーゼ**(RNA polymerase) である．RNA ポリメラーゼは図 6.8 に示すように，4 種類のリボヌクレオシド三リン酸(ATP，GTP，CTP，UTP)を原料とし，2 本鎖 DNA の一方の鎖を鋳型として，その鎖に相補的な 1 本鎖 RNA を 5′→3′ 方向に合成する

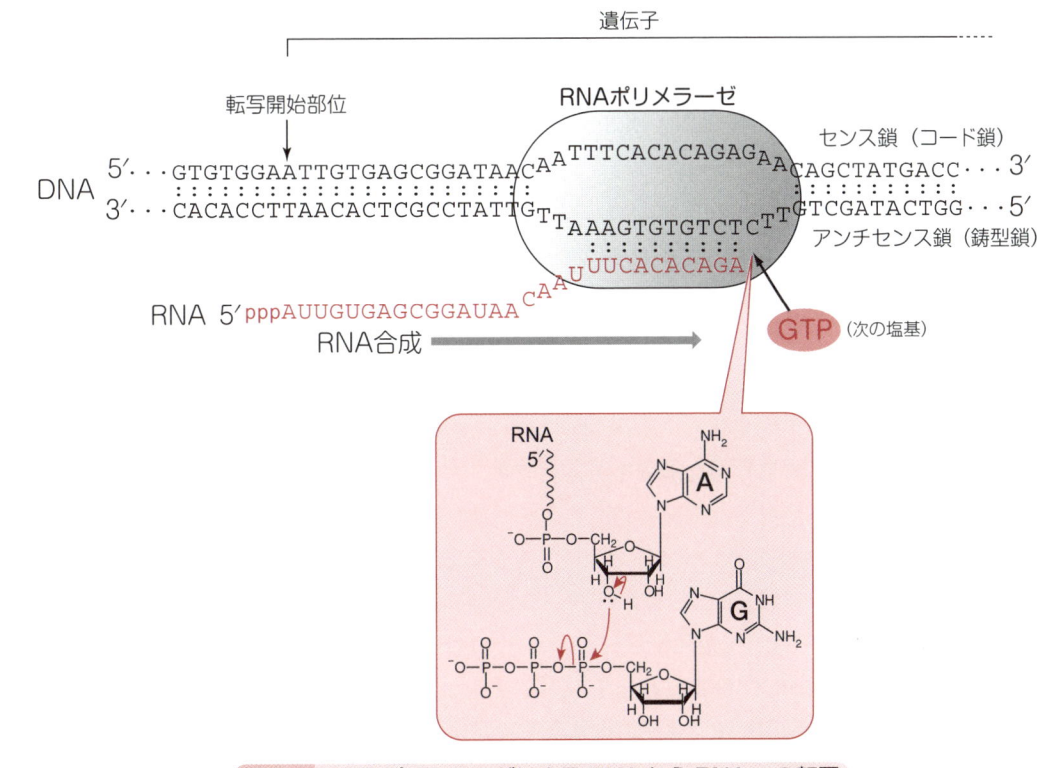

図 6.8　RNA ポリメラーゼによる DNA から RNA への転写

RNA ポリメラーゼは，2 本鎖 DNA の一方の鎖を鋳型として RNA を合成する．RNA ポリメラーゼは 2 本鎖 DNA を局所的にほどきながら，鋳型 DNA 鎖と正しい塩基対を形成するヌクレオチドのみを結合させ RNA 鎖を伸長する．このとき，RNA の合成先端の 10 ヌクレオチドほどが鋳型 DNA と塩基対を形成しているが，先に合成された残りの部分は鋳型 DNA から解離し，1 本鎖となっている．

酵素である．ただし，DNAと異なり，AにしてはUが塩基対を形成する．DNAポリメラーゼと同様に，RNAポリメラーゼもリボヌクレオシド三リン酸のα位のリン酸基と伸長中のRNA鎖の3'ヒドロキシ基が新たなホスホジエステル結合を形成する反応を触媒するが，RNAポリメラーゼはプライマーを必要としない．

　細菌では，1種類のRNAポリメラーゼがmRNA，rRNA，tRNAのすべてのRNAを転写している．一方，真核生物のmRNA，rRNA，tRNAはそれぞれ異なるRNAポリメラーゼにより転写され，ミトコンドリアや葉緑体DNAも，また別種のRNAポリメラーゼが転写を行う．

　大腸菌RNAポリメラーゼは，4種類の異なるサブユニットからなる多量体タンパク質で，その分子量は約46.5万と大きなものである．そのホロ酵素は$\alpha_2\beta\beta'\sigma$の五つのサブユニットからなり，このなかの$\alpha_2\beta\beta'$部分（コア酵素とよばれる）がRNA合成活性を担っている．σサブユニット（σ因子）は，後述するプロモーターの認識にかかわり，DNA上の正確な位置から転写を開始するために重要な役割を果たしている．

(b) 細菌の転写機構

　転写過程は，転写開始，鎖伸長，転写終結の三つに分けられる．

　まず，RNAポリメラーゼは，DNA上の転写開始部位をどのようにして見つけているのだろうか．遺伝子の転写開始部位の上流には，**プロモーター**（promoter）とよばれる特定の塩基配列が存在する．細菌のプロモーターは図6.9に示すように，−10領域（またはTATAボックス）と−35領域とよばれる共通した塩基配列（**コンセンサス配列**, consensus sequence）を含む．RNAポリメラーゼホロ酵素中のσサブユニットは，このプロモーター配列を特異的に認識し，プロモーター部分でRNAポリメラーゼとDNAの結合を安定化し，RNAポリメラーゼのコンフォメーション変化と2本鎖DNAの部分的な解離を引き起こす[10]．こうしてプロモーターと安定な複合体を形成したRNAポリメラーゼは，RNA合成活性を示して転写を開始する．10ヌクレオチドほどRNAを合成すると，σサブユニットはホロ酵素から離れ，RNAポリメラーゼは進行性の高い複合体（連続してRNAを合成しやすい）へ変化する．このとき，鎖伸長と転写終結にかかわる補助タンパク質がコア酵素に結合する．

　プロモーターの塩基配列は互いによく似ているが，すべてが完全に同じ配列ではない．また，大腸菌は複数種のσサブユニットをもっており，プロモーター配列とσサブユニットの組合せにより，転写開始の効率は大きく左右される．すなわち，必要とされる量や時期が異なる遺伝子の発現調節にも，σサブユニットがかかわっているのである．さらに高度な転写調節には，ま

[10] DNAのプロモーター部分と安定な複合体を形成するまで，RNAポリメラーゼは特定の場所にはとどまらず，プロモーターを捜してDNA上を走り回っているようなものである（スキャニング）．この状態のRNAポリメラーゼはRNA合成活性を示さない．

6.3 DNAからRNAへの転写

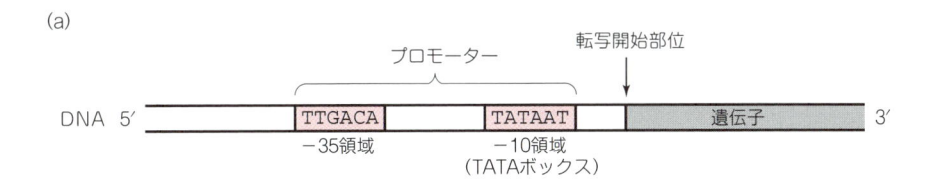

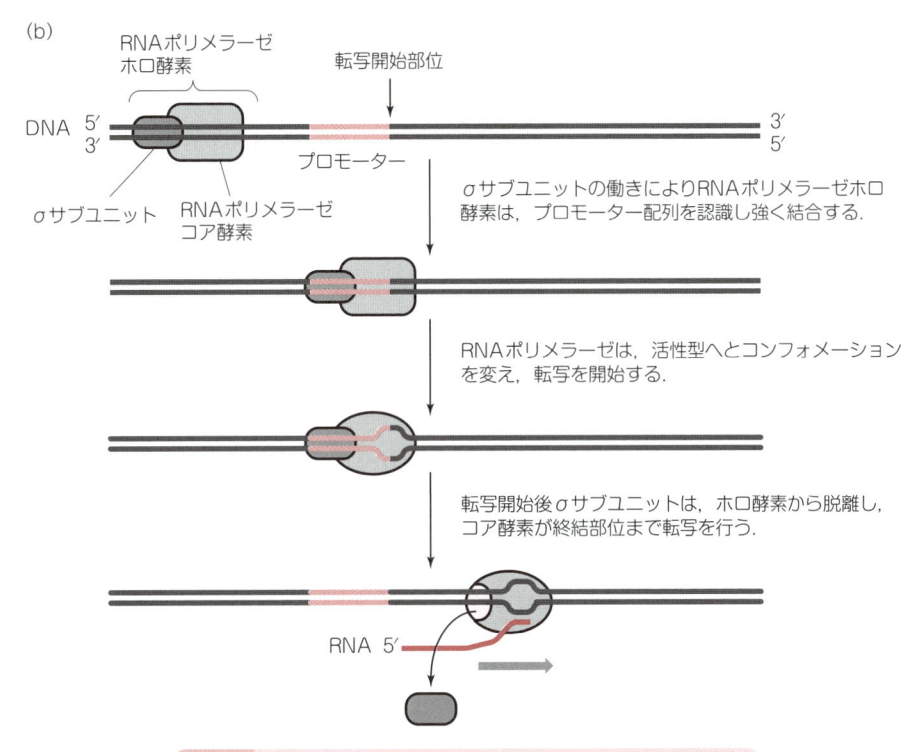

図6.9 細菌のプロモーター(a)と大腸菌の転写開始機構(b)
RNAポリメラーゼホロ酵素中のσサブユニットがプロモーター配列を認識し、RNAポリメラーゼは活性型へとコンフォメーションを変え、転写を開始する。

た別のシステムが存在する。

転写は、ターミネーターとよばれる転写終結部位で終了する。転写終結部位では、合成されたRNA鎖がヘアピン構造を形成してRNAポリメラーゼの進行が一時停止し、その間にDNA-RNA間の塩基対が解離して転写が終結する。このとき、ρ因子（ロー因子）とよばれるタンパク質が転写終結を促進する場合もある。

真核生物のRNAポリメラーゼは、鋳型DNAに結合し転写を開始する原核生物のシステムと異なり、RNAポリメラーゼ本体だけでなく、「転写因子」とよばれる多くのタンパク質を必要とする。真核生物のmRNAを転写するRNAポリメラーゼIIは、少なくとも6種類の基本転写因子を必要とする。特定の遺伝子を転写するにはさらに多くの転写因子が必要であり、その組合せも複雑である。また、真核生物のプロモーターは原核生物に比べ複雑

であり，その多様性も大きい．

6.3.3 転写の調節

すべての遺伝子がすべての細胞でいつでも発現しているわけではない．細胞がおかれた状況に応じて，発現のオン／オフまたは発現量が調節される遺伝子も多い．この発現調節の大半は転写段階で行われている．この転写調節を受ける遺伝子のDNAには特定の調節タンパク質が結合する特異的な塩基配列が存在し，この部分に調節タンパク質が結合することにより転写が調節される．転写は負に調節される場合もあれば，正に調節される場合もある．

Column

RNA 干渉

2本鎖RNAを細胞内に入れると，それに相当する配列をもつ遺伝子の発現が選択的に抑制される．しかし，標的となる遺伝子から転写されるmRNAと同じ配列(センス鎖)や，相補的な配列(アンチセンス鎖)をもつ1本鎖RNAのみを細胞に入れても，このような遺伝子発現の阻害効果は低い．センス鎖とアンチセンス鎖の両方の鎖からなる2本鎖RNAが遺伝子発現の強い抑制を行うのである．これをRNA干渉(RNA interference，RNAi)という．

RNA干渉は，1998年，アメリカのファイアー(A. Fire)とメロー(C. Mello)により，線虫(*Caenorhabditis elegans*)を用いた実験から発見された．その後，同様な現象が哺乳類細胞でも起こることが明らかにされるやいなや，RNA干渉はタンパク質機能解析のための新しい手段，あるいは病気の治療法としての応用が期待され，ライフサイエンスの世界を一変させた．

哺乳類細胞の場合，長い2本鎖RNAは細胞をアポトーシス(プログラム細胞死，7.5節を参照)へ向かわせるが，21～23 ntの短いRNA鎖であれば，これを回避し，標的タンパク質の発現のみを効果的に抑制できる．細胞内において，この短い2本鎖RNA(small interfering RNA；siRNA)がRISCというタンパク質複合体と結合し，標的mRNAを切断する．これによってRNA干渉が引き起こされる．siRNAは人工的に合成したRNAだが，同様の機能をもつ小分子RNA(microRNA；miRNA)がゲノムにコードされていることも明らかになってきた．miRNAは他の遺伝子の発現をコントロールし，細胞の機能を調節する重要な役割をもつと考えられている(図)．

RNAには，従来知られていた役割に加え，遺伝情報発現の調節という多彩な役割があることが次第に明らかになってきている．原始地球に存在していたといわれているRNAワールドの一端を見る思いがするが，化学構造をもう一度見直してみると，RNAとDNAとの違いはリボースのヒドロキシ基の有無しかない．たった一つの酸素原子によって，こうも役割が変わることの本当の理由を知るのはいつのことだろうか．

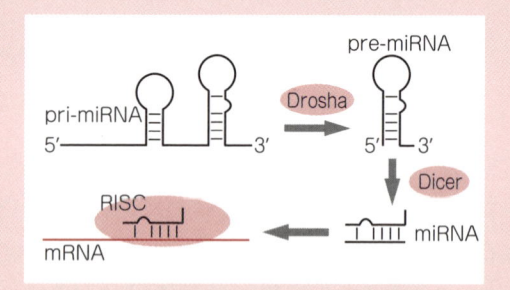

図 miRNAの発現とその作用

miRNAはprimary miRNA(pri-miRNA)とよばれる前駆体としてDNAから転写され，核内にあるDrosha(ドローシャ)という酵素により一部を切断されることによってpre-miRNAとなる．その後，細胞質でDicer(ダイサー)というタンパク質によって20～25ヌクレオチドのmiRNAが切りだされる．これがRISCタンパク質と複合体を形成し，標的mRNAを切断する．

DNAに結合して転写を負に調節する(抑制する)タンパク質を**リプレッサー**(repressor)，正に調節する(活性化する)タンパク質を**アクチベーター**(activator)とよぶ．これらの調節タンパク質とDNA上の特定の塩基配列，さらに調節タンパク質の脱着を制御する別の因子の組合せにより転写は調節されている．転写調節の方法は多岐にわたるが，以下によく研究されているラクトースオペロンの機構を示す．

　大腸菌は，おもにグルコースを栄養源として利用している．環境中にグルコースがあるときは，二糖であるラクトースが存在していてもこれを栄養源としては利用しない．なぜなら，大腸菌が通常はラクトースを代謝するためのタンパク質を発現していないためである．しかしグルコースが枯渇し，利用できる糖がラクトースだけになると，ラクトースを代謝するための一連のタンパク質がつくられ，ラクトースを栄養源として利用するようになる．

　原核生物には，一つのプロモーターでまとめて制御される遺伝子群がある(図6.10)．この転写単位を**オペロン**(operon)という．オペロンの転写開始部位を挟んで**オペレーター**(operator)とよばれる特徴的な塩基配列が存在する．ラクトースが存在しないときは，調節タンパク質である*lac*リプレッサータンパク質がこのオペレーター部分に結合することにより転写を妨げている．しかし細胞がラクトースを取りこむと，ラクトース(またはアロラクトース)が*lac*リプレッサーに結合してそのコンフォメーションを変化させ，DNAのオペレーターからリプレッサーを解離させる．その結果，RNAポ

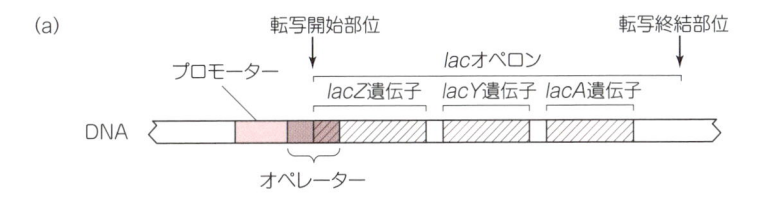

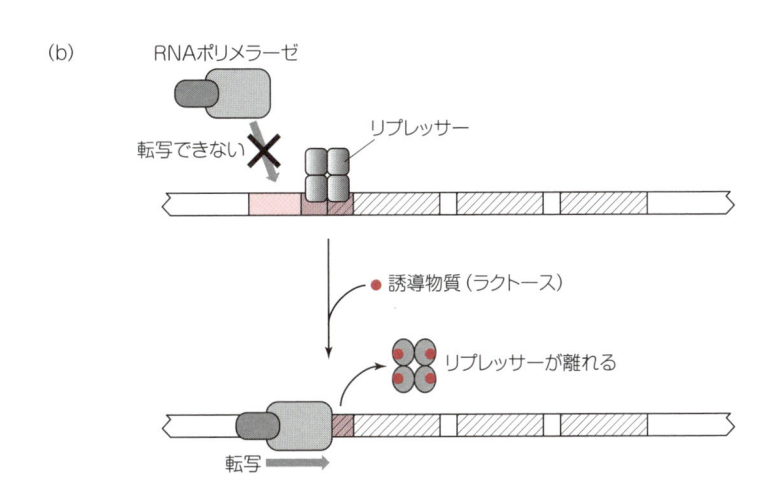

図6.10　*lac*オペロン

(a) *lac*オペロンの構造．一つのプロモーター下に*lacZ*, *lacY*, *lacA*の三つの遺伝子が存在し，ひと続きのmRNAとして転写される．(b)リプレッサーによる転写抑制．ラクトースが存在しないときには，オペレーターにリプレッサーが結合しており，RNAポリメラーゼの結合を妨げる．誘導物質(ラクトース)と結合したリプレッサーはDNAから離れ，転写が行われて，lacZタンパク質などが発現する．

リメラーゼはプロモーターに結合し転写を行うことができるようになる（図6.10 b）。この場合のラクトースのようにリプレッサーに結合し、リプレッサーを不活性化する物質を誘導物質という。

6.3.4 RNAの転写後プロセシング

ほとんどの場合、転写されたRNA（一次転写産物または前駆体RNAという）がそのままで機能することはまれであり、多様な修飾を受けRNAは成熟する。このRNAの成熟過程を、RNAの**転写後プロセシング**（posttranscriptional processing）または**転写後修飾**（posttranscriptional modification）という。この過程には、RNA一次転写産物の切断、再結合、新たなヌクレ

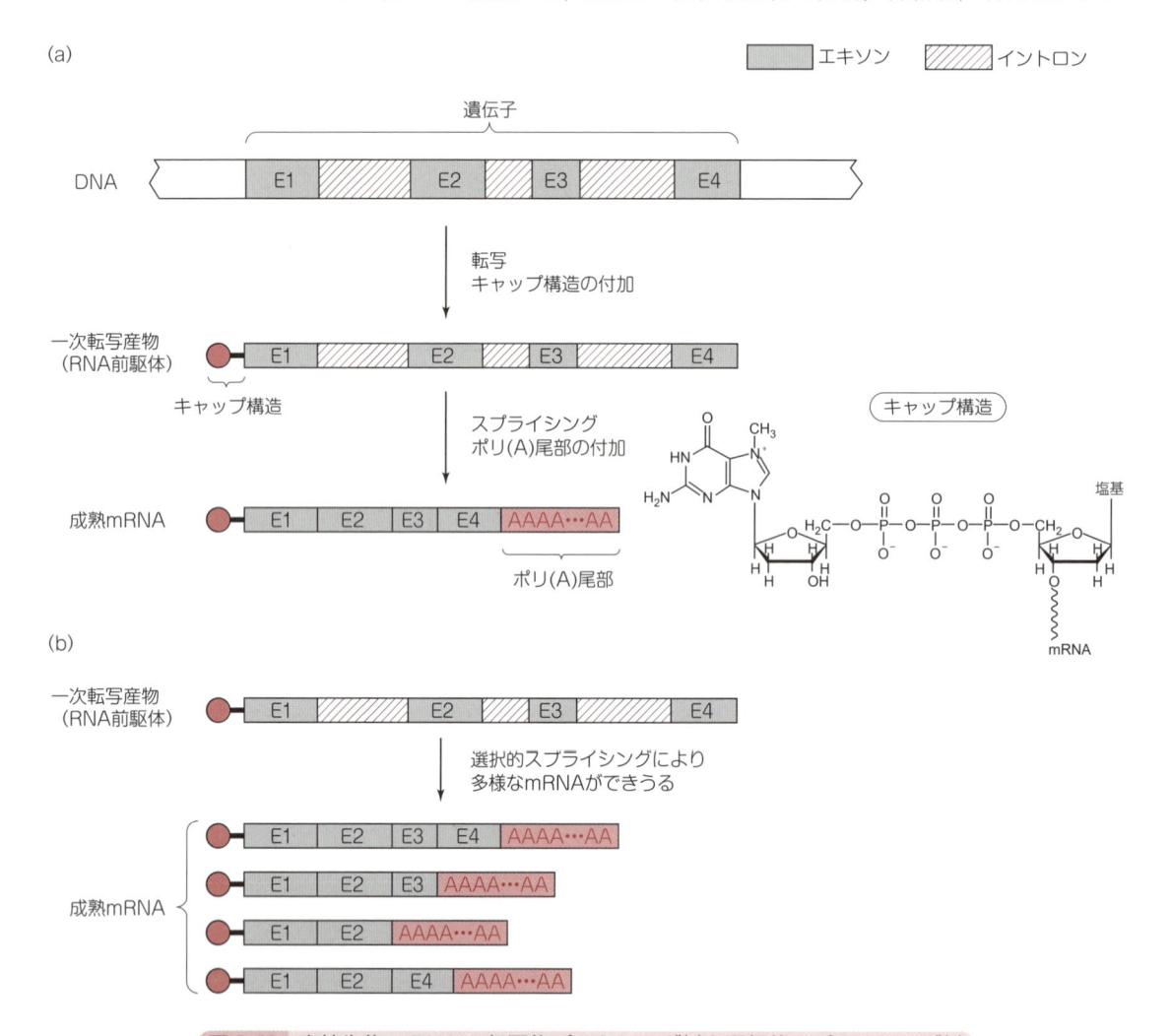

図6.11 真核生物mRNAの転写後プロセシング(a)と選択的スプライシング(b)
(a)真核生物のmRNAは、キャップ構造の付加、ポリ(A)尾部の付加、スプライシングの過程を経て、成熟mRNAになる。(b)選択的スプライシングにより、一つの遺伝子から配列が部分的に異なる複数種のmRNAができる。ただし、細胞内では転写とキャップ構造の付加およびスプライシングは同時並行に起こる。

オチドの付加，塩基の修飾などが含まれる．例えば，大腸菌の rRNA や tRNA は長い前駆体として転写された後，各種のエンドリボヌクレアーゼやエキソリボヌクレアーゼで切断され，成熟 RNA となる．tRNA には，さらに 3′末端に CCA 配列が付加され，多くの塩基が修飾される．

真核生物の mRNA は，翻訳の前に転写後プロセシングを受ける[*11]．真核生物のほとんどの遺伝子は一つながりではなく，成熟 RNA に反映されない（アミノ酸に置き換えられない）塩基配列で分断されている．この DNA 上の配列は，**イントロン**(intron)とよばれ，成熟 mRNA に残る配列は**エキソン**(exon)とよばれる（図 6.11）．

RNA ポリメラーゼにより転写されたばかりの一次転写産物はイントロンとエキソンの両方を含むが，**スプライシング**(splicing)という過程によりイントロンとエキソンの境目が切断され，エキソンのみが再結合してイントロンは除去される．また，真核生物の mRNA は，5′末端に 7-メチルグアニル酸が通常のヌクレオチドの結合とは異なる 5′-5′の三リン酸結合で付加されている．この構造は**キャップ**(cap)**構造**とよばれ，mRNA の安定化と翻訳の効率にかかわっている．さらに，一次転写産物の 3′末端にはアデニル酸（A）が数百個付加されている．これは**ポリ（A）尾部**(poly A tail)とよばれ，mRNA の安定化と細胞内での寿命に関係している（図 6.11 a）．

複数のエキソンを含む遺伝子では，遺伝子中のいくつかのエキソンだけがつなぎ合わされることで，多種類の成熟 mRNA が生じる場合がある（図 6.11 b）．このように DNA 上の一つの遺伝子からスプライシングの差異により，エキソンの組合せが異なる複数種の mRNA が生じることを，**選択的スプライシング**(alternative splicing)という．これにより，同一個体の生物でも特定の遺伝子が発現している細胞の種類や発現時期により，その遺伝子からできる mRNA の塩基配列は部分的に異なり，一つの遺伝子からアミノ酸配列が部分的に異なる複数のタンパク質が作られることになる．この現象は高等生物の多くの遺伝子に見られ，少ない遺伝子から多様な機能を発現することを可能にしている．

[*11] 細菌の mRNA はイントロンを含まないため，通常，転写されたままの状態で翻訳される．

Topics
選択的スプライシングの例
神経細胞などの形態形成や軸索誘導，神経突起伸長などに関わる．神経細胞接着分子（NCAM）とよばれるタンパク質は，選択的スプライシングを経て生成される．その結果，異なる分子量のタンパク質がつくられ，その機能は互いに少し異なる．神経前駆細胞は分子量 14 万の NCAM をおもに発現するが，細胞の分化にともない 18 万の NCAM が増えてくる．分子量 14 万の NCAM は神経突起伸長において重要な役割を果たし，神経細胞の成熟過程に関わる．18 万の NCAM は安定なシナプス形成に関与していると考えられている．

6.4　RNA からタンパク質への翻訳

DNA 上のタンパク質をコードする遺伝子は mRNA へと転写され，mRNA 上の情報をもとに翻訳過程でタンパク質が合成される．この節では mRNA 上の遺伝暗号，tRNA，リボソームの構造と翻訳機構について述べる．

6.4.1　mRNA と遺伝暗号

タンパク質のアミノ酸配列情報は mRNA 上にどのように記されているの

1番目の塩基	2番目の塩基								3番目の塩基
	U		C		A		G		
U	UUU UUC	Phe	UCU UCC	Ser	UAU UAC	Tyr	UGU UGC	Cys	U C
	UUA UUG	Leu	UCA UCG		UAA UAG	終止	UGA UGG	終止 Trp	A G
C	CUU CUC CUA CUG	Leu	CCU CCC CCA CCG	Pro	CAU CAC	His	CGU CGC CGA CGG	Arg	U C A G
					CAA CAG	Gln			
A	AUU AUC AUA	Ile	ACU ACC ACA ACG	Thr	AAU AAC	Asn	AGU AGC	Ser	U C A G
	AUG	Met*			AAA AAG	Lys	AGA AGG	Arg	
G	GUU GUC GUA GUG	Val	GCU GCC GCA GCG	Ala	GAU GAC	Asp	GGU GGC GGA GGG	Gly	U C A G
					GAA GAG	Glu			

＊AUGは内部Metのコドンと開始コドンを兼ねる．

図6.12 標準遺伝暗号表（コドン表）

であろうか．タンパク質は20種類のアミノ酸を含むが，mRNAのヌクレオチドはAUGCの4種類しかなく，アミノ酸とヌクレオチドを1対1で対応させることはできない．ニーレンバーグ（M. Nirenberg）とマッタイ（J. H. Matthaei）に始まる1960年代の多くの研究者の努力により，三つの連続した塩基のならび（**三連塩基**, triplet）が各アミノ酸を指定することが明らかとなった．この単語に相当する三連塩基を**コドン**（codon）とよび，コドンとアミノ酸の対応関係のことを**遺伝暗号**（genetic code）という．コドンは三つのヌクレオチドからなるため，その組合せは64（4^3）通りあり，そのうち61個のコドンが図6.12の標準遺伝暗号表のようにアミノ酸を指定し，残る3個のコドンは翻訳の終了を示す**終止コドン**（stop codon）である．また，ほとんどの場合，1個のアミノ酸に対して複数のコドンが存在する．これをコドンの縮重といい，同じアミノ酸を指定しているコドンどうしを同義コドンという．多くの場合，同義コドンはその3番目（3'末端）の塩基が異なるだけである．また，アミノ酸のメチオニン（Met）とトリプトファン（Trp）は，それぞれ一つのコドンしかない．

コドンAUGはメチオニンをコードするだけでなく，タンパク質合成の開始部位を指定する．AUGが翻訳開始部位を指定する場合は，特に**開始コドン**（initiation codon）とよばれる[12]．すなわち，リボソームでつくられるタンパク質ポリペプチド鎖のN末端は，メチオニン残基である．しかしほとんどの場合，このN末端のメチオニン残基は翻訳後に除去される．

mRNAの塩基配列を三連塩基のコドンに区切るには，図6.13のように三

Topics

各コドンの使用頻度は生物種により異なり，これはその生物がもつtRNAの存在量と関連している．このため遺伝子操作により，遺伝子を異なる生物種で発現させる場合には注意がいる．また，ミトコンドリアDNAやある種の生物のゲノムDNAのコドンは標準遺伝暗号に従わない例もある．

＊12 細菌では，GUGやUUGも開始コドンとして使用される場合がある．

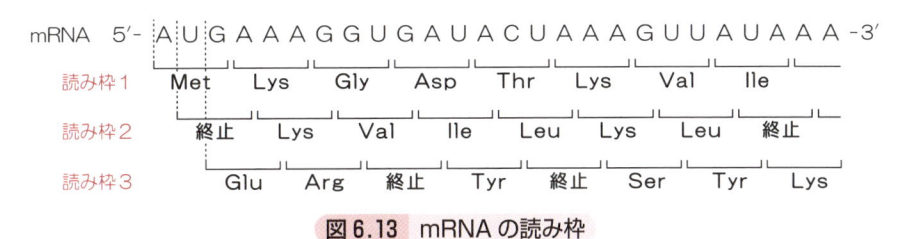

6.4 RNAからタンパク質への翻訳　*127*

```
mRNA  5'- A U G A A A G G U G A U A C U A A A G U U A U A A A -3'
```

読み枠1　Met　Lys　Gly　Asp　Thr　Lys　Val　Ile
読み枠2　終止　Lys　Val　Ile　Leu　Lys　Leu　終止
読み枠3　　Glu　Arg　終止　Tyr　終止　Ser　Tyr　Lys

図6.13　mRNA の読み枠

A：第1の読み枠がコードするアミノ酸配列，B：1ヌクレオチドずれた第2の読み枠がコードするアミノ酸配列，C：2ヌクレオチドずれた第3の読み枠がコードするアミノ酸配列．このうちAが開始コドンから終止コドンまで，ある程度の長さをもったポリペプチドをコードする実際の読み枠(オープンリーディングフレーム)である．読み枠がずれると，多くの場合において終止コドンが頻発し，長鎖のポリペプチド鎖をコードすることができない．

つの可能性があり，区切り方によって指定されるアミノ酸配列が異なる．この区切り方のことを**読み枠**(reading frame)といい，通常，このなかのただ一つの読み枠だけが実際にタンパク質をコードしている**オープンリーディングフレーム**(open reading frame)である．mRNA 上の開始コドンの上流にある特定の塩基配列(シャイン・ダルガーノ配列；後述)，または cap 構造がオープンリーディングフレームを規定する．

6.4.2　アミノアシル tRNA

tRNA は，翻訳過程においてアミノ酸の運搬体であるとともに，mRNA 上のコドンとアミノ酸を関連づけるアダプターとして機能している．tRNA の二次構造は，クローバー型をしていて(図6.14 a)，アンチコドンアーム

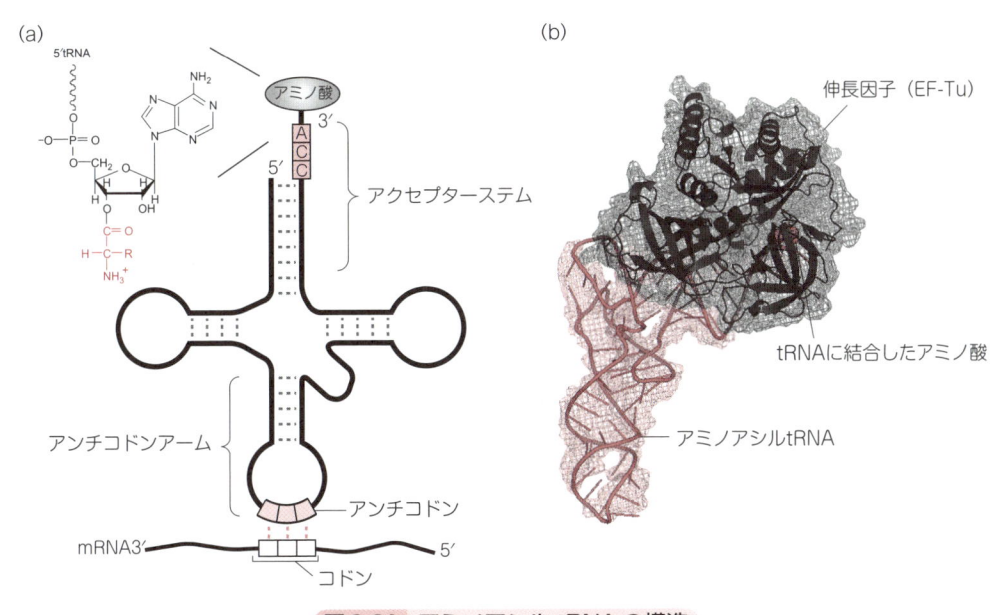

図6.14　アミノアシル tRNA の構造

(a)二次構造(クローバーモデル)．(b)伸長因子(EF-Tu)と結合したアミノアシル tRNA の立体構造．

の先端に三連塩基からなる**アンチコドン**(anticodon)をもつ．このアンチコドンはmRNA上のコドンと相補的塩基対を形成し，対合する．一方，アクセプターステムの3'末端のリボース残基の2'または3'位のヒドロキシ基には，アミノ酸がエステル結合する．細胞は，少なくとも20種類以上のtRNAをもち，それぞれの塩基配列と立体構造が異なっている．**アミノアシルtRNAシンテターゼ**(aminoacyl-tRNA synthetase)とよばれる酵素は，tRNA間の構造上の違いを識別し，特定のtRNAに正しいアミノ酸を結合させて**アミノアシルtRNA**(aminoacyl-tRNA)を合成する．特定のアミノ酸を結合したアミノアシルtRNAがそのアンチコドン部位でmRNAのコドンと塩基対を形成することにより，核酸であるmRNA上のコドンとアミノ酸が関連づけられるのである．

またtRNAは，翻訳中には**ペプチジルtRNA**(peptidyl-tRNA)となり，合成中のペプチド鎖をリボソーム上で一時的に保持する役割も果たしている．

Column

ES細胞とiPS細胞──体細胞との違いは？

どんな多細胞生物も，その始まりは1個の受精卵である．私たちヒトも，受精卵が細胞分裂を繰り返した結果，約60兆個の細胞をもつ成人になる．しかし，細胞はただ分裂を繰り返して増えるだけでなく，それぞれ異なる機能をもった体細胞へと分化していく．受精卵はどんな種類の細胞にもなりうる能力(分化全能性，第7章も参照)をもつ．

ヒトの場合，受精卵が胚盤胞という百数十個の細胞になるまでの間，この分化全能性が維持されている．この時点の胚盤胞の内部細胞を取りだし培養すると，培養条件によってさまざまな種類の細胞へと分化させることができる．この分化多能性を秘めた細胞を，ES細胞(embryonic stem cells，胚性幹細胞)とよぶ．例えば再生医療においては，ES細胞を使って身体の一部をつくり，それを移植できると考えられ，ES細胞に大きな期待が抱かれている．しかし，受精卵を用いるこの方法は，大きな倫理的問題をはらんでいる．

ES細胞も体細胞も，もっている遺伝情報(ゲノム)は同じだが，通常，体細胞(例えば皮膚の細胞)を取りだして培養しても，神経細胞や筋肉細胞などの他の細胞になることはない．この違いはどこにあるのだろうか．

京都大学の山中らはこの問題に取り組み，2006年にマウス体細胞に4個の遺伝子(*Oct3/4, Sox2, Klf4, c-Myc*)を導入すると，ES細胞のような分化多能性をもつ細胞へと変えられることを明らかにし，さらに2007年にはヒト細胞でも成功した．この細胞を，iPS細胞(induced pluripotent stem cells，人工多能性幹細胞)とよぶ．iPS細胞は，ES細胞と違って受精卵を使わないため，倫理的問題が少なく，医療分野での実用が期待されている．

また，S. Dingらのグループは，山中らが明らかにした遺伝子からつくられるタンパク質を細胞に導入してもiPS細胞化が起こることを2009年に発表している．

山中らが細胞に導入した4個の遺伝子のうちの3個(*Oct3/4, Sox2, Klf4*)は，遺伝子の転写を調節する転写因子の遺伝子である．この研究結果は，どの遺伝子をいつ発現するかによって細胞の機能や性質が大きく変化すること，つまり，生物にとってはゲノム上の遺伝情報だけでなく遺伝子情報の発現調節こそが非常に重要であることを示すものである．

6.4.3 リボソームの構造

タンパク質合成の場所である**リボソーム**(ribosome)は，種々のタンパク質とrRNAからなる複合体(リボ核タンパク質)で，非常に大きな構造体である(図6.15).

原核生物のリボソームは50Sの大サブユニットと30Sの小サブユニットからなり[*13]，分子量が250万にもなる(図1.4も参照)．真核細胞のリボソームの分子量は約420万と，原核細胞のものより大きい．この二つのサブユニットは翻訳開始時に会合し，終了後に二つに解離する．

大サブユニットには，ポリペプチド鎖合成を触媒する**ペプチジルトランスフェラーゼ**(peptidyltransferase)活性部位と，合成されたポリペプチド鎖が通るトンネルが存在する．一方，mRNAの結合部位は小サブユニットにある．tRNA結合部位は両サブユニットにまたがって3カ所存在し，それぞれA(aminoacyl)部位，P(peptidyl)部位，E(exit)部位とよばれる．A部位にはアミノアシルtRNAが結合し，P部位には伸長中のペプチド鎖を保持したペプチジルtRNAが結合する．E部位には，ペプチド鎖を失ったtRNAがリボソームから排出されるまで一次的に結合する．

[*13] 50Sや30SのSは沈降係数とよばれ，遠心機で溶液に加速度を加えたときの溶質の移動速度を表す．分子や微粒子の大きさを示す値として用いられている．

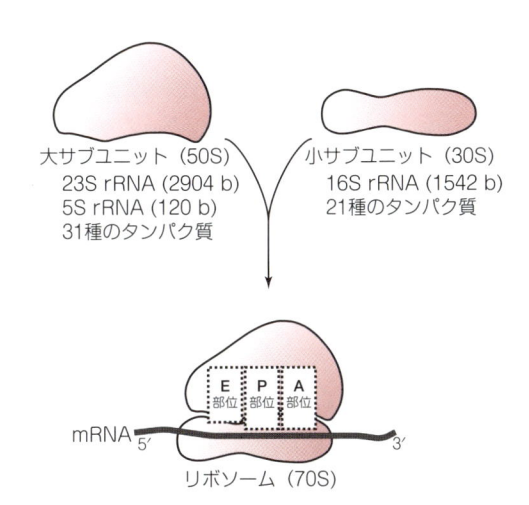

図6.15 大腸菌リボソームの構造
リボソームは大小の二つのサブユニットからなり，それぞれのサブユニットはrRNAとタンパク質を含んでいる．

6.4.4 翻訳過程

mRNA，アミノアシルtRNA，リボソームからどのようにしてタンパク質は合成されるのであろうか．翻訳過程は，**翻訳開始**(initiation)，**ペプチド鎖の伸長**(elongation)，**翻訳終結**(termination)の三つの過程からなる(図6.16).

(a)翻訳開始

リボソームの小サブユニット，mRNA，開始tRNAが複合体を形成し，

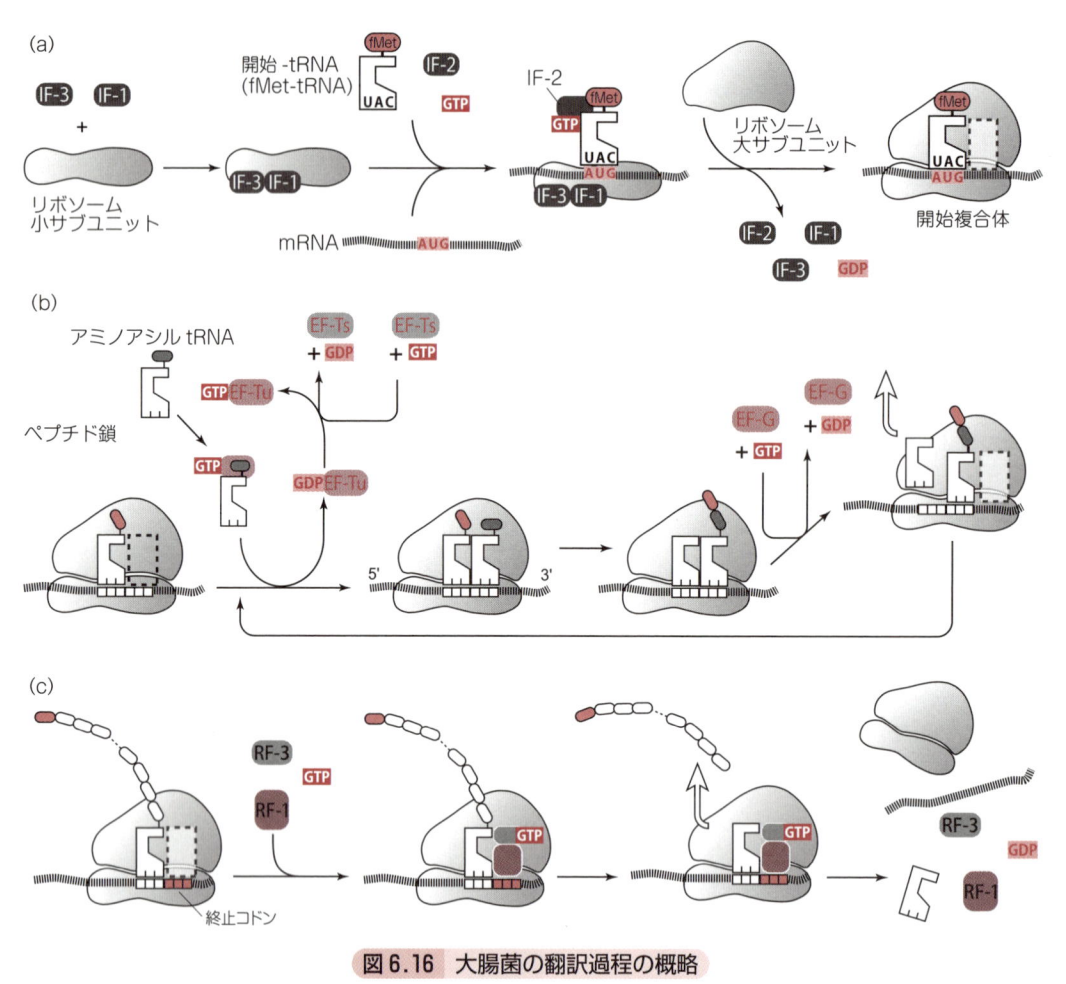

図6.16 大腸菌の翻訳過程の概略

(a)翻訳開始過程，(b)ペプチド鎖の伸長過程，(c)翻訳終結過程．IF：開始因子，EF-Ts/EF-Tu/EF-G：伸長因子，RF：終結因子を表す．

これにリボソームの大サブユニットが結合して開始複合体ができる（図6.16a）．このとき，**開始因子**(initiation factor；IF)とよばれるいくつかのタンパク質がこの複合体の形成を助ける．開始 tRNA は，翻訳開始時のみに使用される特別な tRNA で，原核生物においては N-ホルミルメチオニン tRNA（tRNA^{fMet}）であり，真核生物ではメチオニン tRNA（tRNA^{Met}）である．これらの開始 tRNA は開始コドン AUG を認識するが，ペプチド鎖内部のメチオニンをコードする AUG は認識しない．これらの開始 tRNA はリボソームの P 部位に結合する．

ではリボソームは，どれが開始コドンかをどのようにして見分けているのだろうか．原核生物では，リボソーム小サブユニットが**シャイン・ダルガーノ配列**(Shine-Dalgarno sequence)とよばれる mRNA 上の塩基配列を認識・結合し，この配列のすぐ後の AUG を開始コドンとして認識している．一方，

真核生物ではmRNAの5'末端のキャップ構造を目印としている．転写因子の助けを借りてmRNAの5'末端にプレ開始複合体が形成され，この複合体がmRNA上を5'→3'方向にスライドし，通常は最初のAUG配列を開始コドンとして識別する．

(b) ペプチド鎖の伸長

開始複合体が形成されると，次にmRNAの2番目のコドンに対応するアンチコドンをもつアミノアシルtRNAがリボソームのA部位に入り，mRNAと相補的塩基対を形成する．このとき正しいアミノアシルtRNAがA部位に入るには，**伸長因子**(elongation factor；EF)とよばれるタンパク質が必須である（図6.16b）．リボソームのP部位に開始メチオニンtRNA，A部位に2番目のアミノアシルtRNAが結合したところで，リボソームのペプチジルトランスフェラーゼ活性により，メチオニン残基と2番目のアミノ酸残基の間でペプチド結合が形成される[*14]．この結果，P部位のアミノアシルtRNAはアミノ酸を失い，A部位のtRNAはペプチジルtRNAとなる．

続いてリボソームは，mRNAに沿って1コドン分3'側へ移動する．このことを**トランスロケーション**(translocation)といい，この過程にも別の伸長因子が必要とされる．トランスロケーションの結果，A部位のペプチジルtRNAはP部位に移り，A部位に次のアミノアシルtRNAが結合できるようになる．ペプチド鎖を失ったtRNAはE部位を経てリボソームから排出される．

以上のような，ペプチド結合形成反応・トランスロケーション・新たなアミノアシルtRNAの結合が順次繰り返され，ペプチジルtRNA上のポリペプチド鎖は1残基ずつ長くなる．

(c) 翻訳終結

翻訳が進行し，リボソームがmRNA上の終止コドン(UGA，UAG，UAAのいずれか)に達すると翻訳は終結する．終止コドンがA部位に入ると，アミノアシルtRNAの替わりに**終結因子**(release factor；RF)とよばれるタンパク質が終止コドンを認識してA部位に結合する．終結因子の結合により，ペプチジルtRNAのポリペプチド鎖とtRNA間のエステル結合が加水分解され，ポリペプチド鎖は放出される．これと同時に，mRNAもリボソームから遊離し，リボソームも二つのサブユニットに分かれる．解離したこれらのサブユニットは，再び開始複合体を形成し，新たな翻訳を行う．

遊離したポリペプチド鎖は，折りたたみによる正しい立体構造の形成と様々な翻訳後修飾を経て成熟タンパク質となる[*15]．

[*14] この結合反応は，A部位のアミノ酸残基のアミノ基が，P部位のアミノ酸残基とtRNAのリボース間のエステル結合を求核攻撃することにより起こる．

[*15] 立体構造の折りたたみは，翻訳中にすでに開始されている．

翻訳の各過程では，高エネルギー化合物であるGTPがGDPに加水分解されることで反応が駆動される．一方，アミノアシルtRNAの合成過程ではATPがAMPへと加水分解されることでエネルギーが供給されている．タンパク質合成は，大量のエネルギーを消費する，細胞にとって負荷の大きい過程といえる．

❖ 章末問題 ❖

6-1 生物における遺伝情報の流れを説明せよ．

6-2 DNAの複製過程で働く主要な酵素の名称をあげ，それぞれの機能を説明せよ．

6-3 細胞内にある主要なRNAの名称と，その機能について説明せよ．

6-4 RNAポリメラーゼの働きにより，転写過程でDNA上の遺伝情報はRNAへコピーされる．DNA上に存在する，転写開始部位を示す特定の塩基配列の名称は何か答えよ．また，この塩基配列を認識し転写を開始させるタンパク質は何とよばれているか．

6-5 エキソンとイントロンについて説明せよ．

6-6 真核生物のmRNAはRNAポリメラーゼにより転写された後，転写後プロセシングを経て成熟mRNAとなる．この過程でどのようなことが起こるのか説明せよ．

6-7 コドンとアンチコドンおよびそれらの関係について説明せよ．

6-8 遺伝情報をもとにタンパク質を合成する翻訳過程で，主要な役割を担っている物質または構造体をあげ，それぞれの機能を説明せよ．

第7章 細胞の増殖

ヒトや多くの動物では，1個の細胞である卵を出発点とし，細胞分裂を経て，やがて複雑できわめて精巧な体ができあがる．母親から生まれた赤ちゃんは日々成長し，身長や体重が増える．これはまぎれもなく，体を構成している細胞が増えるからである．一方，大人になると成長は止まり，ほぼ一定の大きさに保たれる．これは細胞の増殖が完全に止まるからではなく，分裂と死滅が一定のバランスで保たれているからである．このように，高度に調節された細胞の分裂と増殖は生命にとってたいへん重要であり，この調節機構がうまく働かなくなると，がんのような病気が生じる．

　原核細胞でも真核細胞でも，細胞が増えていく過程，すなわち増殖は，細胞の分裂によって起こる．地球上に現存するすべての生物は，30億年以上も前に誕生した原始的生命体に始まり，以来ずっと途絶えることなく持続した細胞の成長と分裂の結果である．いいかえれば，一人のヒトの祖先をずっとさかのぼっていくことで，30億年以上も前に誕生した原始的生命体にたどり着くといっても過言ではないのである．

7.1 細胞周期

　細胞の増殖は，基本的には1個の細胞からまったく同じ2個の細胞ができあがる過程であるから，まずその細胞を構成している成分が"倍化"し，それら成分が平等に"分配"された後，2個の細胞に分裂することになる．この倍化と分裂の連続した過程を**細胞周期**(cell cycle)とよび，すべての生物における増殖の基本的仕組みである．

7.1.1　分裂の速度
　細胞周期あるいは細胞分裂の速度は，細胞の種類によって大きく異なる．

細菌などの原核細胞は，核がなく単純な構造であることから，細胞周期が1周する速度がきわめて速い．例えば大腸菌の場合，生育環境が整えばわずか20分ほどである．大腸菌の染色体（ゲノム）は環状DNA 1個のみであり，このDNAが細胞分裂に先立って複製されて2倍になる．そして，成長によって細胞の大きさも元のほぼ2倍になったとき，倍化した染色体DNAは二手に分かれ，細胞の中央に新しい細胞壁と細胞膜が形成され，2個の娘細胞ができあがる[*1]．

> [*1] 細胞分裂について記述する際は，習慣として，元の細胞から分裂して誕生した細胞を，娘細胞とよぶ．

一方，真核細胞の細胞分裂ははるかに複雑である．その主な理由の一つが，遺伝情報を担うDNAが複数の染色体に分かれていることである．この複数の染色体が細胞分裂時に間違いなく複製されて娘細胞に受け継がれるための仕組みが必要になる．さらに真核細胞には，独自のDNAをもつミトコンドリアや葉緑体，また小胞体やゴルジ体など精巧なオルガネラが多数存在する．それらすべてが倍化して，2個の娘細胞に等分に移行する必要がある．すなわち，真核細胞の細胞分裂は，核の染色体と多数のオルガネラを含む細胞質の複製と均等分配を可能にする高度に統合された機構によって行われている．

7.1.2 細胞周期の詳細

細胞周期の長さは細胞の種類によって異なる．先に述べたように，大腸菌などは20〜30分とたいへん短い．ヒトの体を構成している体細胞でも，由来する組織や器官によってその細胞周期にはかなり幅があり，毎日1回以上分裂する細胞もあれば，1年に1回しか分裂しない細胞もある．

細胞周期の過程は，細胞の分裂が始まってから終了するまでの**分裂期**（M期，mitotic phase）と，分裂が終了してから次の分裂が開始されるまでの**間期**（interphase）に分けられる（図7.1）．間期の細胞は単に大きくなるだけで

> **Topics**
> ヒトの体細胞のうち，骨髄細胞，皮膚の上皮細胞，腸管の上皮細胞などは分裂増殖が活発で，約24時間の細胞周期である．一方，肝細胞などは数ヶ月から1年と長く，神経細胞や心筋細胞のように分裂能を失っている細胞もある．

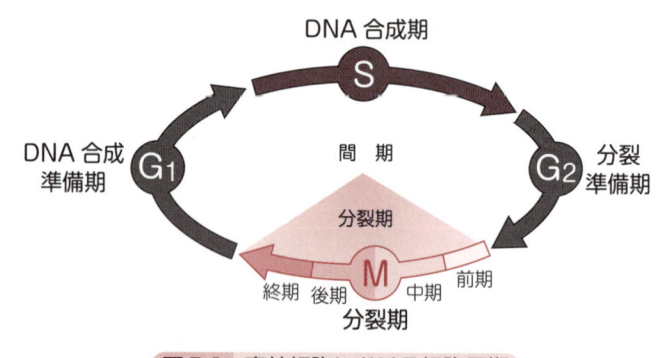

図7.1 真核細胞における細胞周期

細胞周期は，細胞が分裂を開始してから終了するまでの分裂期（M期）と，M期の終わりから次のM期までの間期からなる．間期は，DNAの複製（合成）が行われるS期，分裂終了からS期開始までのDNA合成準備期G_1期，およびDNA合成終了からM期までのG_2期に分けられる．

外見上の変化はあまり見られないが，細胞内部ではいろいろな反応が活発に行われている*2．

間期はさらに，DNA の複製が行われる **S 期**（synthetic phase, synthetic は合成の意），分裂終了から S 期が開始されるまでの DNA 合成の準備期間である **G_1 期**（G は gap, 隙間の意），DNA 合成の終了から分裂が開始されるまでの分裂準備期間である **G_2 期**に分けられる．

細胞がM期に近づくと，S期の間に複製されたDNAが徐々に凝縮して太くなっていく．染色体は長い糸状からさらに短く太くなり，個々の染色体を形成する．こうすることで染色体どうしが絡まりにくくなり，核の分裂，すなわち染色体を動かしやすい状態になる．

*2 細胞周期が 24 時間の典型的な哺乳動物の細胞の場合，M期に約1時間かかる．これは細胞周期全体から見ればかなり短い．実際に，早送りで細胞分裂を観察すると，細胞の分裂は一瞬で行われ，残りの時間，細胞は休憩しているように見える．

Column

身近にある遺伝子組換え技術

遺伝子の組換えは，正常な生命の営みのなかでも珍しくない現象である．減数分裂の際には，交差によって遺伝子組換えが起こり，遺伝的多様性を生みだす源となっている．

「遺伝子の組換え」と聞くと，人為的にある特定遺伝子を別の生物に組み込む技術のことを思い浮かべる人もいるだろう．しかし，遺伝子組換え技術はさまざまな分野で有効に用いられている．以下に，医療や農業分野での遺伝子組換え技術の実例を紹介する．

インシュリンはヒトのタンパク質性ホルモンで，糖尿病の薬として利用されている．しかし，他のヒトから治療用のインシュリンを取りだすことはできない．そこで実際は，ヒトのインシュリンをコードする遺伝子（ヒトインシュリン遺伝子）を大腸菌の DNA に挿入し（組換え DNA），この組換え大腸菌にインシュリンを大量につくらせているのである．同様の方法で，成長ホルモンや免疫系で重要な働きをするインターロイキンなどもつくられている．

農業分野では，古くから野菜や穀物の「品種改良」が行われ，人間にとって都合のよい植物が多数生みだされてきた．しかし，従来の掛け合わせによる品種改良では時間と手間がかかるため，この分野に遺伝子組換え技術が導入された．

その一例として，害虫抵抗性のトウモロコシを紹介しよう．ある種のガ（蛾）の幼虫は，トウモロコシの茎の中に入り込み茎を食い荒らして成長する．トウモロコシにとって最も深刻な害虫である．幼虫が茎の中にいる間，外から散布する殺虫剤は効かないため，駆除が困難であった．そこで開発されたのが，虫が食べると死んでしまうタンパク質をつくる遺伝子を遺伝子組換え技術によってトウモロコシに導入する方法である．この遺伝子を導入したトウモロコシの葉や茎を食べると，害虫は死んでしまう（害虫抵抗性）．もちろん，このタンパク質はガの幼虫には効くが，ウシやヒトなどの哺乳類には作用しない．

また，別の例として，除草剤耐性のダイズがある．作物を育てるうえで，雑草除去は大変な作業の一つである．そこで，ある除草剤に耐性になるような遺伝子を導入したダイズが開発された．このダイズを栽培している畑に除草剤を撒くと，雑草は枯れるがダイズは成長を続け，手間をかけずに収穫することができる．

7.2 体細胞分裂

7.2.1 有糸分裂

　遺伝的にまったく同一の娘細胞を2個つくるために，真核細胞は，複製された染色体DNAを分離し，各娘細胞に1セットずつ渡す必要がある．2倍になった染色体，すなわち同一の染色体が結合した状態を姉妹染色分体とよび，この分離を行うのが**紡錘体**(mitotic spindle)である．紡錘体はおもに微小管(紡錘糸)からなり，染色体に結合して，これらを細胞の両極へ引っ張る．動物細胞，植物細胞，単細胞生物の酵母など，真核細胞のすべての有糸分裂にこの紡錘体が関与している．

　有糸分裂にはいくつかの段階があり，連続して進行する(**図7.2**)．①**前期**(prophase)：複製された染色体が凝縮し，細胞質では紡錘体の集合が始まる．②**前中期**(prometaphase)：核膜が分散消失し始め，紡錘体の微小管が染色体に接近できるようになる．③**中期**(metaphase)：紡錘体の作用で，赤道面にすべての染色体が集合する．④**後期**(anaphase)：各染色体の姉妹染

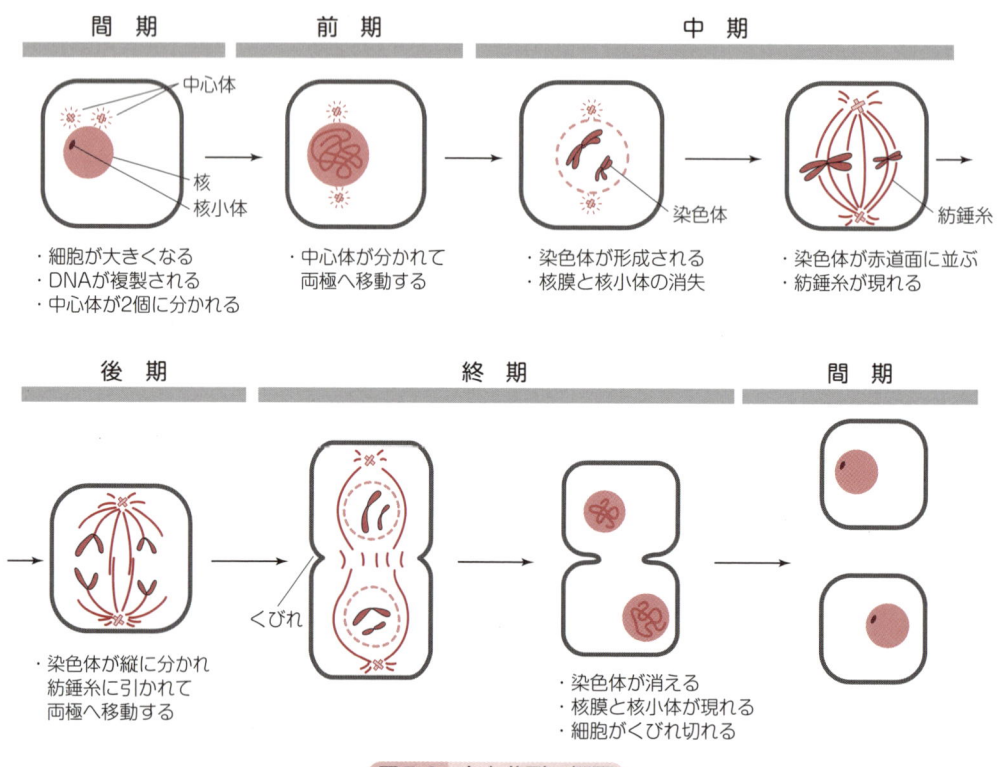

図7.2 有糸分裂の概要

　細胞の分裂期(M期)は，有糸分裂による核の分裂(核分裂)とそれに続く細胞質の分裂(細胞質分裂)とに区別される．紡錘体の働きによって進行する有糸分裂は，前期，中期，後期，終期の主に4段階からなる．

色分体が同時に分離し，紡錘体が染色分体を細胞の両極へと引き離す．⑤**終期**(telophase)：引き離されたそれぞれの染色体群を取り囲む核膜が再び形成され，2個の核ができあがる．

7.2.2 細胞質分裂

有糸分裂によって核が二つに分かれる過程と並行して，細胞のその他の成分である種々のオルガネラや膜，細胞骨格，細胞質に存在するタンパク質などの成分もそれぞれの娘細胞に分配される．この過程が**細胞質分裂**(cytokinesis)である．

動物細胞では，主にアクチン繊維とミオシン繊維からなる収縮環とよばれる一時的な構造物ができ，内部から細胞をくびり切る（左図）．収縮環は細胞質分裂が完了した後は完全に消滅する．一方，固い細胞壁をもつ植物細胞では，収縮環の関与はなく，有糸分裂の終期の開始とともに，分離した染色体の間に新しい細胞壁（細胞板）が形成され始める（図7.3）．

動物細胞と植物細胞における細胞質分裂の違いは，細胞の移動性を維持しつつ多細胞形体を構築する動物と，細胞の移動性はなく，丈夫な細胞壁で囲まれた細胞を積み上げることで多細胞を形成する植物の，戦略の違いを反映していると考えられる．

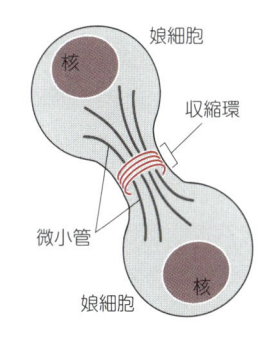

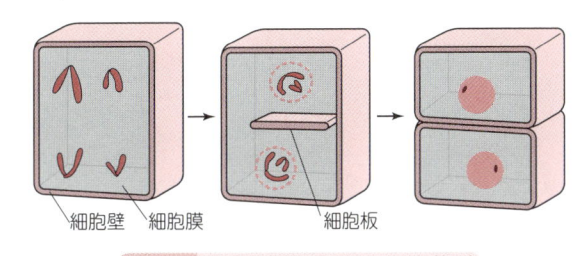

図7.3 植物細胞における細胞分裂

図にはM期の後期〜終期のみを示した．植物細胞は固い細胞壁があるため，動物細胞に見られるような収縮環はなく，有糸分裂後，新たに形成された二つの娘細胞の間に新しい細胞壁が形成され，細胞分裂が終了する．

7.3 減数分裂

7.3.1 生 殖

生殖(reproduction)は，ある生物個体が自己と似た個体を生みだすことと定義される[*3]．生殖には，**無性生殖**(asexual reproduction)と**有性生殖**(sexual reproduction)とがある．無性生殖は単純に細胞分裂により複数の個体を生みだすもので，主に細菌や原生生物などの単細胞生物に見られる[*4]．無性生殖での個体数の増加は直接的で簡単であり，遺伝的に元の個体と同一の

[*3] 単細胞生物では細胞分裂が生殖ということになる．一方，多細胞生物では，細胞分裂は発生，成長，あるいは種々の組織や器官の機能維持や更新の際に見られるが，細胞分裂が生殖，すなわち新たな個体を生みだすこととは直接的には結びつかない．多細胞生物では，個体としての生命活動を支える体細胞と，世代を越えて生命の連続性，すなわち子孫を残すための生殖細胞とに分化している．

[*4] 多細胞生物であっても，一部の植物や動物においては無性生殖で繁殖するものも存在する．

個体が生まれる．これに対して有性生殖では，2個体の遺伝子が混ざり合い，遺伝的に多様な新たな個体ができあがる．具体的には，雄と雌それぞれが，一倍体細胞である**配偶子**(gamete)，すなわち精子と卵を形成する．これら配偶子の融合〔**受精**(fertilization)ともいう〕の結果，新たな個体が生まれる．

7.3.2 減数分裂

体細胞分裂では，親細胞がDNAを複製により倍化した後，それを1組ずつ正確に二つの娘細胞に分配する．さらにその他の細胞質成分も二分してまったく同じように分配され，1回の分裂によって**二倍体**(diploid)の細胞が二つ生じる．一方，減数分裂は生殖細胞の形成時のみに見られる特殊な細胞分裂で，体細胞分裂とはいくつかの点で大きく異なる．減数分裂では特異な分裂過程を経て，結果として，**一倍体**(haploid)の細胞が四つ生じる(**図7.4**)．すなわち，二倍体の $2n$ から一倍体の n の細胞ができあがる．さらに，この減数分裂の過程で遺伝子の混合，すなわち遺伝子組換えが起こる．

Topics

無性生殖をする多細胞生物
動物では，ヒドラ，イソギンチャク，プラナリア，ヒトデ，ワムシ，カイムシなどが無性生殖を行う．植物では，タケ，ツクシなどの地下茎，ユリのむかご，挿し木などがある．ちなみに，「クローン」とは，ギリシャ語で「枝」の意味．

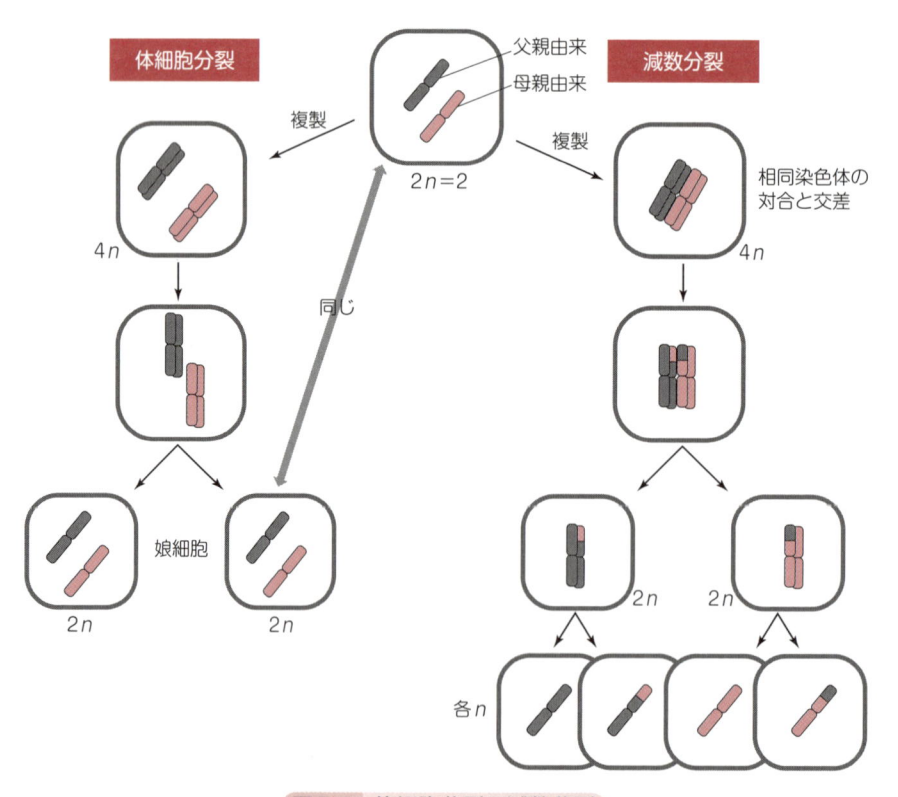

図7.4 体細胞分裂と減数分裂
体細胞分裂では，1個の二倍体細胞($2n$)から2個の二倍体細胞($2n$)が生じる．一方の減数分裂では，DNA複製の後に細胞分裂が2回起こり，1個の二倍体細胞($2n$)から4個の一倍体細胞(n)が生じる．

7.3.3 相同染色体間の交差

有性生殖をする生物の二倍体の細胞核には，父親由来と母親由来の非常によく似た染色体が一つずつ存在する．これらは遺伝的に同一ではなく，一部が異なっている．このような染色体どうしを，「よく似ているが同一ではない」という意味で，**相同染色体**(homologous chromosome)とよぶ．

生物の体を構成している多くの組織や器官の細胞において，相同染色体は完全に分離して存在している．通常の体細胞分裂では相同染色体が対合することはなく，分裂した娘細胞は父親由来の染色体と母親由来の染色体を1本ずつ受け継ぎ，元の細胞と同一の遺伝子を受け継ぐことになる(図7.4左)．一方，減数分裂では，まず体細胞分裂の過程同様，S期にDNAが複製されて染色体が倍加する．その後，母方と父方の相同染色体が対合してペアとなり，4本の染色分体からなる二価染色体が形成される．このとき，相同染色体間で染色体の混合，すなわち**交差**(chromosomal crossing-over)が起こる(図7.5)．この交差によって，染色体に並んでいる遺伝子の組合せが変化す

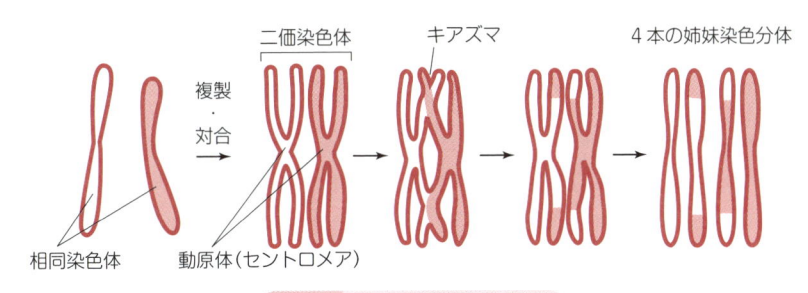

図7.5 遺伝的組換え（交差）

減数分裂の第一分裂の際に，倍化した父方と母方の相同染色体の間で交差が起こり，相同染色体の一部が交換される．これにより，父方と母方の染色体が混ざった新しい遺伝子の組合せが生じる．

Column

有性生殖が生みだす生物多様性は生き物の生き残り戦略

両親から生まれてくる子供は，父親と母親のそれぞれに似ている部分があっても同じではなく，また，姉妹兄弟間でも違いがあることから，有性生殖によって生ずる遺伝的多様性の大きさは容易に想像できるだろう．

生殖を，単に生き物が増える方法として見た場合には，無性生殖の方が直接的で有利な手段のように見える．しかし実際には，無性生殖を行う生物のほとんどは単純で原始的形態をとどめている．

地球上にはきわめて多様な生物が現存しており，その大多数の植物や動物は有性生殖で繁殖している．有性生殖が，生物の多様性を生みだす源になっているといえる．

さらに，有性生殖によって遺伝子が混ざり合い，いろいろな性質をもった個体を生みだすことで，予測不可能な環境変化に対応できる個体が生じる確率も高まり，結果として種を存続させることにつながると考えられている．

ることになり，これを**遺伝的組換え**（genetic recombination）とよぶ．この過程により，さまざまな遺伝子の組合せをもった染色体がつくられる．染色体が交差し結合した部分は**キアズマ**（chiasma）とよばれ，一般的に交差は複数箇所で起こる．その後，対合した相同染色体は紡錘体により分離され，各娘細胞にそれぞれ分配される（第一分裂）．続いて第二分裂が起き，姉妹染色体はさらに分離され，その1本ずつが細胞に分配され，結果として4個の一倍体細胞（n）ができあがる．

以上，ここまでは主に真核細胞の細胞分裂の仕組みについて述べてきた．細胞分裂は，生物が生存と成長を続けるために最も重要な過程である．動物と植物細胞の違いや体細胞分裂と減数分裂の相違点について，しっかり理解しよう．

7.4 発生と分化

発生（development）とは，受精卵という1個の細胞が分裂を繰り返し，多様で機能が異なる多数の細胞ができて一個体が生まれるまでの過程を指す[*5]．**分化**（differentiation）とは，分裂増殖で増えた細胞が特定の機能，すなわち個性をもつようになることをいう．分化の過程においては，胚細胞における特定の時期での特定の遺伝子の発現と，それにともなう細胞間相互作用や細胞移動が同時に進行する．

生物の種類は非常に多様であることから，発生の仕組みは生物種によって大きく異なると考えられていた．しかしながら，1990年以降の研究により，脊椎動物のみならず無脊椎動物の主な種も含め，その発生機構のかなりの部分が互いに類似していることがわかってきた．基礎的な仕組みが動物種間で普遍的であることから，発生生物学の研究に利用しやすいウニやハエやカエルなどを用いて得られた情報の多くを，ヒトに当てはめて考えられることがわかってきた．

7.4.1 胚の形成

受精卵は卵割[*6]によって分裂し，たくさんの細胞に分かれる．卵割の様式は動物の種類により多少異なり，ウニや両生類，哺乳類で見られるような卵全体にわたって起こるものと，鳥類や昆虫のようにある部分に偏って起こるものとがある．前者では，32～64細胞期の胚の形が桑の実に似ていることから，この時期の胚を桑実胚とよぶ．さらに細胞分裂が進み，中央に空洞（卵割腔，胞胚腔という）ができた状態を，**胞胚**（blastula）とよぶ（図7.6）．

胞胚において，外界と接する上皮層を形成している細胞のほとんどは，発生が進んでも細胞の外側に残り，表皮と神経系の前駆体である**外胚葉**（ecto-

[*5] ほとんどの動物では受精卵がふ化するまでの過程を発生といい，ヒトなど哺乳類では，母親の子宮からでるまでとなる．受精卵から個体が生まれるまでの状態を胚（embryo）という．哺乳類の後期胚は胎児（fetus）ともよばれる．

[*6] 受精卵の初期の分裂を卵割（cleavage）という．分裂と分裂の間で細胞が成長しないので，分裂ごとに細胞は小さくなる．

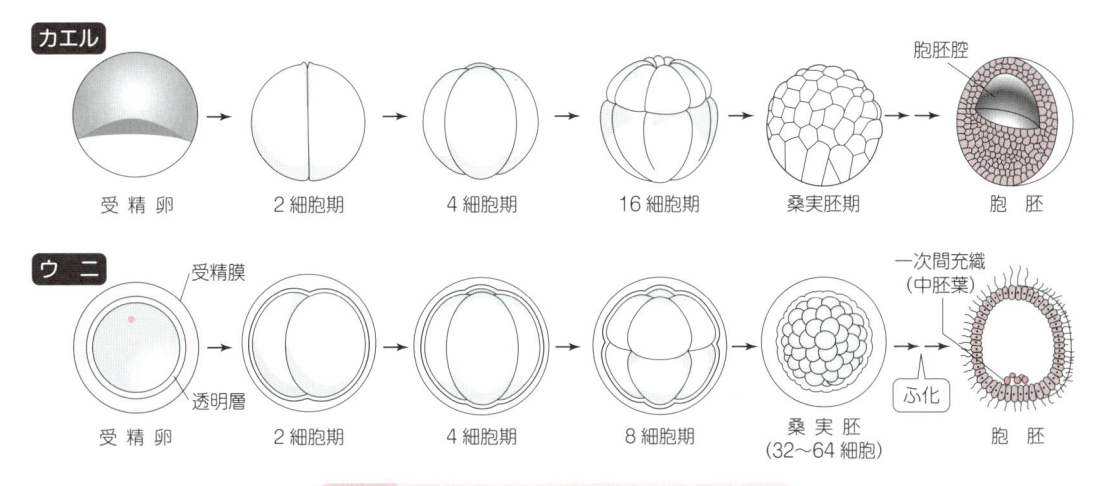

図7.6 カエルとウニの胞胚期に至る発生過程

1個の細胞である受精卵は卵割によって多細胞へと発生が進行し、桑実胚期を経て胞胚が形成される。

derm)となる。また、上皮層の一部は内側へ陥入し、消化管やその付属器官である肺や肝臓などの前駆体である**内胚葉**(endoderm)となる。他の細胞は内胚葉と外胚葉の間にある空間へと移動し、筋肉や結合組織、その他のいろいろな器官の前駆体となる**中胚葉**(mesoderm)を形成する(図7.7)。この間に胚は、ボールのような単純な細胞集団(胞胚)から、消化管などのより複雑な構造をもつ原腸胚へと移行する。この変化を**原腸形成**(gastrulation)とよぶ(図7.7a)。

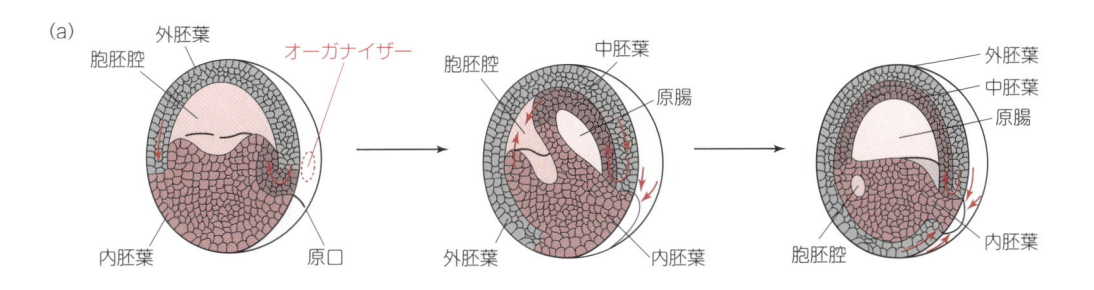

図7.7 胚の分化形成

(a)原腸形成の様子。細胞分裂が進んだ受精卵では中央部分に空洞(胞胚腔)ができ、続いて原口の陥入が起こる(赤い矢印で細胞の動きを示す)。この頃を原腸胚期といい、外胚葉、中胚葉、内胚葉が徐々に形成されていく。やがて、これらの胚葉からいろいろな器官が形成されていく。
(b)胚葉と分化組織の対応。

胚葉	発生段階	分化する器官
外胚葉	表皮	表皮
	神経管	脳・神経・脊髄・感覚器(眼、耳など)
中胚葉	脊索	退化して消失する
	体節	骨・筋肉・結合組織
	側板	循環器(心臓、血管)・腎臓・膀胱・生殖器
内胚葉	腸管	消化器(口、食道、胃、腸、肝臓)・呼吸器(肺)

動物の組織や器官は，外胚葉，中胚葉，内胚葉のいずれかに由来しており，胚葉の形成過程は，多くの動物の発生に共通した重要な特徴である．

7.4.2 発生の制御

胚発生の機構を解明する研究では，発生途中の細胞や組織を他の組織に移植したり，配置し直したり，あるいは単離したりしてその成長を観察し，それらが相互にどのように影響しているかを見いだす手法が広く行われてきた．

この手法によって1924年，シュペーマン（H. Spemann）とマンゴルド（H. Mangold）はある重要な事実を見いだした．両生類の初期原腸胚の特定部位（原口背唇部）を切り取り，これを同じ発生段階にある他の胚の，別の部位に移植したところ，そこから新しい胚が誘導され，胚は身体の一部がくっついた状態の双子（シャム双生児）へと発生することがわかったのである（図7.8）．

原口背唇部には，他の細胞組織に働きかけて分化を誘導する能力があり，そのような能力をもつ組織は**オーガナイザー**（形成体，organizer）と名づけられた．

> **Topics**
> オーガナイザーの本体は，TGF-βスーパーファミリーの仲間であるアクチビンというタンパク質因子である．アクチビンの濃度に応じて，細胞の異なる受容体が作用し，形態形成を誘導する．このような因子は，一般にモルフォゲンとよばれる．モルフォゲンは，特定の受容体を介して細胞内シグナル伝達を活性化し，遺伝子発現を誘導する．

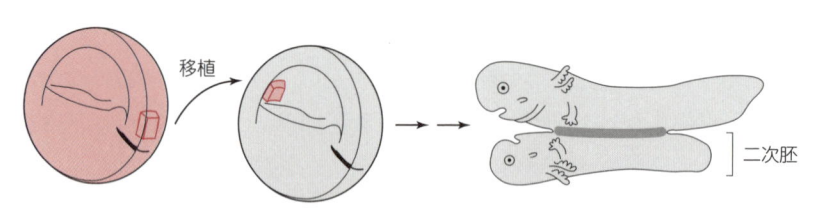

図7.8 両生類イモリを用いた胚発生の解析実験

イモリ胚の組織の一部を，同じ発生段階にある別の胚に移植したところ，移植先の組織から，もう一つの胚（二次胚）が形成された．この実験は，シュペーマンの弟子のホルトフレーター（J. Holtfreter）とハンバーガー（V. Hamburger）によって行われた．

7.4.3 胚の方向性の決定と分化の制御

受精後，受精卵内部では，ただちに将来の体の向き（方向性）が決定される．例えば，胚のどちらが頭で，どちらが尾になるのか，また，どちらが背中で，どちらが腹になるのかといった胚の向きである．動物の前後軸，背腹軸，左右軸という体軸は発生段階で決定されるが，その際に重要な役割を果たしているのが，あらかじめ卵細胞内に蓄えられている母性因子である．この母性因子に関しては，ショウジョウバエやカエルなどの発生過程で詳しく調べられている．

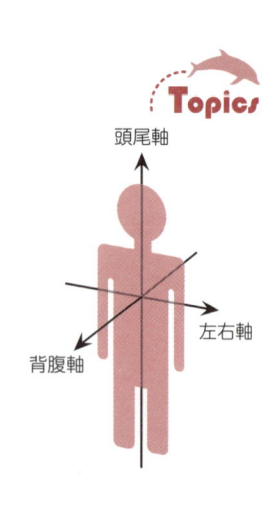

ショウジョウバエの卵では，胚の頭と尾の方向決定に関連する因子として，「ビコイド」と「ナノス」という2種類のタンパク質のmRNAが知られている．これらのmRNAは，卵細胞の両端に偏って蓄えられている（図7.9）．受精後，これらのmRNAが翻訳されると，ビコイドタンパク質とナノスタ

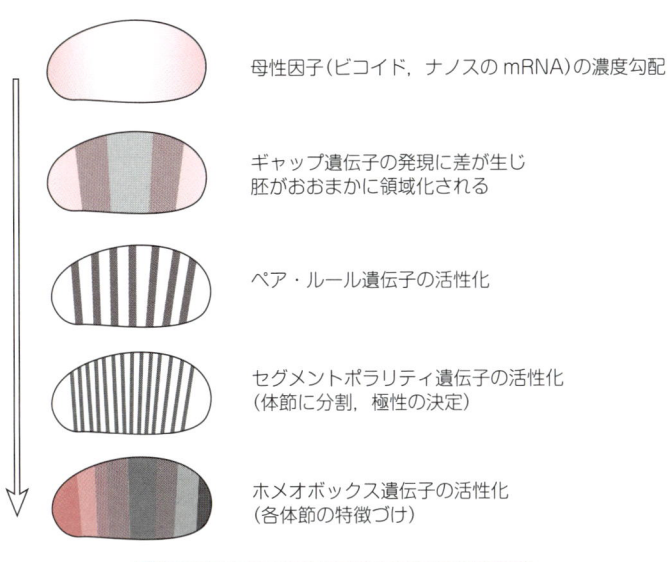

図 7.9 ショウジョウバエの胚発生機構

ショウジョウバエの胚(卵)に存在するビコイドやナノスといった母性因子の濃度勾配が，胚の特定部位での特定遺伝子の発現を促す．さらにそれら遺伝子産物の働きにより，次の遺伝子が発現し，分化(体節形成)が進行する．

ンパク質の濃度勾配が胚の長軸に沿って形成される[*7]．ビコイドとナノスは，遺伝子発現やタンパク質合成を調節する調節因子として作用するので，それらの濃度勾配に応じて，新たな遺伝子の発現やタンパク質合成が引き起こされる．

ビコイドとナノスの濃度勾配に従い，まず転写因子であるギャップ遺伝子群が発現し，胚がおおまかに領域化される．次に，このギャップ遺伝子群の発現パターンをもとにペア・ルール遺伝子群が発現し，7本の縞模様のパターンが生じる．このペア・ルール遺伝子から翻訳されたタンパク質も転写因子であり，その発現パターンをもとに，セグメントポラリティ遺伝子群の発現が，14本の縞模様のようなパターンで引き起こされる．これらの一連の遺伝子群の連続的な発現の結果，胚には14の領域が形成される．これが，成虫となったショウジョウバエに見られる，14個の基本的領域(昆虫の体節構造)のもとである(**図7.9**)．このようにして形成された14個の領域から，ショウジョウバエの体の器官がそれぞれ形成されていく．その運命を決定する因子として重要な役割を果たしているのが，ホメオボックス遺伝子とよばれる遺伝子群である．

7.4.4　ホメオボックス遺伝子

ショウジョウバエは，発生学や遺伝学の研究に古くから利用されている．ハエの成虫の体の各部分(体節)が形成される過程に遺伝的な関与が示唆され

[*7] ショウジョウバエの胚発生の初期には核のみが分裂して，それを包む細胞膜は形成されないため，胚は多核細胞(シンシチウム)になる．したがって，すべての核がひとつながりの細胞質内に存在するため，胚内で形成されたビコイドとナノスの濃度勾配に直接さらされることになる．

第7章 細胞の増殖

> **Topics**
>
> ショウジョウバエは飼いやすく，変異を導入しやすいため，遺伝子解析などの研究に適している．特に発生遺伝学の研究で重要なのは，ハエのゲノムに「遺伝子の重複」がほとんどない点である．そのため，1個の遺伝子を変異させると，変異した表現型が表れ，その機能を解析しやすいのである．

たのは，ある奇妙な変異の発見がきっかけである．ショウジョウバエの触角が生えるべき場所に脚が生えた個体や，本来は翅とは別の器官になるべきところに余分な翅が生えている変異をもった個体が見つかった．このように，体の一部が別の部分にあるべき構造に変化する変異は，**ホメオティック変異**(homeotic mutation)とよばれ，そのような変異を起こす遺伝子は，**ホメオティック遺伝子**(homeotic gene)と名づけられた．ショウジョウバエでは50個程度が知られている．

その後，詳細な遺伝子解析が行われ，これらの遺伝子産物は転写因子(タンパク質)であり，DNA に結合する共通の構造をもつことが明らかにされた．共通の構造は約60個のアミノ酸からなる配列で，この部分を**ホメオドメイン**(homeodomain)という．このアミノ酸を指定する DNA の塩基配列約180塩基も遺伝子間で共通性が高く，これを**ホメオボックス**(homeobox)という．そして，このホメオボックスを含む遺伝子群は，ホメオボックス遺伝子ファミリーと名づけられた[*8]．

ショウジョウバエのホメオティック遺伝子と相同な遺伝子は，哺乳類を含むほとんどすべての動物種で見つかっている．いくつかのホメオボックス遺伝子は染色体上で Hox とよばれるクラスター(遺伝子の並び)を構成してお

[*8] 先のホメオティック遺伝子は，ホメオボックス遺伝子ファミリーに含まれる．

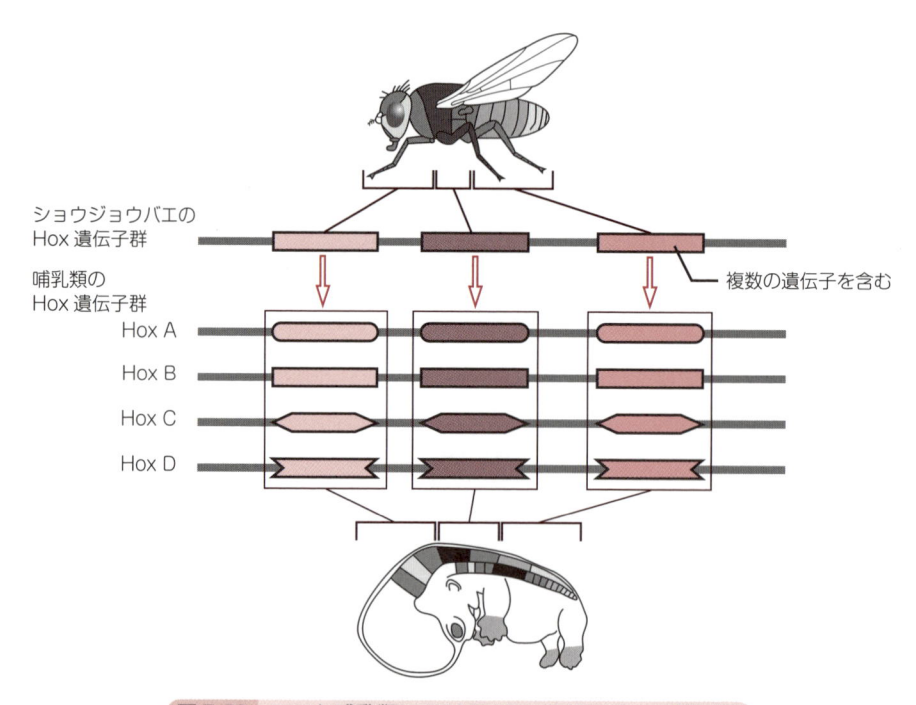

図7.10 ハエと哺乳類における Hox クラスターの模式図

ショウジョウバエにおける Hox 遺伝子群の染色体上での存在位置と，これらの遺伝子が発現するハエの体の部位(体節)の関係を模式的に示した．各カラム内には複数の Hox 遺伝子が存在する．哺乳類では，四つの Hox 遺伝子群がそれぞれ異なる染色体上に存在する．哺乳類の Hox 遺伝子の並びが，昆虫のそれと類似しているのがわかる．

り，哺乳類には HoxA～HoxD の四つの Hox クラスターが存在する．哺乳類のクラスター構造は，並んでいる個々の遺伝子がハエのそれと相同で，しかも大まかにいうと個々の遺伝子の発現部位もハエと相同である（図 7.10）．これらの発見により，ホメオボックス遺伝子は，発生と形体形成にかかわる普遍的遺伝子であることが明らかとなった．ホメオボックス遺伝子のなかにはクラスターに属さない非 Hox 型も存在しており，ホメオドメイン以外の DNA 結合ドメインをもつものと，もたないものに大別されている．ホメオボックス遺伝子はいずれも発生，分化，形態形成に重要な役割を果たしているが，母性遺伝子やセグメントポラリティ遺伝子として機能しているもの，さらに器官形成遺伝子として働くものなど多様である．

7.5 細胞死

7.5.1 アポトーシス

生物が死ぬと，その構成単位である細胞もやがて死ぬのは当然であるが，多細胞生物の体内では，生存の営みの過程で細胞の死滅が起こっている．新しい細胞と置き換わるための古い細胞の死滅，怪我や感染症にともなう死滅，

Column

小さな線虫の研究からわかったアポトーシスの仕組み

アポトーシスに関連する遺伝子群に関しては，線虫の一種 *Caenorhabditis elegans* の発生，特に細胞系譜（cell lineage）の解析から多くのことが明らかにされている．細胞系譜とは，細胞の家系図のようなものである．われわれヒトの体を構成する約 60 兆個の細胞は，すべては 1 個の受精卵に由来するので，それぞれの細胞の系譜が存在するが，実際にそれをたどることは数が多すぎて不可能である．一方，体長が 1 mm 程度の線虫では，その成虫の体を構成する細胞が全部で 958 個しかないため，系譜をたどることができる．発生の途中段階では，最多 1090 個の細胞ができるが，そのうち 132 個は正常な発生の過程で（アポトーシスにより）死んで脱落する．線虫にとって，この細胞死は正常な個体発生に必須であり，完全に決まったパターンで起こるまさに「プログラム細胞死」である．

線虫の遺伝子解析から，アポトーシスを起こす三つの遺伝子（*ced-3*, *ced-4*, *ehl-1*）の存在が明らかにされた．これらの遺伝子と相同な遺伝子が哺乳類にも見いだされている．哺乳類におけるアポトーシスは，例えばマウスの足で起こる．初めは握りこぶしのような形の組織で，指と指の間の細胞がアポトーシスで死滅することにより個々の指が形成される．また，オタマジャクシがカエルに変態する際，尾は，やはりアポトーシスにより消滅していく．このようにアポトーシスは，多くの生物の正常な営みにとってたいへん重要な過程である．

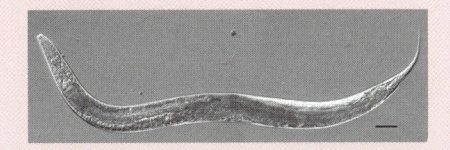

線虫 *Caenorhabditis elegans*

あるいはまた，生物個体が生き残るために，一部の細胞が自発的に死んで脱落することもある．**アポトーシス**(apoptosis)とは，細胞が自ら積極的に死ぬ現象であり，別名を**プログラム細胞死**(programmed cell death)という[*9]．これに対して，外的要因によるアクシデント的な細胞死を，**ネクローシス**(necrosis，壊死)とよぶ．

多細胞生物において，アポトーシスは不要な細胞や有害な細胞を除去するための機構である．アポトーシスを引き起こす遺伝子が発現すると，細胞の縮小やクロマチンの断片化(DNA断片化をともなう)などのアポトーシスに特有の細胞形態的変化が見られる．細胞が強いストレスやDNA損傷を感知すると，アポトーシスが誘導されることが知られており，DNAに変異が生じた細胞のがん化を抑制する防御機構の一つとして，アポトーシスが重要な機能を果たしていると考えられている．

7.5.2 アポトーシス誘導機構

ヒトなど哺乳類において最もよく知られているアポトーシス誘導機構の一つが，細胞表層のFas受容体にFasリガンドが結合して進行する，デス(death)リガンド-受容体系が関与するものである．Fasリガンドや腫瘍壊死因子(TNF)などが受容体に結合すると，受容体の細胞質側に存在するデスドメインを介して**カスパーゼ**(caspase)[*10]とよばれるタンパク質分解酵素が活性化され，さらに別のカスパーゼが活性化される(カスパーゼカスケード)．Fasの場合は，まずカスパーゼ8が活性化され，次いでアポトーシス実行因子であるカスパーゼ3が活性化される．最終段階ではカスパーゼ依存性のDNA分解酵素が活性化され，DNAの断片化が引き起こされる．

もう一つの主要なアポトーシス誘導経路は，ミトコンドリアからシトクロム c (5.2.6も参照)というタンパク質が細胞質に放出され，これがカスパーゼ系を活性化するものである．この経路はDNA損傷などのストレス応答に関連すると考えられている．

7.6 がん

7.6.1 がんとはどのような病気か

多細胞生物は，いろいろな組織や器官から1個体(生物)が形成されており，その生存のためには，個々の細胞が細胞集団の一員としての社会的秩序を保ち，互いの情報交換を介してその挙動が統合されていることが必須となる．個体の必要に応じて，ある細胞は分裂し，またある細胞は休止し，また場合によっては死滅する必要がある．

数十兆の細胞からなるヒトの体においては，ごくまれに一部の細胞に変異

[*9] apoptosisは，ギリシャ語のapo(離れる)とptosis(落ちる)からの合成語で，「葉が枝から落ちる」という意味．

[*10] caspaseは cysteine aspartate-specific protease に由来する．これまでに14種類のカスパーゼが発見されており，発見順に番号が付けられているので，必ずしもカスケードにおける作用順とは一致しない．

カスパーゼカスケード
タンパク質分解酵素系を介した細胞内シグナル伝達機構，プロテアーゼカスケードの一例．

Topics
成長期の若い動物では，細胞増殖が盛んである．死んで脱落する細胞を上回る数の細胞が生まれるので，体は大きく成長する．成熟すると細胞の誕生と死が釣り合って，定常状態に保たれる．

が生じ，元の細胞とは異なる性質をもった細胞が誕生することがある．そのような変異細胞が，調節を受けずに無秩序に成長分裂する性質を獲得すると，無限に成長を続ける細胞の塊ができる．この塊を**腫瘍**(tumor)あるいは**新生物**(neoplasm)とよぶ．

7.6.2 がん細胞の性質

がんの原因となるがん細胞は，その重要な特性として，調節や抑制を受けずに増殖し(増殖能力)，他の細胞の領域にまで侵入して，そこでさらに増殖する能力(浸潤能力)をもつ．変異した異常な細胞でも，細胞増殖速度が正常細胞と同等で，特定の領域に限定して存在する場合には，特に大きな害がない．制御を受けずに増殖し続けると腫瘍となるが，1個の塊としてとどまっている場合は**良性腫瘍**(benign tumor)であり，この段階で外科的に切除すれば，通常完治し，大事には至らない．しかし，腫瘍細胞の一部が塊本体から離脱し，血流やリンパ管を介して体の他の組織に移行し，そこで新たに腫瘍塊を形成する**転移**(metastasis)能力を獲得した時，病的状態である**がん**(cancer，悪性腫瘍)と見なされる(**図7.11**)．

がん細胞が転移によって広範囲に広がると，その治療はきわめて難しくなる．悪性腫瘍の細胞は，一般に遺伝的に不安定であり，悪性化が進むと染色体の変化が起こり，転移しやすくなるなど形質も次第に変化する．ある特定の組織中において，がん細胞は，細胞質に比べて核が大きい，核小体が目立つ，特有の構造が少ないなど，成長速度が速い細胞に見られる特徴をもつこ

がん

変異細胞(がん細胞)によって引き起こされる病気．変異細胞は，発がん因子などの影響で正常な細胞が遺伝的変異を起こすことで生まれる．このような変異細胞が周囲の正常細胞を押しのけて増殖し，さらに血管やリンパ管などを介して他の組織や臓器に移転，そこでさらに増殖することで，ついには本来の生物の機能に障害を与え，やがて生物個体全体の生命活動が脅かされる．

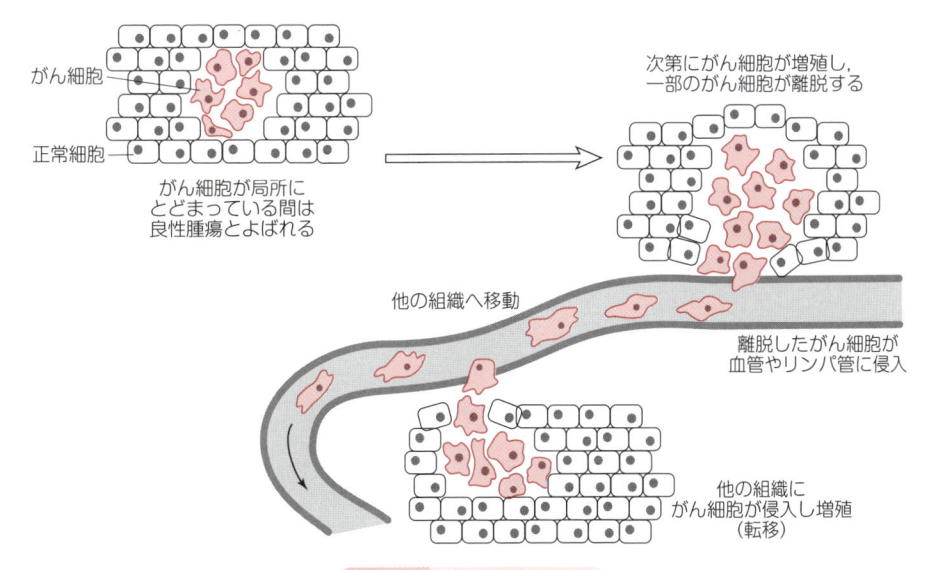

図7.11 がん細胞の転移

ある特定の組織で出現したがん細胞の一部が，血管やリンパ管を介して他の組織へ移動し，そこで新たに腫瘍を形成する．

とで識別される．したがって，組織切片の顕微鏡観察において，正常な組織に浸潤している細胞があれば，悪性化したがん細胞であると診断することができる．

がんは，由来する細胞や組織により分類される．上皮細胞から生ずるがんを**がん腫**(carcinoma)，結合組織や筋細胞から生ずるがんを**肉腫**(sarcoma)とよぶ．これ以外のどちらにも該当しない造血細胞由来の**白血病**(leukemia)や神経系の細胞由来のがんもある．ヒトにおけるがんの90%は上皮細胞由来のがん腫であるといわれている．その理由として，体内での細胞分裂増殖のほとんどが上皮組織で起こっていること，さらに上皮組織ではがんの発生を誘導する種々の物理的および化学的刺激をより頻繁に受けやすいためと考えられている．

7.6.3 がん細胞が生まれる過程

多くの場合，がんは正常細胞の変異によって生じた1個の異常な細胞に由来する．転移したがんでも，通常その起源を1個の**原発腫瘍**(primary tumor)までたどることができる．ヒトにおいては，一生に約 10^{16} 回の細胞分裂が起こると推定されている．統計的な解析から，一生の間に遺伝子に起こる変異の回数は 10^{10} 回となるが，実際には，この変異の頻度を反映するほどがんにはならず，単純に1回の変異だけではなかなかがんにはならないと考えるのが妥当である．がんの発生には，複数の変異が1個の細胞に重なって起こる必要があると考えられている．

この考えを支持する事実として，年齢とがん発生の関係がある(図7.12)．仮に遺伝子に生じる1回の変異ががんの原因だとすると，がんの発生率は年齢とは無関係のはずであるが，実際はほとんどのがんで，発生率は年齢とと

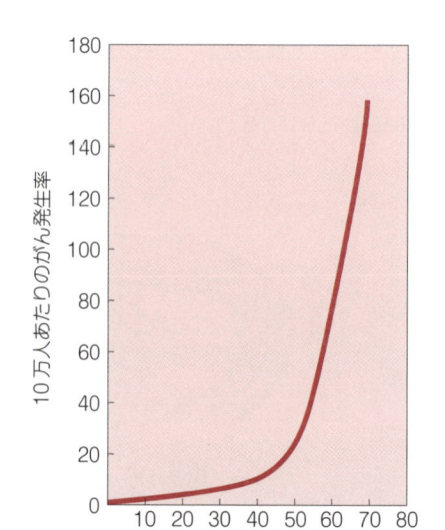

Topics

腫瘍細胞の染色体を解析すると，ほとんどのがん細胞で染色体の異常と再編成が見られる．たとえば慢性骨髄性白血病患者の異常白血球のDNA配列の変異した部分を調べると，一人の患者由来ならどの白血病細胞も同じ変異をもっている．このことから，変異細胞が1個の細胞に由来することが理解できる．

図7.12 がんの発生率と年齢の関係

横軸に年齢を，縦軸にその年齢ごとのがん患者の総数を示す．〔C. Muir et al., "Cancer Incidence in Five Continents, Vol. V," Lyon: International Agency for Research on Cancer (1987)より，Oxford University Press の許可を得て転載〕

もに上昇する．加齢と発がん率の関係には加齢による免疫力低下も大きく影響すると考えられているが，モデル動物実験においても，単一遺伝子の変異ではがんの発生に不十分であることが確認されている．

がんの発生には，おそらく10以上の遺伝子の変異が必要と考えられている．発がん物質などにさらされた場合でも，ただちにがんを発症するようなことはない．一般にはかなり時間がたった後に，がんとしての症状が顕在化する．肺がんの発生率も，喫煙を始めてから数十年後に急激に上昇するといわれている．また，原子爆弾が投下された広島や長崎における白血病の発生率は，原爆投下から約5年が経過してから徐々に上昇したといわれている．

がんでは，1個の変異細胞から生じた異常な細胞集団が，変異と淘汰を繰り返すことで次第に悪性化していくと考えられている（図7.13）．この変異を繰り返していく過程にはかなりの時間が必要であり，がんが発症する前に別の病気で死亡する場合もある．したがって，正常な生物個体中でがんが発症するには，偶発的な複数の変異と，さまざまな生体内の調節機構や防御機構から逃れること必要であり，本来，生体内においてがんは簡単には発生しないと考えられる．

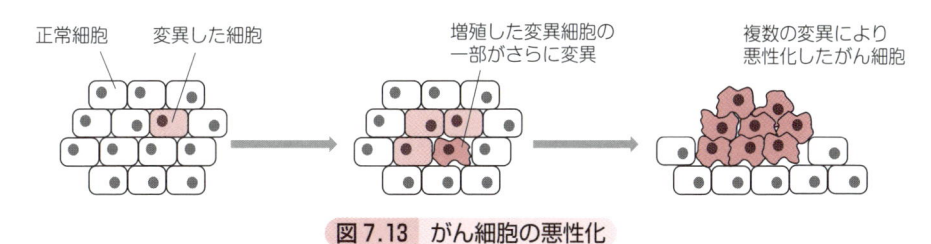

図7.13　がん細胞の悪性化
複数の変異が生じることで，がん細胞は次第に悪性化していく．

7.6.4　がんの原因

がんのきっかけとなる要因はさまざまだが，共通している点は，DNAに損傷を与え変異を起こさせる因子ということである．この変異誘導因子として，ウイルス，発がん性化学物質，放射線の三つがある[*11]．これらの因子により変異を受けた，あるいは活性化された特定の遺伝子のうち，がんの発症に関連する遺伝子を，がん遺伝子という．

(a) ウイルス（ヒト腫瘍ウイルス）

レトロウイルス（RNAウイルス）であるヒトT細胞白血病ウイルス（HTLV）の感染は，成人T細胞性白血病の発症に関連する．ヒト免疫不全ウイルス（HIV）は，後天性免疫不全症候群（エイズ）を引き起こし（第8章を参照），カポジ肉腫というまれながんの発生を促進することが知られている．また，B型肝炎ウイルスへの感染が多い地域（アフリカや東南アジア）では，

*11 がんは必ず遺伝的変異をともない，この変異の原因をがんの原因と考えることができる．ここにあげた三つの因子によって変異が誘発され，結果としてがん遺伝子が働きだし，がんになると考えられている．

肝がんの発症率が高いとする疫学調査結果がある．

ウイルスに感染してからがんが発症するまでに何年もかかるので，ウイルスがかんの発生にどのように関与するか解明するのは難しい場合が多い．また，ウイルス以外の環境要因や遺伝子の偶発的変異がかかわることも多く，その因果関係の解明を一層難しくしている．

ヒト以外の動物においては複数の RNA 腫瘍ウイルスや DNA 腫瘍ウイルスが知られているが，ヒトのがんの大部分には，直接ウイルスは関与していないとされる．

ウイルス以外にも，ヘリコバクターピロリという細菌の感染は胃に潰瘍を引き起こし，それが胃がんの原因になるとの指摘もある．

(b) 化学発がん物質

ウイルスはヒトのがんのごく一部の原因であるのにすぎないのに対して，ヒトのがんの90%以上は何らかの化学物質，すなわち**化学発がん物質**（chemical carcinogen）によって起こると考えられている．

代表的な物質として，芳香族アミン，ニトロソアミン類，マスタードガスなどのアルキル化剤がある．これらの化学物質は共通して遺伝子に変異を起こす．変異原性を調べる簡便な方法として，細菌を用いたエイムズ試験（図7.14）がしばしば行われる．このエイムズ試験で変異原性ありと判定された物質は，ほとんどの場合，哺乳動物の細胞にも変異や染色体異常を引き起こし，発がん物質のほとんどが変異原性を示すことが明らかにされている．

発がん物質のなかには，生体内で代謝されることで，より反応性の高い物質へと変化するものもある．このような代謝過程には，特にシトクロム P-450 酸化酵素が関与する．通常，この酵素は有毒物質を解毒する役割を

化学発がん物質
実験動物の皮膚に繰り返し塗布したり，餌に混ぜて与えたりしたとき，発がん性を示す化学物質．

変異原性
DNA や染色体など，生物の遺伝情報に変化を引き起こす物質や物理的作用（放射線など）を変異原（mutagen）といい，そのような作用や性質を変異原性（mutagenicity）という．変異原によってもたらされるさまざまな遺伝形質の変化（変異）の表現型の一つが発がんであり，その他には奇形や遺伝病などがある．つまり，変異原性の一部を発がん性と考える．

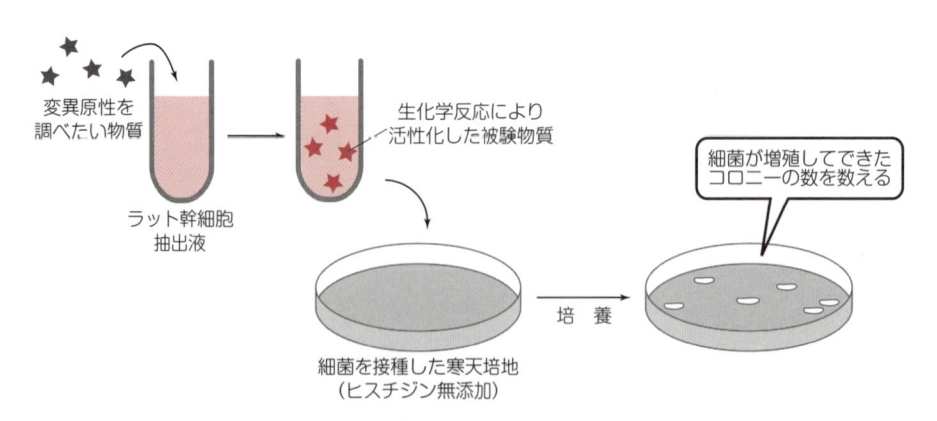

図7.14 変異原性を調べるエイムズ試験

遺伝的欠損により，ヒスチジンのない培地では生育できないサルモネラ菌を用いる．この菌に変異原物質を与えると，その影響によりヒスチジン非依存性に変異したサルモネラ菌株だけがヒスチジンなしの培地でコロニーを形成する．コロニーは肉眼で数えることができる．

担っているが，この酵素の作用によって，より変異原性の高い物質へ変化する物質がある．このような物質の例として，穀物やピーナッツに発生するカビが産生するカビ毒素であるアフラトキシン B1 や，コールタールやタバコの煙に含まれるベンツピレンがある（図 7.15）．

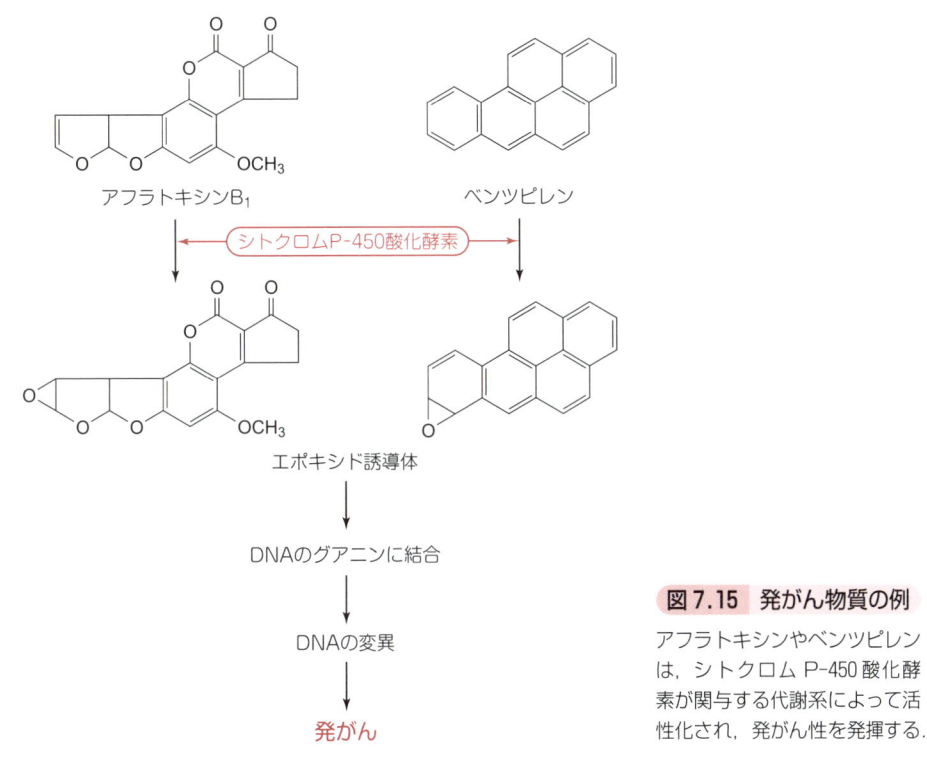

図 7.15 発がん物質の例
アフラトキシンやベンツピレンは，シトクロム P-450 酸化酵素が関与する代謝系によって活性化され，発がん性を発揮する．

多くの動物実験から，発がん物質のすべてが変異原性をもつわけではないことがわかってきた．通常，発がん物質が一度作用しただけでは腫瘍の発生や異常は生じないが，外見には現れない遺伝子の損傷が起こっており，そこにさらに同じ物質が繰り返し作用する，あるいは別の物質が作用することでがんの発生率が大幅に増すことがある．このような場合，最初の変異を引き

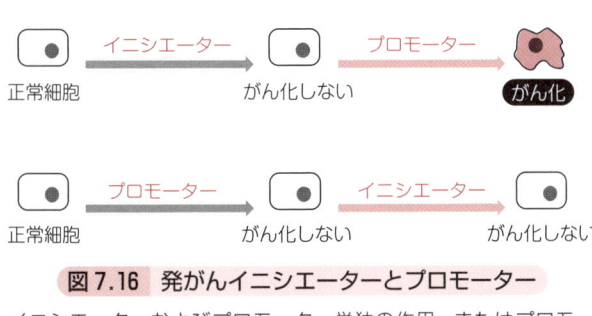

図 7.16 発がんイニシエーターとプロモーター
イニシエーターおよびプロモーター単独の作用，またはプロモーターが先に作用した場合はがん化に至らない．イニシエーターが最初に作用し，その後にプロモーターが作用した場合にはがん化する．

Topics

がんは遺伝子の変異が原因であるから，変異の原因となる因子にさらされる機会を減らすことが予防につながる．特にタバコは最も危険性が高い発がん因子を含み，「禁煙はがんの最大の予防」ともいわれる．日常的には，過度の日光に当たらない（紫外線は皮膚がんの原因因子），偏食せずバランスの取れた食事をする，塩分を取りすぎない，カビの生えたもの（発がん物質を含む可能性がある）は食べない，食物繊維を取る（発がん因子の除去），適度に野菜や果物を取る（ビタミン類や色素が活性酸素を消去），などを心がけると良いようである．

Topics

南極付近のオゾン層の破壊により，地上に届く紫外線量が増加している．この影響でオーストラリアで皮膚がんが多発し，問題となっている．

起こす発がん物質を，**発がんイニシエーター**（tumor initiator）とよぶ．あらかじめこのような発がんイニシエーターにさらされていると，単に傷などの物理的刺激が加わっただけで，がんへと発展することがある．また，発がんイニシエーターにさらされた部位が，さらに**発がんプロモーター**（tumor promoter）とよばれる，それ自身には変異原性がない物質に繰り返しさらされると，がんが発生する（図 7.16）．このような発がんプロモーターとして，ホルボールエステルがある．発がんプロモーターは細胞内のシグナル伝達経路を刺激し，細胞分裂を促進する作用があると考えられている．

発がんイニシエーターによる遺伝子の不可逆的な損傷は長期的に細胞内に残り，そこへ発がんプロモーターが作用するとがんが発生しうる．

(c) 放 射 線

DNA の構造を変化させる危険な放射線として，「紫外線（UV）」と「イオン化放射線（X線と粒子線）」の 2 種類がある．どちらの放射線も動物にがんを引き起こすことがわかっている．ある波長の紫外線は DNA に吸収され，DNA の構造変化を引き起こす．よく知られた例は，DNA 鎖中の隣接するピリミジン残基どうしが二量体を形成する現象である．この二量体は DNA の転写および複製を阻害する（第 9 章を参照）．

紫外線はヒトに皮膚がんを引き起こすことが知られている．黒色人種は皮膚の色素が紫外線を遮るので，白色人種より皮膚がんになりにくい．黄色人種の日本人も白人に比べると発がん率は低いとされている．また，日射が強い地域では皮膚がんが起こりやすい．

イオン化放射線は，DNA 鎖を切断する．特にイオン化放射線がヒトに白血病を引き起こすことは，第二次世界大戦で広島や長崎に原子爆弾が投下された後，白血病患者が多発したことからも明らかである．

7.6.5 がん関連遺伝子（がん遺伝子）

がんウイルスの研究から，がんを引き起こす特異的遺伝子の存在が推定された．実際，RNA 型がんウイルスの研究において，ウイルスの遺伝子の一部が感染細胞の DNA に組み込まれて発現すると，細胞はがん細胞の表現型をもつように変化したのである．しかし，その後この遺伝子とほとんど同じ塩基配列をもつ遺伝子が正常細胞にも存在することがわかった．従って，もともと正常細胞にあった，ある特定の遺伝子が変異によって**がん遺伝子**（oncogene）に変化することでがんが発生すると考えられている．このようながんの発生に関連した変異遺伝子は，**がん関連遺伝子**（cancer-critical gene）とよばれる．

がん関連遺伝子は 2 種類に大別される．一つは，**原がん遺伝子**あるいはが

ん原遺伝子(proto-oncogene)であり，これらの遺伝子の発現により細胞ががん化する．原がん遺伝子の変異によりがん遺伝子ができあがり，その遺伝子産物の過剰な発現が，異常な細胞増殖を引き起こすのである．一方は，**がん抑制遺伝子**(tumor suppressor gene)である．がん抑制遺伝子は本来，細胞数を正常に保つ役割を担う遺伝子であるが，この遺伝子の機能が欠損するような変異により，細胞増殖を抑止する機構が消失あるいは低下する結果，がん細胞が異常に増殖するようになる．

がん遺伝子のほとんどが成長制御遺伝子に由来しており，それらは成長因子，成長因子の受容体，成長因子の刺激を細胞内に伝える細胞内トランスデューサー，核内転写制御因子の四つに分類できる．がん抑制遺伝子としては，Rb 遺伝子や $p53$ 遺伝子が知られている．Rb 遺伝子産物である Rb タンパク質[*12]は細胞周期，特に S 期への進行の調節にかかわっている．$p53$ 遺伝子はヒトのがんで最も重要な遺伝子といわれており，その産物は p53 タンパク質(発見当初その分子量が 53,000 であったことからの命名)である(図7.17)．このがん抑制遺伝子は，がん患者のおよそ半数で変異が起こっているといわれている．p53 活性の欠損は，がんのリスクを高めることになる．

[*12] 一般に特定の遺伝子はイタリック(ここでは $p53$ や Rb)で示し，その遺伝子産物であるタンパク質はそれぞれ p53 及び Rb となる．

Column

がんをいかに治療するか

がんは，外部から侵入するウイルスや細菌とは異なり，自分自身の細胞に由来することから，がん細胞だけを選択的に殺すことが難しい．

がんがまだ転移していない場合は，外科的手術による除去や放射線照射による治療が有効である．がんが転移した場合や外科的除去が困難な小さながんに対しては，制がん剤による化学療法が行われる．正常細胞に比べ，がん細胞では細胞分裂がより活発なため，細胞分裂を邪魔する「DNA 合成阻害剤」や「細胞分裂阻害剤」が効果的と考えられている．しかし，造血組織や消化管，発毛組織などは普段から比較的活発に分裂しており，当然これらの細胞に対しても制がん剤は作用し，免疫不全，吐き気，脱毛など重い副作用をもたらす．さらに，特定の抗がん剤にさらされたがん細胞は，その薬剤だけでなく他の薬剤に対する耐性をも獲得することがある．この多剤耐性(multidrug resistance)化もしばしば治療を困難にしている．現在，従来の制がん剤による治療の問題点を克服するさまざまな治療法が開発されつつある．

がん細胞には，正常細胞にはない何らかの遺伝的変異が起こっていることから，その変異した遺伝子あるいはその変異の結果としてもたらされるがん細胞の特性に基づいて，モノクローナル抗体やウイルスを利用して，がん細胞を選択的に攻撃する化学療法も試みられている．その他にも，遺伝子導入やがん細胞特異的タンパク質を標的とした小分子設計などの試みがある．現在では，がん細胞を遺伝子レベルで詳細に調べられるようになったため，将来的には個々の患者に合わせた，選択的で効果的なテーラーメード医療が可能になると考えられる．

がん細胞に直接作用する方法以外にも，有望な治療法がある．腫瘍細胞が増殖するためには，新しい血管(新生血管)が必要になる．つまり，血管新生を阻止すれば，腫瘍の増殖を抑制できると考えられる．この戦略に沿った血管新生阻害剤の臨床実験が進行中である．

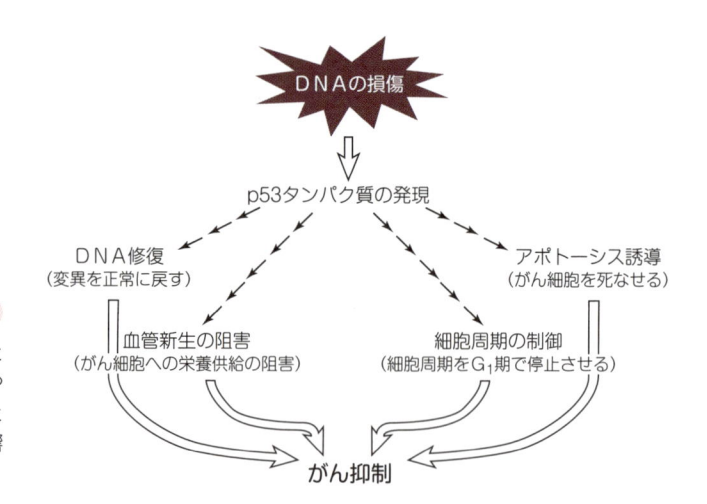

図 7.17　p53 タンパク質の影響

p53 タンパク質は，正常状態ではほとんど発現していないが，DNA 損傷やその他の生理的ストレスを感知すると発現レベルが上昇し，さまざまな影響を及ぼす．

さらに，正常細胞にがん遺伝子を発現させると，p53 に依存したアポトーシスや細胞老化が誘導されることが見いだされた．このように，がん遺伝子が活性化した細胞を排除することで，p53 はがんを抑制していることが明らかにされつつある．

7.7　クローン動物

7.7.1　クローン動物とは

ヒトなど多くの動物は生殖によって精子と卵子が受精し，受精卵は分裂を繰り返し，発生と分化という過程を経て，最終的には新しい個体が誕生する．これを有性生殖とよぶが，この場合，子供は父方と母方の遺伝子の両方を受け継ぐことになり，遺伝的に元の親とは異なる個体が誕生することになる．生物界には，無性生殖といって，精子や卵子などの生殖細胞を使わずに，体細胞によって新たな個体を増やす仕組みをもつ生物も多数存在する．例えば，単細胞生物が分裂によって増殖したり，植物が胞子によって増える場合であり，動物ではミツバチ，アブラムシ，ミジンコなども無性生殖で増えることが知られている．無性生殖で生まれてくる個体の集団は，みな同じ遺伝子をもっている．このように，遺伝的に均一な個体の集団を**クローン**(clone)とよぶ．哺乳類でも，1 個の受精卵から 2 個体以上の子供が生まれることがあり，双子(一卵性双生児)もクローンの一種である[*13]．

Topics

水中に棲息するプラナリアは，夏に体の一部が自然に切れ，その断片から新たな個体ができる．これも無性生殖である．

*13　本文に示すように，クローン動物は自然界にも本来存在するものであるが，SF のクローン人間など最近話題となっているクローン動物とは，一般に人為的に手が加えられてつくられた，同一の遺伝子をもつ動物に対して用いられている．

7.7.2　クローンカエル

有性生殖において，受精卵は細胞分裂を繰り返し，やがて分裂したそれぞれの細胞において異なった遺伝子が発現するようになる．その結果，細胞は異なった機能や形態を示すようになる(分化)．分化が進んでいく過程で，そ

れぞれの細胞は元の受精卵がもっていた「個体全体を形成する能力（分化全能性）」を失う．しかし，すべての細胞は1個の受精卵からできあがったのであるから，同じ遺伝子をもつクローンのはずである．このことを確かめるために，ある実験が行われた．

アフリカツメガエルのオタマジャクシの腸の細胞から核を取りだし，これを，あらかじめ紫外線照射で染色体を破壊しておいた未受精卵へ移植した．すると，移植された核の中の遺伝子が，未受精卵の遺伝子に代わってその役割を果たし，正常な生殖能力をもったカエルが誕生したという．その後，同様な実験が繰り返され，オタマジャクシのさまざまな組織の体細胞の核から，生殖能力をもつ，クローンカエルができることがわかった．つまり，発生・分化を経た体細胞の核の中には，受精卵と同じ遺伝子，すなわち一個体を形成するのに必要な遺伝子がすべて含まれていることが証明されたのである．

7.7.3 哺乳類のクローン

哺乳類の卵子は，他の動物種に比べて非常に小さい[*14]．クローン動物を作製するためには，この小さな卵子を取りだして体外で取り扱う技術が必要であった．そのような技術はマウスなどの実験動物や家畜での研究において確立された．その結果，ヒトの不妊症治療のための体外受精技術，家畜の生産性向上を目指した受精卵移植技術，遺伝子の機能解析を目的とするトランスジェニックマウス作製技術，そしてクローン動物作製技術が発展した．

研究の初期には，卵割で生じた初期胚の割球を分離することでクローン動物をつくる方法が確立された（図7.18）．受精卵が2細胞となったところで，割球を1個ずつに分け，それぞれの分離胚を受胚雌の子宮内に移植したところ，一卵性双生児が得られた．しかし，この割球を利用するクローン動物作製法では，できあがるクローン動物の数に限界があり，多数のクローンを作製するのは難しい．そこで考えられたのが，前述のカエルの例と同様，染色体を除去した卵に体細胞の核を移植する方法であった．

1997年，イギリスのウイルムット（I. Wilmut）らは，成長した雌ヒツジの乳腺から取りだした細胞の核を未受精卵に移植することによって，ドリーと名づけられた1頭の子ヒツジを得たことを報告した（図7.19）．図7.18のような初期胚の割球を使って得た複数の個体は，互いにクローンではあるが，親のクローンではない．これに対して，生体の体細胞からつくられたクローン個体は核内遺伝形質に関する限り，その体細胞を提供した個体の完全なコピーであり，しかも，生体の場合には，いくらでも細胞を取りだすことができ，無限に近い数のクローンをつくることができる．したがって，この「ドリー」の出現は，原理的にはクローン人間をつくりだすことができることを示すものであり，それゆえ社会的・倫理的に大きな議論を引き起こした．

分化全能性
個体を構成するさまざまな細胞のどれにでも分化することができる潜在能力．受精卵はまさに分化全能性をもつ．1個の細胞である受精卵は，分化増殖してさまざまな機能や性質が異なる細胞になることができ，やがて1個体が形成される．

[*14] ニワトリなどの鳥類の卵はもちろんのこと，カエルなどの両生類や魚類の卵に比べても小さく，ウシなどの大型動物の卵子でも直径は0.15 mm程度であり，肉眼ではほとんど見えない．

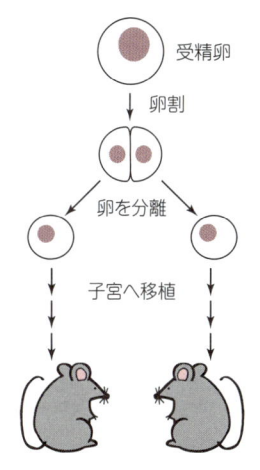

図7.18 クローン動物
初期胚（受精卵）が2細胞に分裂したところで割球を分離し，それぞれを別のメスの子宮に移植すると，一卵性双生児（一種のクローン）が得られる．

図7.19 クローンヒツジ「ドリー」

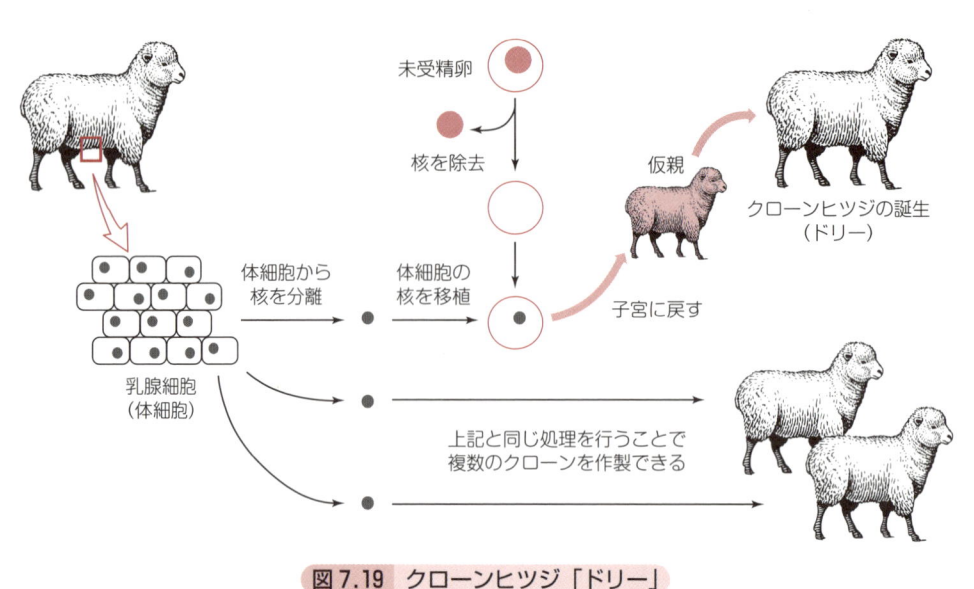

雌ヒツジの体細胞(乳腺細胞)の核を，脱核した未受精卵に移植し，これを子宮に戻して発生させると，乳腺細胞を提供した雌ヒツジと同じ遺伝子をもつクローンヒツジが誕生する．

　これまで，いろいろな組織の細胞から核を取りだして卵子に移植する核移植法によって，ヒツジ，マウス，ヤギ，ブタなどのクローン動物がつくられている．しかしながら，正常なクローン動物が生まれる割合はきわめて低く，他の動物種に比べて成功率が高いウシにおいても，その確率は数％にすぎない．また，移植に成功しても，流産や死産，形態形成異常が高頻度に見られることもわかってきた．クローン動物をつくる技術はいまだ不安定であり，完全に確立されるまでにはさらなる時間を要すると考えられる．

　クローン動物を作製する技術は，分化した体細胞の核の全能性を引きだす技術であり，基礎生物学におけるさまざまな問題を解明できると考えられる．動物生産の観点からは，優良な家畜生産，絶滅危惧種動物の救済，ある種の生理活性物質を産生するトランスジェニック動物の作製などに，この技術を利用できるかもしれない．また，医学分野においては，不妊などの生殖医療，臓器移植に関連した再生医療への応用の可能性も高い．

❖ 章末問題 ❖

7-1　体細胞分裂と減数分裂の相違について説明せよ．
7-2　細胞周期とは何か説明せよ．
7-3　動物細胞と植物細胞の細胞分裂の相違点について説明せよ．
7-4　相同染色体間で起こる交差(遺伝的組替え)の生物学的意義について説明せよ．
7-5　ホメオティック遺伝子とは何か説明せよ．
7-6　生体内で起こるアポトーシスの生物学的意義について説明せよ．
7-7　良性腫瘍と悪性腫瘍の相違について説明せよ．
7-8　がんの効果的予防策について考察せよ．
7-9　クローン生物とはどのような生物か説明せよ．

第8章 細胞のさまざまな機能

多細胞生物はさまざまな組織と器官でできている．例えばわれわれの体は，脳，目や耳などの感覚器官，心臓，肝臓などの臓器，胃や腸などの消化管，手足の筋肉組織などの運動器官からなり，各組織を構成する細胞もさまざまである．いろいろな細胞が働くおかげでわれわれの生命は保たれている．そして，これらの細胞はばらばらに機能しているのではなく，組織や細胞間で密接に情報を交換し，互いに連携し合い，働きが統合されている．つまり，細胞間での巧みなコミュニケーション機構が存在するのである．

8.1 細胞における情報伝達

生物は，さまざまな環境の変化や刺激に対応して，適切に行動することができる．単細胞生物においても，光や温度などの物理的刺激，あるいは酸素濃度や栄養分などの化学物質を認識し，適切に対応する仕組みが存在する．ヒトなどの多細胞生物においても，体を構成しているそれぞれの組織や器官の細胞は，それぞれ特化した役割を果たしているが，ばらばらに機能しているのではなく，互いに協調しながら生物個体の生命活動を担っている．

細胞と細胞の間での連絡や情報交換は，ある種の化学物質（ホルモン，サイトカイン，増殖あるいは成長因子，神経伝達物質など）である**シグナル分子**（signal molecule）を介して行われる．細胞表層には，これら細胞外のシグナル分子を特異的に認識し，これと結合する**受容体**（receptor）が存在する．受容体に結合する物質を**リガンド**（ligand）とよび，そのうち，本来の働きをするものを**アゴニスト**（agonist），アゴニストの働きに拮抗する物質を**アンタゴニスト**（antagonist）という．さらに細胞内には，受け取った情報やシグナルを細胞内部の適切な場所に伝達するための，細胞内シグナル伝達機構が存在する．

リガンド
受容体の特定の部分に結合する，あるいはぴったりはまり込む物質のこと．

細胞における情報(シグナル)伝達は，①シグナル伝達細胞からのシグナル分子の産生放出，②シグナル分子の標的細胞への輸送および特異的受容体への結合，③細胞内シグナル伝達による細胞代謝や遺伝子発現の変化，④シグナル分子の除去による細胞応答の終了，からなる．

8.1.1 シグナル分子と受容体

細胞間での情報伝達に用いられるシグナル分子は数百種類知られており，タンパク質，低分子ペプチド，アミノ酸，ヌクレオチド，ステロイド，レチノイド，脂肪酸誘導体，さらに，溶液中に溶けた一酸化窒素(NO)や一酸化炭素(CO)など化学的に多種多様である[*1]．一方，シグナル分子が作用する標的細胞の受容体はほとんどの場合，細胞表層に存在する膜貫通タンパク質である．一般に，受容体は特定のシグナル分子に対して高い親和性をもち，シグナル分子はきわめて低濃度で作用することができる．また，細胞内に存在する受容体もあり，このような受容体には，細胞膜を拡散によって通過できる疎水性低分子がリガンドとして作用する．これら細胞間のシグナル伝達にかかわる分子を一次メッセンジャーとよび，これに応答して細胞内で生ずるシグナル分子を二次メッセンジャー[*2]とよぶ．

生体内の主要なシグナル伝達分子であるホルモンは大きく三つに分類できる(表8.1)．(1) 分子の大きさが小さく脂溶性分子で，細胞膜を通り抜けて細胞内部の受容体に結合するもの，(2) 親水性分子で細胞表面の受容体に結合するもの，(3) 脂溶性分子で細胞表面の受容体に結合するものである．

*1 一酸化窒素や一酸化炭素は本体は気体であるが，血液や体液に溶けて体内を運ばれる．

*2 環状 AMP (cyclic AMP, cAMP)やカルシウムイオン(Ca^{2+})などがある．

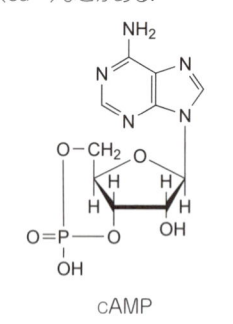

cAMP

表8.1 ホルモンの分類

性　質(作用様式)	ホルモンの例	機　能
脂溶性ホルモン 細胞膜を拡散によって通過して，細胞内の受容体タンパク質に結合してこれを活性化する．活性化された受容体は特定の遺伝子の発現に影響を与える．	コルチゾール(副腎)	多くの組織でのタンパク質，炭水化物，脂質代謝に影響
	甲状腺ホルモン(甲状腺)	多くの組織での代謝亢進
	テストステロン(精巣)	男性二次性徴の誘導など
親水性ホルモン 水溶性ホルモンは基本的には細胞膜を通過できない．細胞膜表層の特異的受容体に結合しシグナルの伝達を行う．	インシュリン(膵臓β細胞)	肝細胞などでのグルコースの取り込み促進，タンパク質や脂質合成の促進
	グルカゴン(膵臓α細胞)	肝細胞や脂肪細胞でのグルコースの合成促進，グリコーゲンや脂質の分解促進
	アドレナリン(副腎)	血圧上昇，心拍数増加，代謝亢進
脂溶性ホルモン (脂溶性で細胞表面の受面体に結合する．)	プロスタグランジン(各種組織)	血管拡張，血小板凝集促進など

＊ホルモンの例にある( )内は，分泌器官を示す．

8.1.2 シグナル伝達様式

細胞間のシグナル伝達様式は，大きく4種類に分類できる（**図8.1**）．

接触依存型シグナル伝達（contact-dependent signaling）は，シグナル分子がシグナルを発信する細胞の表層に結合したまま，そこへ接触する細胞のみに影響を与える伝達様式である．発生段階におけるシグナル伝達や免疫応答において見られる．

パラクリン型シグナル伝達（paracrine signaling）は，シグナル発信細胞の近くに存在する標的細胞にだけ影響を与えるものである．この場合，シグナル分子が遠くまで影響しないよう，シグナル分子は近傍の標的細胞にすばやく取り込まれたり分解されたりする．この伝達様式の一つとしてきわめて精巧に発達したのが，**シナプス型シグナル伝達**である．神経細胞は一般に長い軸索を伸ばし，遠く離れた標的細胞に接触する．他の神経細胞や環境要因による刺激で活性化したニューロンは，電気的インパルス（活動電位）を，軸索を通じて伝達する．電気的インパルスが軸索の端にある神経末端に到達すると，その刺激によって**神経伝達物質**（neurotransmitter）とよばれる化学物質が分泌される．この化学シグナルを分泌する部位は，**シナプス**（synapse）とよばれる．このような機構で，シナプスに接した標的細胞のみに情報が送られる．

内分泌型シグナル伝達（endocrine signaling）では，ホルモンなどのシグナル伝達物質が，それを合成した内分泌細胞（シグナル発信細胞）からかなり離れた標的細胞に働きかける．内分泌細胞は，それぞれ独自のホルモンを血流

シナプス
神経細胞の間，あるいは神経細胞と筋肉などの標的細胞との間に存在する特殊な接合関係，あるいは接合部位をシナプスとよぶ．電気的刺激がシナプスに届くと，その刺激により神経伝達物質がシナプス間隙へ放出される．放出された神経伝達物質は，次の細胞の受容体に結合しシグナルを伝える．主な神経伝達物質としてはアセチルコリン，カテコールアミン，アドレナリン，セロトニンなどがある．

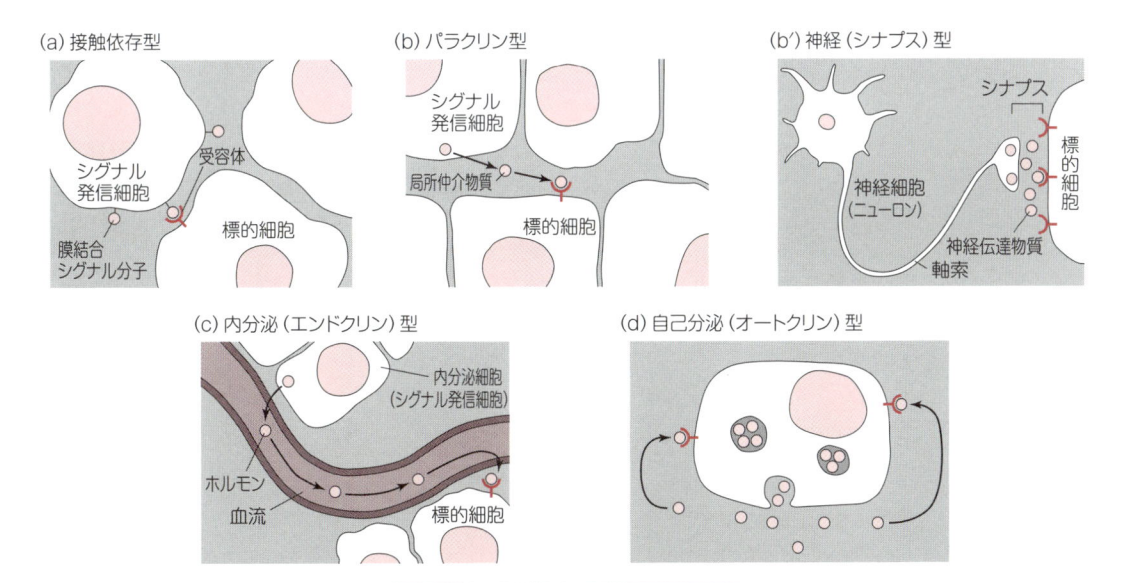

図8.1 基本的なシグナル伝達様式

シグナル伝達様式はここに示すように，(a)接触依存型，(b)パラクリン型，(c)内分泌型，(d)オートクリン型の四つに分類される．神経型伝達はパラクリン型の特殊なタイプと考えてよい．

中に分泌する．一方の標的細胞には，特定のホルモンを認識する受容体があり，これを介して特定のホルモンの作用を受ける．ホルモンは血流によって標的細胞に運ばれるので，シナプス型シグナル伝達に比べ，シグナルの伝達には比較的時間がかかる．

細胞が自分自身の受容体に結合するシグナル分子を分泌してそれに応答する，**オートクリン型（自己分泌型）シグナル伝達**（autocrine signaling）も存在する．増殖因子に多い伝達方法である．

8.1.3 細胞内シグナル伝達

標的細胞の細胞膜上には，ホルモンなどのシグナル分子と特異的に結合するさまざまな受容体タンパク質が存在する．シグナル分子が親水性，あるいはタンパク質のように高分子である場合，これらの分子は細胞膜を通過することができないため，このようなシグナル分子に対応するために，受容体は細胞膜を貫通して存在し，細胞表層にシグナル分子と結合する部分を出している．この部分にシグナル分子が結合すると，その情報が細胞内に伝達される．この一連の過程を，細胞内情報伝達という．

その主な仕組みの一つに，細胞内**二次メッセンジャー**（second messenger）の合成がある．二次メッセンジャーは細胞内標的分子に作用し，その機能を変化させる．環状 AMP や Ca^{2+} イオンなど二次メッセンジャーの多くは，シグナル伝達の過程でタンパク質リン酸化酵素（プロテインキナーゼ）の活性を調節することが多い．リン酸化（リン酸化カスケード）は主要な細胞内情報伝達の仕組みである．細胞内情報伝達にかかわる細胞膜受容体として，次の 3 種類が知られている．

酵素連結型受容体（enzyme-linked receptor）は細胞表層の主要な受容体グループである（図 8.2）．リガンドが受容体に結合すると，二つの受容体が結合して二量体を形成し，その結果，細胞質側の不活型で存在していたチロシンキナーゼ領域が活性型に変化する．これを，**チロシンキナーゼ結合型受容体**（tyrosine kinase-linked receptor）とよぶ．インスリン受容体は，このタイプの代表例である．インスリン受容体の他，種々のサイトカイン，イン

Topics

隣り合った細胞間でのシグナル伝達法の一つに，ギャップ結合を介するものがある．ギャップ結合とは，隣り合う細胞膜の間にできる細胞間結合で，互いの細胞膜から突きでたタンパク質複合体が連結して形成され，特に上皮組織の細胞間に存在する．ギャップ結合は Ca^{2+} イオンや環状 AMP などの比較的低分子の細胞内シグナル分子を通過させることができる．たとえば，ある細胞がホルモンの刺激を受けると，それと隣接する細胞も環状 AMP などを介して刺激応答することができる．

図 8.2 チロシンキナーゼ結合型受容体

ホルモンが結合すると二量体となり，チロシンキナーゼ（チロシン残基をリン酸化する）活性を発現して，自分自身の特定のチロシン残基（Y）をリン酸化する．リン酸化された部分（P）にシグナルタンパク質が結合してシグナルが細胞内に伝達される．

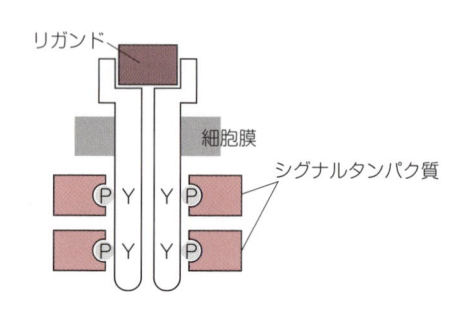

ターフェロンやヒト成長因子の受容体がこのタイプである．

イオンチャンネル型受容体(ion-channel receptor)は，シグナル分子やリガンドの結合により受容体の構造が変化し，特定のイオンが通り抜けられるようになる受容体である．イオンの移動により細胞膜の電位が変化する．神経細胞におけるシナプス型シグナル伝達系における神経筋接合部のアセチルコリン受容体がその代表例である．アセチルコリン受容体はリガンド依存性イオンチャンネルで，アセチルコリンが結合すると，Na^+ と K^+ イオンが膜を透過できるようになり，その結果，標的細胞が脱分極を起こす．脱分極の波動は電位依存性 Na^+ イオンチャンネルと Ca^{2+} イオンチャンネルの働きを介して神経に沿って進み，神経伝達物質の放出を始動する．

Gタンパク質共役型受容体(G protein-coupled receptor)は，**Gタンパク質**(GTP 結合タンパク質，GTP-binding ptotein ともいう)を介して，受容体が受け取った刺激やシグナルを細胞内に伝達する受容体である．細胞外シグナルにより刺激されるシグナル伝達経路には，細胞表層受容体や二次メッセ

サイトカインとインターフェロン

サイトカインは，免疫応答の制御，抗腫瘍作用，抗ウイルス作用，細胞分化増殖の調節などさまざまな作用を引き起こす分泌タンパク質である．構造によってインターロイキン，インターフェロン，腫瘍壊死因子ファミリー，およびケモカインに大別される．サイトカインは一般に非常に低濃度で強力に作用することから，サイトカインを標的とした疾患治療の試みが臨床段階ですでに進められている．なかでもインターフェロンを薬として利用しようとする試みが盛んである．

Column

細胞膜をはさんだイオン濃度の差

　神経シグナルは，細胞膜の電位変化(電流)によって伝えられる．その電位差は，細胞内と細胞外のイオン濃度の差によってつくられている．通常 Na^+ イオンは細胞外に約 145 mM，細胞内に約 10 mM 存在し，細胞内外の濃度が著しく異なる．この濃度勾配は，ATP のエネルギーを使って，Na^+-K^+ ポンプによってつくりだされている．Na^+ チャンネルが開くと，この濃度勾配に従って Na^+ イオンが細胞内に流入してくる．細胞内は細胞外に比べてわずかに陰イオンが多く存在するため分極状態にあり，膜電位が存在する．細胞内に陽イオンが流入すると電位差が減少，つまり脱分極が起こる．逆に陰イオンが増えると電位差の増大，すなわち過分極となる．Na^+-K^+ ポンプは常に Na^+ イオンを細胞外にくみだしているので，Na^+ チャンネルが閉じて Na^+ イオンの流入が止まると，結果として細胞内陰イオンの増大，すなわち過分極状態になる．この脱分極や過分極の状態が細胞膜上をシグナルとして伝わっていく．

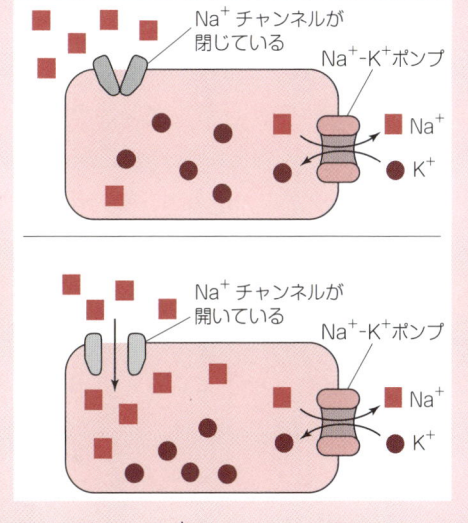

図 Na^+ チャンネルの機能

通常，細胞膜に存在する Na^+-K^+ ポンプの作用により，細胞の外側の Na^+ イオン濃度は内側に比べて著しく高くなっている(K^+ イオン濃度は逆に内側が高い)．Na^+ チャンネルが開くと，濃度勾配に従って，細胞外から細胞内への Na^+ イオンの流入が起こる．

ンジャーだけでなく，細胞内に存在する何種類かのタンパク質も関与している．その一つが，Gタンパク質である．

Gタンパク質は，GTPが結合していると"オン"の状態であり，GDPが結合していると"オフ"の状態となる．Gタンパク質自身がもつGTPase（GTP分解酵素）活性により，GTPがGDPとP_iに分解され，それにともない活性型から不活性型に戻る．Gタンパク質には2種類ある．受容体と直接共役している**三量体型Gタンパク質**(trimeric GTP-binding protein)と，低分子量で単量体のGタンパク質である．多くの場合，これらGタンパク質は特定の標的タンパク質分子に直接結合することで影響を及ぼす．ホルモンなどのシグナル分子が受容体に結合すると，受容体に結合しているGタンパク質が活性化され，その活性化Gタンパク質が別の標的タンパク質（二次メッセンジャーを合成する酵素やイオンチャンネルタンパク質など）を活性化する．その結果，細胞内二次メッセンジャーやカルシウムなどの特定のイオン濃度が上昇するのである．

図8.3にGタンパク質を介したシグナル伝達の様子の一例を示す．ホルモンの結合によってGタンパク質がホスホリパーゼC（3.3.2を参照）を活性化し，細胞膜のイノシトール含有リン脂質を加水分解する．こうして，プロテインキナーゼCを活性化するジアシルグリセロールと，小胞体中に貯えられているCa^{2+}を放出させるイノシトール1,4,5-トリスリン酸（IP_3）というの2種類の二次メッセンジャーが生成する．Ca^{2+}はホルモン感受性細胞や神

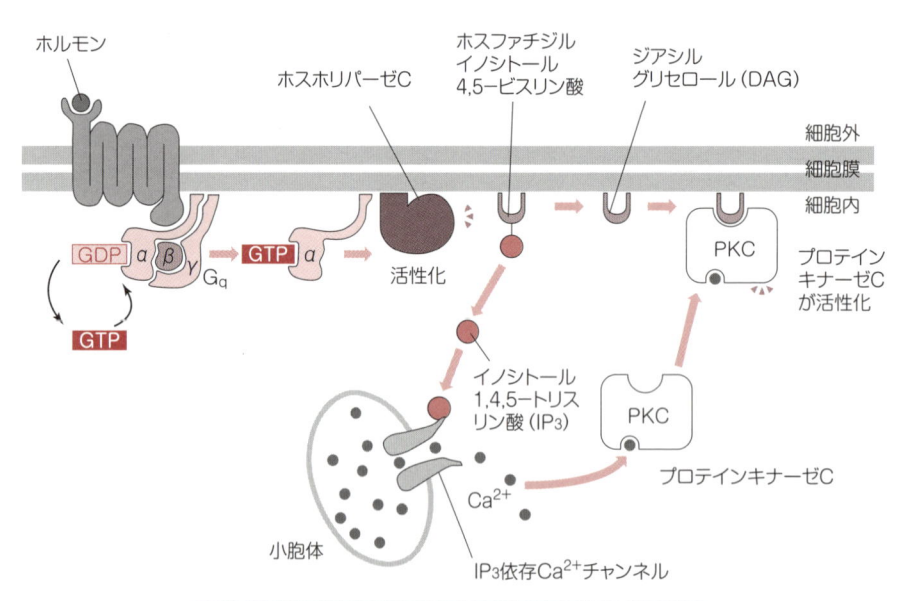

図8.3 Gタンパク質を介した細胞内シグナル伝達

ホルモンが受容体に結合するとGタンパク質が活性化し，活性型Gタンパク質がホスホリパーゼCの活性化を引き起こす．次いで，活性化ホスホリパーゼCの作用により2種類の二次メッセンジャー（DAGとIP_3）が細胞質に放出され，シグナルが増幅されていく．

経シグナル伝達系に共通した二次メッセンジャーである．Ca^{2+} は特異的プロテインキナーゼの酵素活性を変える．Ca^{2+} の影響を受けたプロテインキナーゼは，さらに細胞内の多数の標的タンパク質に作用し，細胞内シグナル伝達は増幅されていく．

もう一つ，Gタンパク質共役型受容体を介したホルモン作用の例を見てみよう(図8.4)．

ホルモンの一種**アドレナリン**(adrenaline)[*3] は，肝細胞と筋肉細胞の外側の特異的βアドレナリン受容体に結合する．これによりGタンパク質が活性化され，次に活性型Gタンパク質はアドレナリン受容体と細胞膜の内側に存在するアデニル酸シクラーゼの間を取り次ぐ．活性化したアデニル酸シクラーゼは細胞質のATPをcAMPに変換し，cAMPはcAMP依存性プロテインキナーゼを活性化する．このプロテインキナーゼは不活性型のホスホリパーゼbキナーゼをリン酸化して活性化する．続いて，活性型ホスホリパーゼbキナーゼはグリコーゲンホスホリラーゼをリン酸化して活性化する．活性型グリコーゲンホスホリラーゼは貯蔵多糖体であるグリコーゲンからグルコースを生成する反応を開始させ，血中へグルコースが放出され，血糖値が上昇する．

一方，サイクリックヌクレオチドホスホジエステラーゼは cAMP を

[*3] エピネフリン(epinephrine)ともいう．

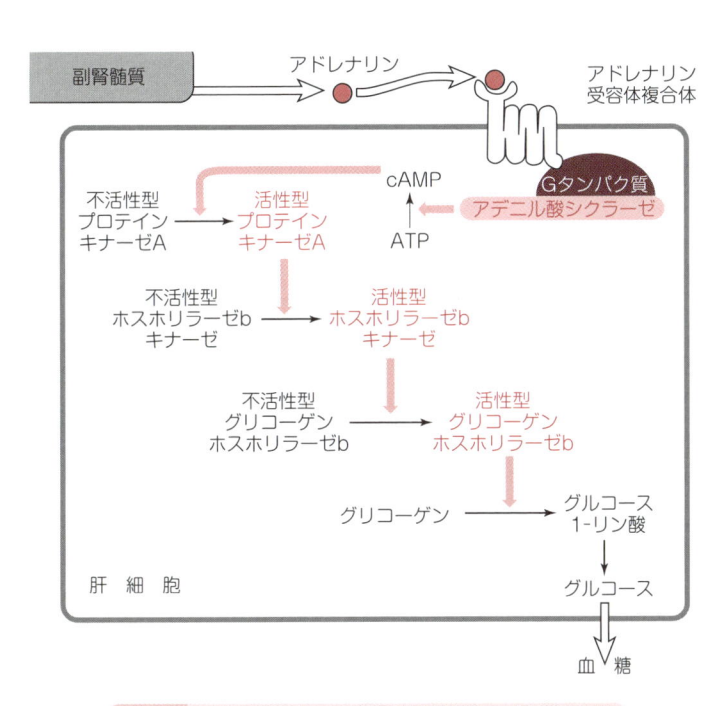

図8.4 アドレナリンによる肝細胞内シグナル伝達

アドレナリンが肝細胞表面の受容体に結合すると，その刺激が細胞内シグナル伝達(カスケード)を誘導し，グリコーゲンが分解され，血糖値が上昇する．

AMP に変換してシグナルを停止させる．cAMP 依存性プロテインキナーゼは標的細胞に存在する他の多くの酵素もリン酸化して調節する．

このように，1 分子のホルモン受容をきっかけとしたシグナルは，活性化された酵素が別の酵素を活性化するという反応のカスケードを介して，大幅に増幅される．一方，シグナルによって刺激されたプロテインキナーゼの作用を逆転させるために，細胞内にはいろいろなホスファターゼ(脱リン酸化酵素)が存在する．これらの酵素も細胞外シグナルや細胞内シグナルによる調節を受ける．

8.2 感覚の受容

われわれヒトは，光や色などの映像を捉える眼の光受容器，舌の味受容器，耳の音受容器，鼻のにおい受容器，皮膚の接触受容器などをもっている．それぞれの感覚受容器が捉えた感覚としての情報は，最終的にはすべて電気的シグナルに変換される必要がある．この仕組みについて，本書では味覚・嗅覚と光の受容器を例に解説する．

8.2.1 味覚受容

ヒトの舌が感じる味覚刺激には，しょっぱさ(塩加減)，甘さ，苦さ，酸っぱさ(酸味)の 4 種類がある[*4]．

塩味を感じる仕組みの本体は，味覚受容細胞(図 8.5)の膜に存在する Na^+ チャンネルである．この他の，甘味，苦味，旨味成分などは G タンパク質共役型受容体で認識されると考えられている．受容体が味物質によって刺激されると，Na^+ と Ca^{2+} が細胞内に流入し，細胞膜の脱分極が起こり，活動電位が発生し，その刺激が脳に伝わる．

8.2.2 嗅覚受容

さまざまなにおいは鼻粘膜の嗅覚受容器ニューロン(図 8.6)で，G タンパク質連結型嗅覚受容体(olfactory receptor)によって識別される．嗅覚受容体は，細胞からのびる変形繊毛の表面に存在し，環状 AMP(cAMP)を介して機能する．匂い成分がこの受容体に結合すると，その刺激により嗅覚特異的 G タンパク質(G_{olf} とよばれる)が活性化し，つづいてアデニル酸シクラーゼが活性化する．その結果，細胞内 cAMP 量が増加し，cAMP 依存性イオンチャンネルが開き，Na^+ イオンが流入して嗅覚受容器ニューロンが脱分極し，電気的シグナルが発生し軸索を経て脳に伝わる．

*4 最近ではうまみ(旨味)も第 5 番目の基本味として認知されるようになった．

Topics　辛味受容体
別の味覚受容体タンパク質としてカプサイシン受容体がある．カプサイシンはトウガラシなどの辛味成分である．この受容体はカプサイシン依存性 Na^+/Ca^{2+} チャンネルで，この受容体が刺激されると Na^+ と Ca^{2+} が細胞内に流入し，脱分極が起こり，活動電位が発生し，刺激が脳に伝わる．

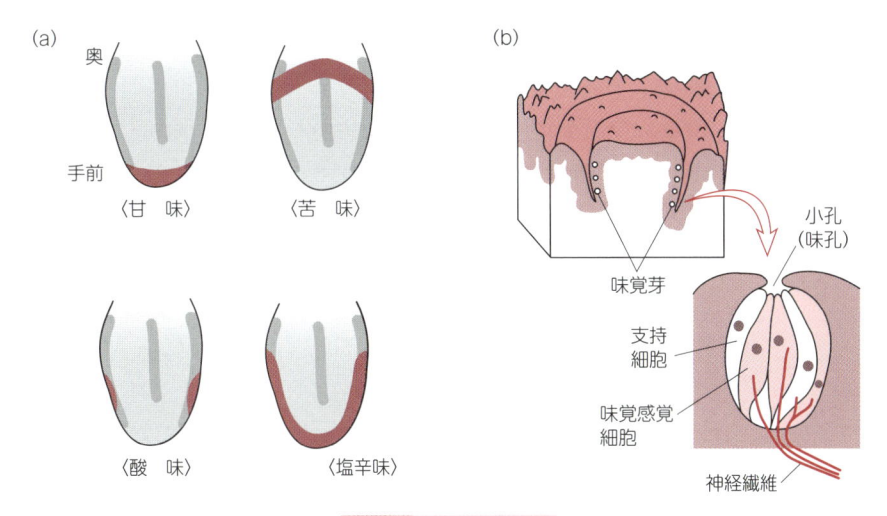

図8.5 舌の味受容器

(a)舌には，味の種類に応じて，特に味を強く感じる領域(赤色)が存在する．(b)舌には味覚芽(味蕾)とよばれる味覚器が多数存在し，味覚芽にある味孔を介して味を認識する．

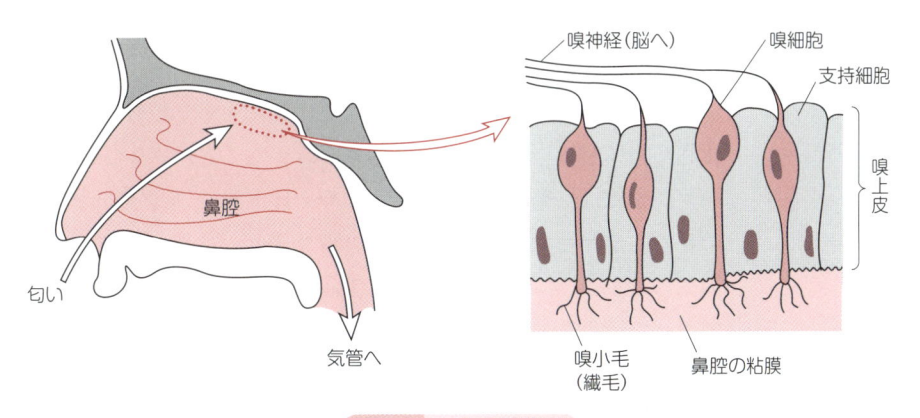

図8.6 ヒトの嗅覚器

匂いは鼻腔にある繊毛が感じ取り，嗅細胞を介してその情報は脳に伝達される．

8.2.3 視覚受容

　光受容器については，光刺激の強度，すなわち眼に入ってくる光量の変化を感じる感覚受容系が最も詳細に解明されている．ヒトの網膜に存在する主な光刺激受容細胞は，**桿体**(かんたい)(rod)と**錐体**(すいたい)(cone)である．桿体は感度が高く，暗がりの弱い光刺激にも反応する一方で，太陽光の下のように明るいところでは飽和状態となり機能しなくなる．また，色を感知することはできない．一方，錐体は，感度は低いが応答が速く，飽和しないので明るい光の下でも活動でき，明るいところでは色の感受を行うことができる．したがって，明るい所では錐体細胞が主に機能している．桿体細胞も錐体細胞もその光応答様式は共通しているので，以下に桿体細胞の光認識機構について述べる．

　桿体光受容器は高度に特殊化された細胞で，主に外節(光受容を行うよう

に分化した部分），内節（核その他のオルガネラを含む通常の細胞機能を担う部分），およびシナプス領域からなる（**図 8.7 b**）．外節には膜で包まれた約1000 個の円板が積み重なった構造があり，その膜には**ロドプシン**（rhodopsin）とよばれる光受容タンパク質が埋め込まれている[*5]．光が当たると，ロドプシンのシス型レチナール部分が光エネルギーを吸収してトランス型レチナールへと立体異性化する[*6]．このレチナール分子の構造変化が，G タンパク質やその他のタンパク質因子の活性化を引き起こし，光刺激は大幅に増幅される．このような増幅機構によって，桿体細胞は，わずかな光にも強い反応を示すことができる．

錐体細胞は暗い場所では機能せず，逆に桿体細胞は明るいときに働きが抑制される．例えば，明るい場所から映画館などの薄暗い所に入った瞬間は，錐体細胞も桿体細胞も対応できないため，ほとんど何も見えない．しばらくすると，桿体細胞が徐々に反応し，次第に物が見えるようになる．この過程を順応とよぶ．これは，桿体細胞が光量が 10 万倍以上変化しても対応できるためである．

一方，薄暗い所で高感度に反応していた桿体細胞は，ある程度明るい環境下では，光量のわずかな変化を感じなくなる．すなわち，ロドプシンが活性化した状態が続くと，次の光刺激を受容することができない．そのため，ロドプシンには，光を受容した後すばやく休止状態（暗下での状態）に戻るための仕組みが存在する．この仕組みにはロドプシンキナーゼなどのタンパク質因子の他に，Ca^{2+} イオンや cGMP（環状 GMP，cyclic GMP）などが巧妙に関わっていることがわかっている．

ヒトの網膜には 3 種類の錐体細胞が存在し，それぞれ異なったロドプシンを含み，異なった波長の光を吸収する．その一つは，青色の光を吸収し，他

[*5] ロドプシンは，オプシン（opsin）という膜貫通タンパク質と折れ曲がったシス型レチナール（11-*cis*-レチナール）という光吸収色素からなる．

[*6] なお，レチナールはビタミンAから合成されるので，ビタミンA不足は桿体細胞機能の低下の原因となり，暗所で視力が低下する夜盲症（鳥目）を引き起こす．

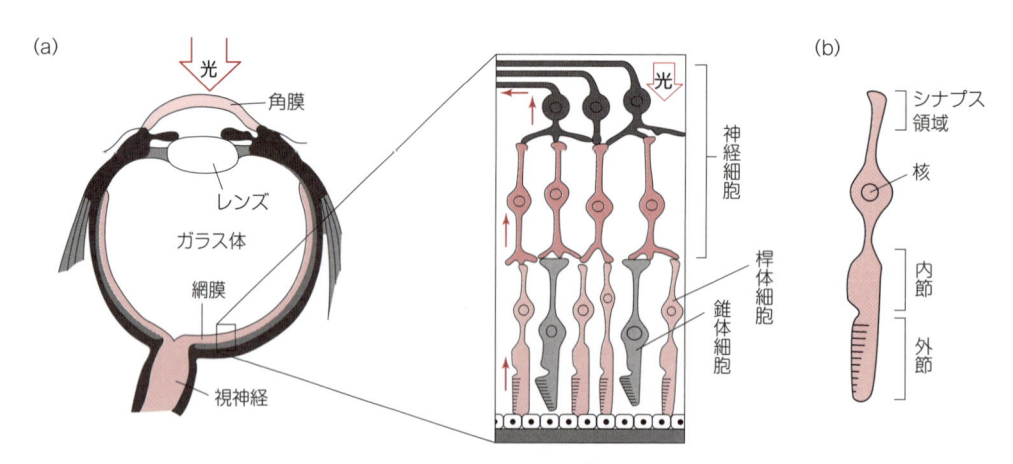

図 8.7 目の構造と視覚受容体
(a)目から入った光は網膜の視神経細胞層を通過した後，桿体細胞や錐体細胞といった視細胞で受容され，その情報は視神経細胞を介して脳に伝えられる．(b)桿体細胞．

はそれぞれ緑色と赤色の光を吸収する．桿体細胞と同様，それぞれの錐体細胞は吸収した光の相対的量を電気的シグナルに変換し，脳に送り込む．脳では異なった波長の光の強弱のパターンを統合処理し，色として認識する．

赤色を感知するオプシンの遺伝子と，緑を感知するオプシンの遺伝子は，X染色体上に並んでいる．この二つの遺伝子は配偶子(精子や卵子)の形成過程で変異を起こしやすく，これが「赤緑色盲」の原因となる．ヒトの性を決定する性染色体には，XとYの二つがあり，男性はXY，女性はXXの組合せになっている．X染色体にある色覚異常の遺伝子は劣性遺伝するので，男性の場合はその染色体に色覚異常の遺伝子があれば色盲となるが，女性の場合はX染色体が2個あるので，その両方に色覚異常の遺伝子がある場合に限り色覚異常となり，1個のX染色体にのみ異常遺伝子がある場合には正常であるが，保因者になる．このように赤緑色盲は性に関係して遺伝することから，伴性劣性遺伝とよばれる．実際に赤緑色盲の発症率は男性が約8％であるのに対して，女性では約0.64％と低くなっている．

Topics

色の三原色

原色とは，すべての色の元になる色のことである．光(光を発するもの)の場合には赤・緑・青の三色の光を使うと，ほぼすべての色を再現でき，三色が同等に混ざると白になる．カラーテレビや，コンピュータのカラーディスプレイの発光体には，この三原色が使われている．この三原色はすなわち，オプシンが吸収する光の色である．一方，絵の具や印刷物の色は，シアン(青に近い色)，マゼンタ(赤に近い色)，イエロー(黄色)の三つを混ぜてつくる．これを色の三原色とよび，三色が同量ずつ混ざると黒になる．

8.3 生体防御と免疫

自然界には，細菌やウイルスなどのさまざまな病原体が存在する．もし，われわれの体にこれらの病原体に対する防御機構がなかったら，あっという間に病気になって死んでしまうだろう．われわれが健康に生活できるのは，体内に，病原体から身を守る巧妙な生体防御機構が備わっているからである．無脊椎動物からヒトをはじめとする高等脊椎動物に至るまで，生体内には「**免疫**(immunity)」とよばれる生体防御機構が存在し，病原体から体を守っている．

免疫は，体内に異物(非自己)が入ってきた際に，それを自分自身(自己)と違うものであることを認識すると同時に，さまざまな手段で攻撃・排除する機構である．免疫系がこのような自己と非自己の認識をどのように行っているのかが，多くの研究者によって調べられ，その結果，免疫系がきわめて精巧なシステムであることが明らかになってきた．一方，免疫機構は病原体に対する非常に強力な防御機構を備えていることから，自己と非自己の認識を誤ると，本来，病原体に向かうはずの防御機構が，逆に自分自身の細胞を攻撃し，深刻な病気や，ときには死にいたる場合もある．ここでは，主に高等脊椎動物における免疫機構を中心に，その基本的な働きについて見てみよう．

自己と非自己

免疫において重要なのは，外からやって来る病原体(非自己)を自分自身の生体成分(自己)と厳密に区別することである．そのために，抗体やT細胞は抗原の一部分を厳密に認識する．他にも細菌の細胞壁の成分や，ウイルスに特有な2本鎖RNAなど，外来病原体だけがもつ物質を認識することも多い．

8.3.1 自然免疫

われわれの体には，外から来る細菌やウイルスの侵入を防ぐためのさまざまな関門が存在している．最も重要な関門は，体の大部分を覆っている皮膚

表 8.2　免疫細胞の種類

細胞の種類			機　能
白血球	顆粒白血球	好中球	食細胞．微生物を取り込んで殺菌する．
		好酸球	炎症反応を引き起こす．体内に侵入してきた寄生虫を殺す．
		好塩基球	微生物を認識し，ヒスタミンなどの炎症性メディエーターを放出する．血液中に存在.
	リンパ球	B 細胞[*7]	抗体を産生する．活性化された抗体産生細胞は形質細胞とよばれる．
		T 細胞[*7]　ヘルパーT細胞	B 細胞などの他の免疫細胞を活性化する．
		細胞傷害性（キラー）T細胞	病原体に感染した細胞を殺す．
		ナチュラルキラー（NK）細胞	病原体に感染した細胞や腫瘍細胞を認識して殺す．特異的な抗原による活性化を必要としない．
	単球		食細胞．組織中でマクロファージに分化する．
マスト（肥満）細胞			微生物を認識し，ヒスタミンなどの炎症性メディエーターを放出する．組織に存在.
マクロファージ			食細胞．末梢組織において微生物を取り込み破壊する．血液中の単球から分化.
樹状細胞			食細胞．末梢組織で取り込んだ微生物を分解して表面に提示し，T 細胞を活性化する．

*7　T細胞とB細胞は，いずれも骨髄で幹細胞から分化して生まれる．B細胞は，鳥類においてファブリキウス嚢（bursa of Fabricius）とよばれる器官で成熟することにちなんで名づけられたが，哺乳類では骨髄（bone marrow）で成熟する．T細胞は，胸腺（thymus）で成熟することから名づけられた．

である．皮膚の一番外側には表皮があり，常に置き換わりながら物質の出入りを制限している．また，表皮の表面からは，抗菌性物質や表面を酸性に保つ汗などの体液が分泌されており，細菌が容易に体内に侵入できないように防いでいる．しかし，このような皮膚で体全体を完全におおうことはできず，たとえば，消化管や呼吸のための鼻腔や気管などは，常に外来微生物にさらされている．また，けがをした際にも皮膚の防御をすり抜けて細菌類が体内に侵入してくることがある．そのような際に体を守るのが，免疫細胞である．

表 8.2 に，免疫細胞の種類とその機能を示した．**白血球**（white blood cell, leukocyte）は血液中に存在する免疫細胞群であるが，そのなかでも**顆粒白血球**（granulocyte）に属する好中球は，代表的な食細胞である．**好中球**（neutrophil）は，図 8.8 に示すように，外来微生物を細胞内に取り込んだ後，活性酸素[*8]や分解酵素などを使ってそれらを殺すことができる．好中球以外に，**単球**（monocyte）および組織中で単球から分化した**マクロファージ**（macrophage）も重要な食細胞として知られている．マクロファージは，アメーバのように細胞の一部を突起状に伸ばし，微生物を捕まえて取り込むとともに，種々の消化酵素と活性酸素でそれを分解して殺す．好中球やマクロファージ

*8　例えば，スーパーオキシド（O_2^-）や過酸化水素（H_2O_2）などがある．

8.3 生体防御と免疫

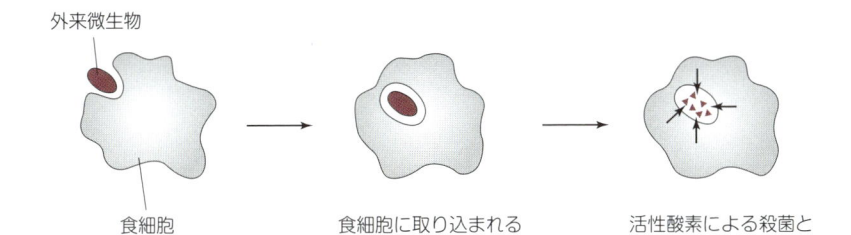

図8.8 食細胞の作用
好中球やマクロファージのような食細胞は，外来微生物などを自らの細胞中に取り込んで殺し，分解酵素で分解する．マクロファージは，分解した成分の一部を細胞表面に提示して，他の免疫細胞に抗原の情報を知らせる働きも担う（抗原提示）．

マクロファージは，外から来た微生物だけでなく，体内で死んだ細胞なども取り込み消化する．体の中の"掃除係"としても重要である．好中球は細菌を取り込んだ後，自分自身が死んで膿となってしまうが，それらもマクロファージがやがて取り込んで処分してくれるのである．

は，細菌類が体の外から侵入した際に，真っ先に攻撃を開始して体を守る重要な役割を果たしている．そのためには，細菌類を認識する必要があるが，これらの細胞は細菌特有の物質，たとえば細菌の細胞壁を構成する**リポ多糖**（lipopolysaccharide；LPS）などを認識する受容体[*9]をその表面に露出させている．好中球やマクロファージは，病原体が体内に侵入した直後から，そのような外来異物表面の物質を認識してただちに攻撃を開始する．このように特定の抗原構造ではなく，微生物に共通して存在する構造を認識して迅速に対応する免疫機構を**自然免疫**（natural immunity）[*10]という．自然免疫に関与する細胞としては，好中球やマクロファージ以外にも，枝状の突起をもつ樹状細胞や，ウイルスに感染した細胞やがん細胞を攻撃するナチュラルキラー細胞（NK細胞）などがある（表8.2を参照）．

[*9] Toll様受容体などが含まれる．Tollは，ショウジョウバエの細胞表面にある受容体である．その後，他の動物細胞にも同様の受容体が発見され，Toll様受容体とよばれるようになった．病原体成分を認識して免疫反応を引き起こす受容体の一群である．

[*10] 先天性免疫（innate immunity）ともよばれる．

8.3.2 獲得免疫

自然免疫では，細菌などに共通する特徴を免疫細胞が認識して迅速に攻撃を行うのに対して，個々の病原体表面の特徴をより厳密に認識し，特異的な防御機構を働かせる**獲得免疫**（aquired immunity）[*11]とよばれる機構が，ヒトをはじめとする高等脊椎動物には存在している．獲得免疫では，抗原となる分子の構造を厳密に認識して強く結合する，**抗体**（antibody）というタンパク質が重要な役割を果たしている．また，一度何らかの病原体に感染すると，そのことを細胞が記憶し，再び同じ病原体に感染した際には，最初の感染よりはるかにすばやく免疫応答を開始することができる「記憶」というメカニズムも備えている．

獲得免疫で主要な役割を果たすのが，**リンパ球**（lymphocyte）の一種である**T細胞**（T cell）と**B細胞**（B cell）である（表8.2）．T細胞は，ウイルスなどに感染した細胞を見つけだし，細胞ごと殺すことによって，病原体の増殖を防ぐ．これを**細胞性免疫**（cellular immunity）という．それに対してB細胞は，外からやってきた病原体に結合する抗体を大量に合成・分泌することによっ

[*11] 適応免疫（adaptive immunity）ともよばれる．

抗体
抗体である免疫グロブリンの抗原を特異的に認識する性質は，基礎研究から，医療における診断や治療まで多方面で利用されている．通常，血清中にはさまざまな抗体が含まれるが，一つの抗体産生細胞クローンから人工的につくりだされるモノクローナル抗体を用いれば，一種類の抗体のみをつくることができ，がんの治療などにも用いられている．

て生体を防御している．これを**液性免疫**(humoral immunity)という．

8.3.3 液性免疫

　液性免疫で重要な働きをする因子は，病原体に特異的に結合する可溶性タンパク質である抗体（**免疫グロブリン**，immuoglobulin）である．免疫グロブリンは，B細胞によってつくられる．

　図8.9に，代表的な免疫グロブリンであるIgGの構造を示す[*12]．IgGは重鎖（H鎖）2本と軽鎖（L鎖）2本の合計4本のポリペプチド鎖がジスルフィド（S-S）結合で結びついてできたY字型のタンパク質である．IgGの重要な働きとして，病原体に結合して動けないように閉じ込めたり（図8.10），食作用を促進する作用（オプソニン作用，図8.11）があげられるが，それ以外にも，血液中の**補体**(complement)とよばれるタンパク質の一群を活性化する働きももっている．補体はIgGが結合した病原体細胞表面に集まり，細胞膜に穴をあけて殺したり，白血球をよび寄せて炎症を引き起こすことによって病原体を攻撃する．IgGの2本の腕の先端には，重鎖と軽鎖の組合せで構成される抗原結合部位があり，この部分で病原体表面に強く結合する．この抗原結合部位は重鎖と軽鎖のN末端領域で形成されており，この領域のアミノ酸配列が変化することによって，抗原結合部位の立体構造も多様な構造をとり，さまざまな抗原に結合することが可能となる．この重鎖と軽鎖のN末端領域は**可変領域**(variable region)とよばれ，抗体のきわめて多彩な抗原結合特異性を生みだすために重要な領域といえる．1種類のB細胞クローン（もともと1個の細胞から増殖してできた遺伝的に同一である細胞集団）は1種類の特異性をもつ抗体しか合成できない．しかし，体内には非常に多くの

[*12] ヒトの免疫グロブリンには，IgGの他にIgA，IgD，IgE，IgMがあり，異なる役割を果たしている．

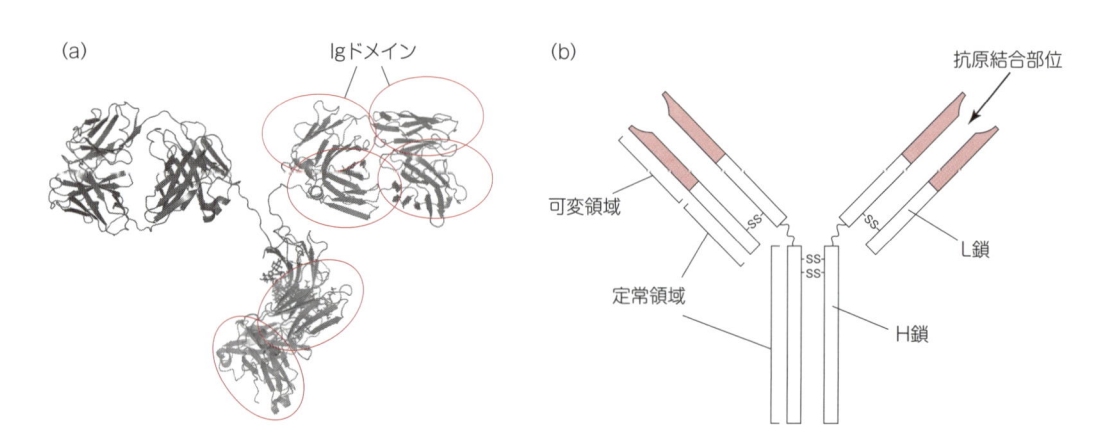

図8.9 免疫グロブリンIgGの構造

IgGは分子量約15万で，ジスルフィド結合（S-S結合）で結ばれた2本の重鎖（H鎖）と2本の軽鎖（L鎖）からなる．Y字型の2本の腕の先に，それぞれ抗原結合部位をもつ．図に示すように，H鎖もL鎖もIgドメインとよばれる類似した構造上の単位が集まってできている．

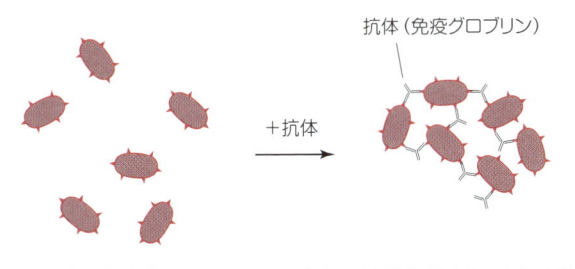

図 8.10　抗体による微生物の凝集

免疫グロブリンは 1 分子あたり 2 カ所の抗原結合部位をもつ．外来微生物表面にも複数の抗原があるので，両者の間で架橋が起こり，凝集体を形成する．

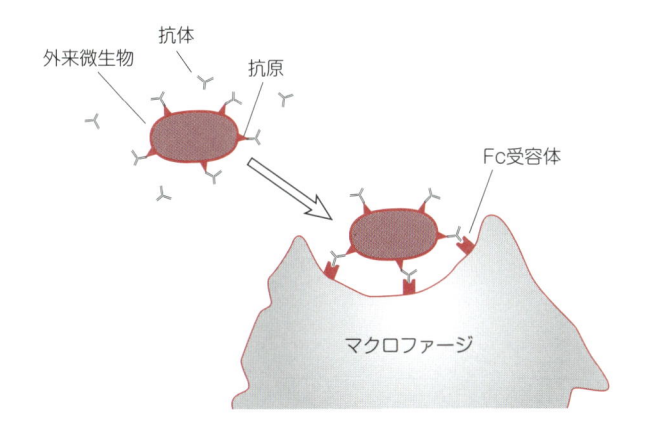

図 8.11　抗体のオプソニン作用

抗体は，外来微生物表面に結合することでその作用を中和することもできるが，食細胞が異物を取り込むための目印にもなり，結果として食作用を促進する．このような作用をオプソニン作用という．

B細胞クローンが存在しているので，たいていの外来病原体に対して，それを認識できる抗体をつくることができるのである．

B細胞の細胞膜には，通常，免疫グロブリンそのものが結合している．これに病原体が結合すると，それが引き金となってB細胞が分裂増殖を開始するとともに，**形質細胞**（plasma cell）となって大量の抗体を合成し始める（**クローン選択**，clonal selection）．さらにそのクローンの一部は**記憶細胞**（memory cell）へと分化し，将来，同じ抗原に出会った際にすばやく大量の抗体を合成できるように備えるのである．このような「免疫記憶」は，T細胞にも備わっている．図 8.12 には抗原に出会った際のB細胞の応答を示している[*13]．

このように，B細胞はそれぞれのクローンごとに特異性の異なる，膨大な数（おそらく数百万種類以上）の抗体を産生しているのであるが，ヒトの遺伝子の数は約2万2千程度と推定されており，一つ一つの免疫グロブリンの遺伝子をゲノム中にあらかじめ用意しておくのはとうてい不可能である．そこで，何らかの方法で抗体の多様性を生み出すメカニズムが存在していることが予想された．実際に免疫グロブリンの遺伝子が調べられた結果，その可変

[*13] 病気にかかるのを防ぐために接種するワクチンは，免疫細胞の記憶を利用したものである．弱毒化した病原体やその一部をあらかじめ接種することによって，記憶細胞をつくらせ，本来の病気にかかるのを防ぐ（コラムを参照）．

図8.12 クローン選択と免疫記憶

B細胞表面には，それぞれ特異性の異なる抗体分子（膜結合型免疫グロブリン）が多数露出している．そのうちのどれかに抗原が結合すると，そのB細胞は活性化し増殖するとともに，形質細胞となって分泌型の免疫グロブリンを産生するようになる（クローン選択）．一方，一部のB細胞は記憶細胞となって，次の同種抗原をもつ病原体による感染に備える．このようにして2回目以降の感染では記憶細胞が迅速に免疫応答を行い，速やかに大量の抗体を合成することができる．

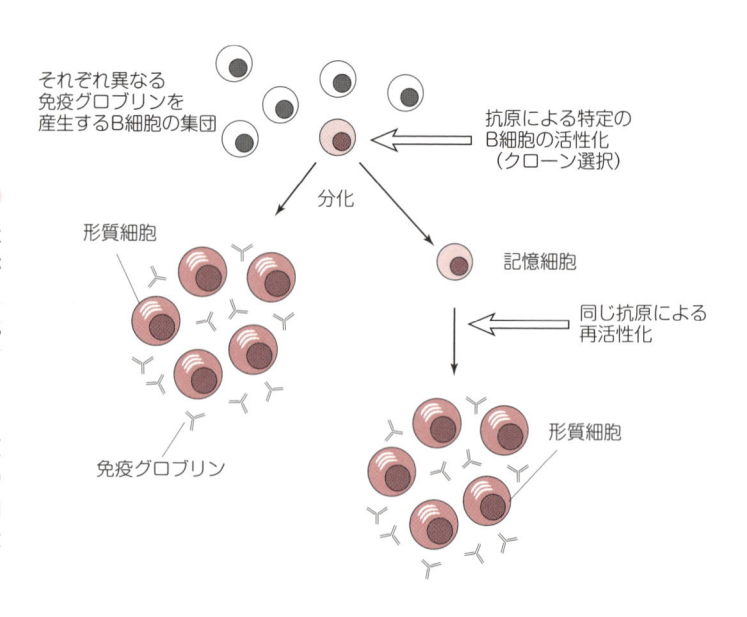

領域（すなわち抗原結合部位を形成する領域）をコードする遺伝子は，いくつかの断片としてゲノム上に用意されており，B細胞が成熟する過程において，それらがランダムに継ぎ合わされて完成した遺伝子となることが明らかになった（図8.13）[*14]．これによってきわめて多様性に富んだ抗原結合部位がつくられる．通常，遺伝子の再構成が起こるのは生殖細胞に限られるが，この抗体産生に関しては体細胞で遺伝子の再構成が起こるので，特に体細胞DNA再構成とよばれる．このようにして，限られた数の遺伝子からB細胞

[*14] 利根川進により発見された．この研究に対し，1987年のノーベル生理学・医学賞が与えられている．

Column

ジェンナーとワクチン

生体防御機構の代表である「免疫」は，1796年にイギリスの医師ジェンナー（E. Jenner）によって発見された．当時のイギリスでは，天然痘という感染症が死亡率の高い病気として恐れられていたが，天然痘とよく似た病気である牛痘（ウシから感染する）にかかった人は，天然痘にかからないという事実があった．ジェンナーはこれを天然痘予防に応用できないかと考えたのである．その結果，人為的に牛痘を（牛痘のうみを）接種すると，予想通り，被験者は天然痘にかからなくなることが明らかになった（牛痘にかかってもさほど重い症状は起こさない）．これは，牛痘ウイルスがヒトの天然痘ウイルスによく似ていることを利用して，牛痘のウイルスをワクチンとして使用した画期的な発見であり，その後，さまざまな病気をワクチンによって予防することができるようになったのである．

ジェンナーは，目的の病原体とよく似た病原体をワクチンとして用いたが，その他にも，生きた病原体の毒性を弱めて接種するもの（生ワクチン）や，死滅させた病原体を用いるもの（不活化ワクチン）などがある．生ワクチンの方が免疫応答を持続的に誘導できることから効果が高いとされるが，まれに炎症を起こす場合もあり，後者の方が安全性は高い．最近では，遺伝子組換え技術を用いて病原体の成分タンパク質のみを作製し，それをワクチンとして用いることもある．

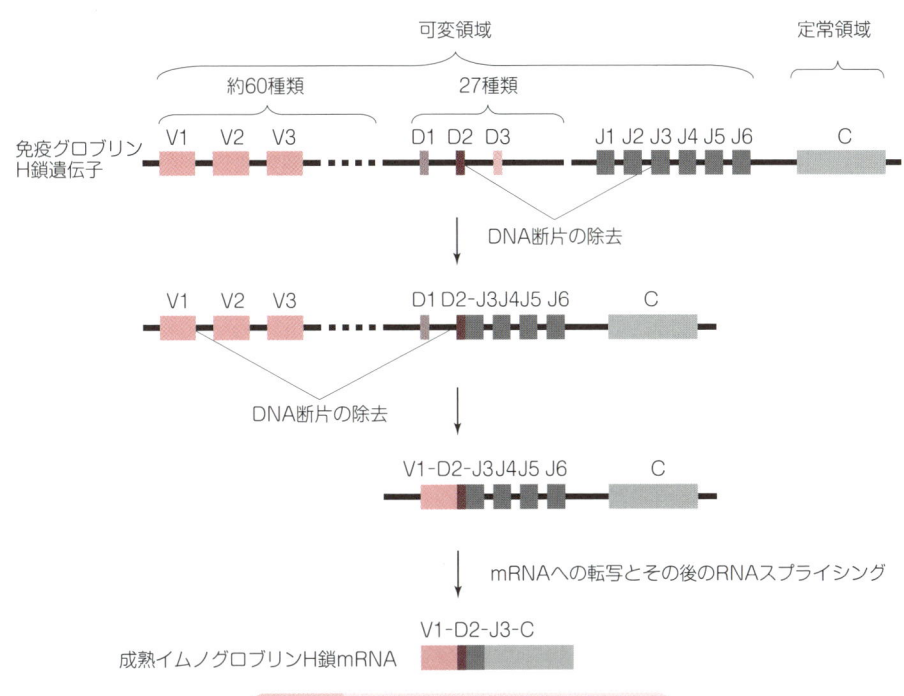

図8.13　体細胞におけるDNAの再構成

免疫グロブリンは，複数の遺伝子の断片が組み合わされてできる．特に可変領域は多くの遺伝子がつなぎ合わされてできるが，ここに示すようにH鎖の可変領域は，V，D，Jの三つの遺伝子群からそれぞれ一つずつが選ばれ，組み合わせてつくられる．さらに，mRNAとして転写された後，不必要な部分がスプライシングにより除去され，成熟したmRNAとなる．L鎖についても同様にDNAの再構成が起こり，その結果，H鎖とL鎖の組合せによって膨大な種類の抗原結合部位が形成される．

クローンごとに異なる，数百万種以上の免疫グロブリンが生みだされているのである．

8.3.4　細胞性免疫

細胞性免疫で主要な働きをするのは，T細胞である．T細胞には**ヘルパーT細胞**(helper T cell)と**キラー**(細胞障害性)**T細胞**(killer T cell)がある．これらは，ウイルスなどに感染後，その構成成分の一部を表面に提示している細胞を認識して免疫反応を開始する．

ウイルスは標的細胞表面に存在する特定の受容体に結合した後，細胞膜を通して遺伝子などの内容物を細胞内へ送り込み，宿主の遺伝子複製装置やタンパク質合成装置を使って自分自身の構成分子を複製し始める．その後，ウイルスを構成するタンパク質などの部品の一部は，宿主細胞がもつ特別なタンパク質に結合した状態で細胞表面上に提示される．これにより，感染細胞は自分がウイルスに感染していることを免疫細胞に知らせるのである(図8.14)．

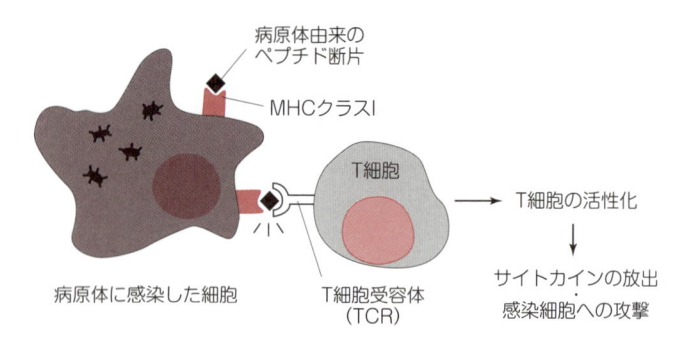

図8.14 感染細胞による抗原提示とT細胞による認識

ウイルスなどの病原体が感染した細胞は、その構成成分の一部を細胞表面のMHC分子に結合した状態で提示する。これをT細胞が認識すると活性化して、情報分子であるサイトカインを放出したり、感染細胞を攻撃したりする。

Topics

MHCタンパク質は、名前が示すように、臓器移植の際の拒絶反応などの原因となるタンパク質でもある。ヒトゲノム上のMHC領域には多く（100以上）のMHC遺伝子が存在しており、それらは個体によって少しずつ異なっている。したがってそれらの遺伝子から発現されるMHC分子のアミノ酸配列も個体によって異なり、一人一人を区別する細胞表面の目印にもなっている。

この病原体の構成分子の一部を細胞膜表面上に提示するタンパク質は、**主要組織適合性複合体**（major histocompatibility complex；**MHC**）とよばれる遺伝子群にコードされる膜タンパク質であり、図8.15のような構造をもつ。MHCは2本のポリペプチド鎖からなる膜タンパク質で、その根元は細胞膜に埋まっている。細胞外に突きでた部分は、先端の細長い溝でウイルスなどのタンパク質断片（ペプチド）を結合することができる。このようにして感染細胞表面に提示された病原体由来のペプチドを、T細胞はその表面に突きだした**T細胞受容体**（T cell receptor；TCR）という膜タンパク質を用いて認識し、相手が感染していることを検知した場合は免疫応答を開始する。

キラーT細胞は、細胞中に**パーフォリン**（perforin）や**グランザイム**（granzyme）という、細胞を殺傷するためのタンパク質を備えている。キラーT細

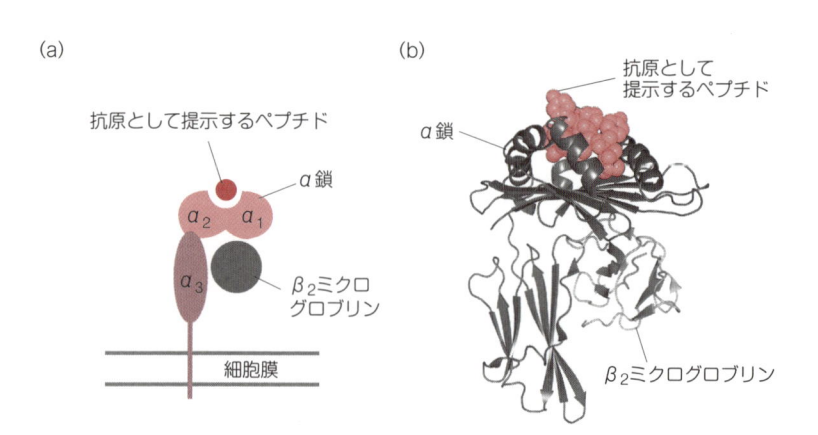

図8.15 MHC分子の構造

MHCクラスI分子は、α鎖とβ₂ミクログロブリンからなる膜タンパク質であり、先端に抗原を提示するくぼみをもつ。ここにウイルスなどの外来異物の一部（ペプチド）を結合し提示する。免疫細胞にのみ存在するMHCクラスII分子もある。

胞が標的細胞の表面近くでパーフォリンを放出すると，パーフォリンは標的細胞の膜中にもぐりこんで自己会合し，膜に孔を開けてしまう．さらに，キラーT細胞はその孔を通して，タンパク質分解酵素であるグランザイムを送り込み，アポトーシス(7.5.1 を参照)により効果的に標的細胞を死滅させるのである（図 8.16）．

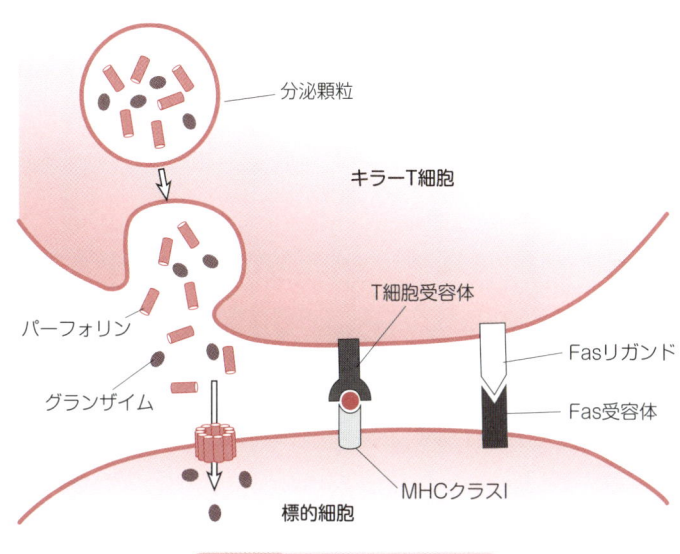

図 8.16　キラーT細胞の作用

キラーT細胞は，病原体に感染した細胞を見つけると，分泌顆粒（脂質膜で囲まれた貯蔵体）に入れたパーフォリンやグランザイムを放出する．パーフォリンは標的細胞の細胞膜中で集まり，膜に穴をつくる．グランザイムはその穴を通って標的細胞の中に入り，細胞死を誘導する．細胞死は，Fas受容体に，Fasリガンドというキラー T 細胞表面のタンパク質が結合することによっても誘導される（7.5.2を参照）．

8.3.5　免疫反応が引き起こす病気

免疫系は非常に巧妙かつ強力な生体防御系であるが，ときには自分自身の生体成分に対して誤った攻撃を行うこともある．

先にも述べたように，免疫グロブリンやT細胞受容体の抗原との結合部位は，外来異物の形に合わせてつくられたのではなく，ランダムな遺伝子再構成によって形成されたものである．したがって，自分自身の成分に反応するような抗体が偶然できてしまう可能性もある．しかし通常は，リンパ球が体の中で成熟する間に，自己成分に反応するリンパ球はアポトーシスにより排除されたり，不活性化するような刺激が与えられ，自己成分との反応は抑制される．これを，**免疫寛容**(immunological tolerance)という．この現象によって，自分自身のリンパ球は自己成分を"普通は"攻撃しないのだが，何らかの原因で不活性化されている自己成分反応性リンパ球が活性化されると，

自己免疫疾患

よく見られる自己免疫疾患として関節リウマチがあげられる．これは免疫細胞が関節組織を破壊することによって起こる．他にも重症筋無力症，バセドウ病，1型糖尿病など，さまざまな疾患があり，これらは細胞表面の成分に自己抗体が結合したり，免疫細胞が組織を破壊することによって引き起こされる．

自己免疫疾患を発症することがある．

一方，外来異物ではあるが，実際には病原性がなく人体に無害なものに対しても強い免疫反応が起こる場合がある．例えば，IgE が深くかかわる，花粉症などの**アレルギー**(allergy)である．IgE は皮膚や粘膜の下に存在する**マスト細胞**(mast cell，肥満細胞)に結合する性質があり，そのようにしてマスト細胞表面に結合した IgE に花粉などの抗原が結合すると，それが引き金となってマスト細胞内からヒスタミンなどの化学伝達物質が放出され，アレルギー性鼻炎などを引き起こす(図8.17)．さらに，人によっては蜂に刺された場合などに全身にわたって強いアレルギー反応が起き，呼吸困難や急激な血圧の低下が生じる場合もあり，これをアナフィラキシーとよぶ．このように，病気から身を守るための免疫機構が逆に体に害を与える場合もある．

図 8.17 IgE とマスト細胞

免疫グロブリンの一種である IgE は，花粉などのアレルギー物質が引き金となって，B細胞から放出され，マスト細胞の表面に結合する．この状態でさらに同じ抗原が IgE に結合すると，マスト細胞内部に含まれるヒスタミンなどの生理活性物質が脱顆粒によって放出され，アレルギー症状を引き起こす．

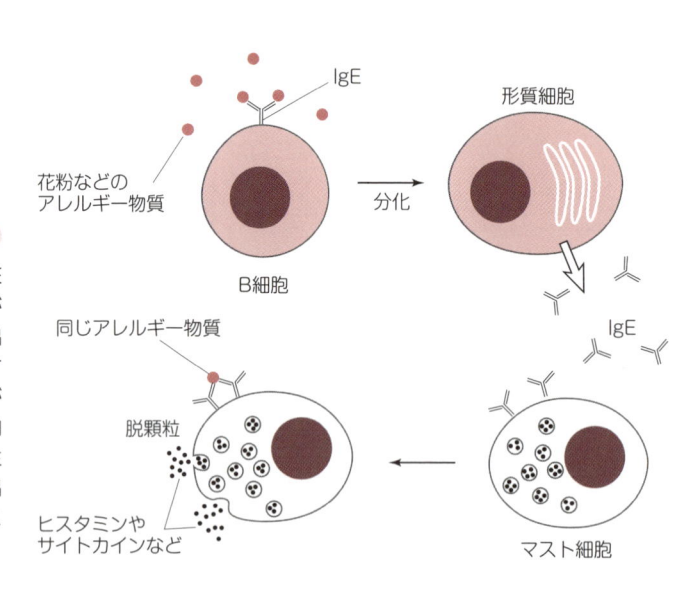

8.3.6 エイズ(AIDS)

これまでに述べてきたように，免疫機構は病気から身を守るために，さまざまな細胞や液性因子を用いて病原体から体を守っている．このような免疫機構の重要性は，**エイズ**(後天性免疫不全症候群，acquired immunodeficiency syndrome；**AIDS**)のような，免疫機構を破綻させてしまう疾患においてはっきりと示される．エイズはレトロウイルスの一種である**ヒト免疫不全ウイルス**(human immunodeficiency virus；**HIV**)によって引き起こされる病気である．

HIV は 2 本鎖 RNA をゲノムとしてもつウイルス(レトロウイルス)である(図 8.18)．この RNA をカプシドタンパク質が取り囲み，さらにその外側はエンベロープとよばれる脂質とタンパク質からなる膜に覆われている．エンベロープ表面からは gp120 とよばれるタンパク質が突きだし，このタン

レトロウイルス

RNA をゲノムとしてもち，逆転写酵素を用いてコピーした自分自身の cDNA を宿主のゲノム DNA に挿入することによって増殖するウイルス．

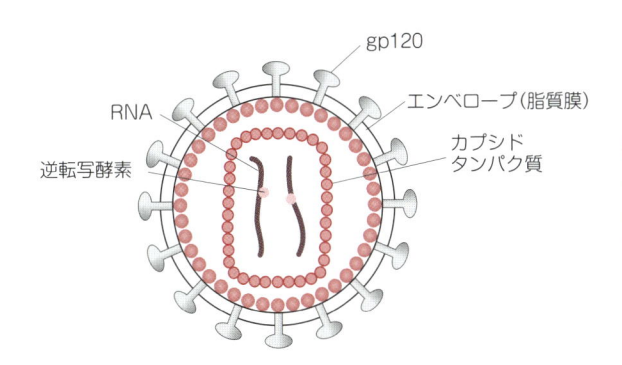

図 8.18　ヒト免疫不全ウイルス(HIV)の構造

HIV は，2 本鎖 RNA をゲノムとしてもち，その RNA を宿主内で DNA へ逆転写するための逆転写酵素をもっている．これらはカプシドタンパク質と，さらに外側のエンベロープに包まれており，エンベロープ表面には，標的細胞に結合するための gp120 という膜タンパク質が突きでている．

パク質が宿主細胞表面の受容体と結合する役割を果たしている．

HIV の標的は，ヘルパー T 細胞などの表面に存在する CD4 分子である．gp120 を介して CD4 分子と結合することにより，HIV はヘルパー T 細胞表面に結合する(**図 8.19**)．その後，ウイルスのエンベロープが細胞膜と融合することによって，内部のウイルス RNA やタンパク質が宿主細胞の細胞質へ放出される．このなかには，**逆転写酵素**(reverse transcriptase)とよばれる，RNA を鋳型として DNA を合成する酵素が含まれており，これを用いて HIV の RNA はいったん 1 本鎖 DNA に逆転写される．その後 2 本鎖 DNA が合成されるが，これは HIV 自身がもっている別の酵素であるインテ

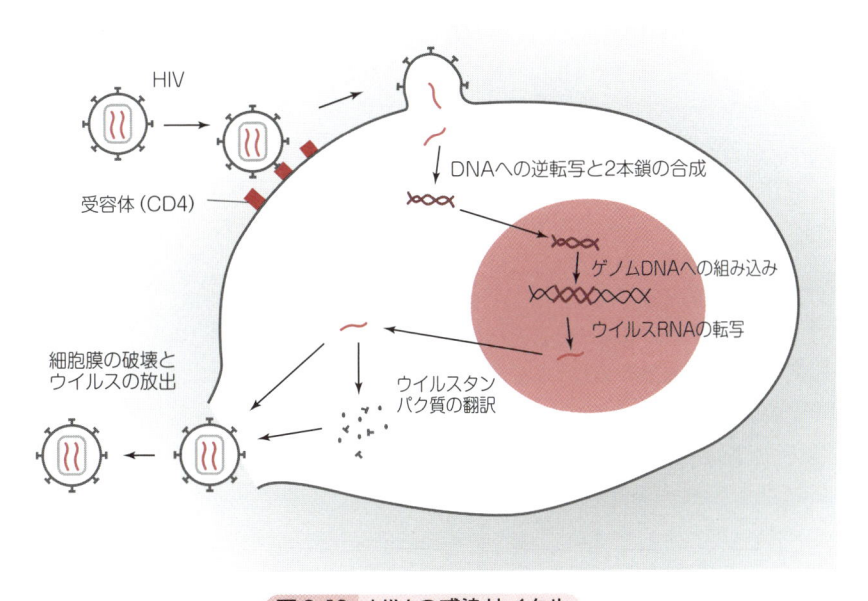

図 8.19　HIV の感染サイクル

HIV はヘルパー T 細胞などの表面に存在する CD4 分子を介して細胞に結合する．内部に放出されたゲノム RNA は，逆転写酵素によって 1 本鎖 DNA に逆転写され，さらに 2 本鎖になった後，宿主のゲノム DNA に挿入される．これをもとにウイルスの RNA とタンパク質が合成され，ウイルス粒子が形成されると，宿主細胞を破壊しながらでていく．

グラーゼにより宿主細胞のゲノムDNAに挿入される．この状態で，ウイルスRNAとタンパク質が宿主細胞の合成装置を使って合成され，できあがったウイルスの部品は自己集合し，ウイルス粒子を形成する．最終的に完成したウイルス粒子は，ヘルパーT細胞を破壊し，体内へとでていく．こうしてHIVによってヘルパーT細胞の数が減少していくと，T細胞が担っている獲得免疫機構が弱体化し，通常は病気をほとんど引き起こさないような病原体によってもさまざまな病気が発生する（日和見感染[*15]）．

このようなことからも，免疫機能，特にヘルパーT細胞が果たす役割がいかに重要であるかがわかるであろう．つまり，HIVは，免疫において中心的な役割をするリンパ球に直接攻撃を加えることによって，非常に治療が難しい病気を引き起こしているのである．

[*15] カリニ肺炎や，カポジ肉腫とよばれる悪性腫瘍などがある．

❖ 章末問題 ❖

8-1 ホルモンなどのシグナル分子に対する，細胞膜上の受容体の役割について説明せよ．

8-2 主なシグナル伝達様式として，パラクリン型とオートクリン型がある．両者の違いについて説明せよ．

8-3 ホルモンによるシグナル伝達機構と，神経伝達物質を介した神経系におけるシグナル伝達機構の違いについて説明せよ．

8-4 アドレナリン（エピネフリン）が肝臓細胞に作用すると，そのシグナルは肝臓細胞内で大幅に増幅され血糖値が上昇する．その際のシグナル増幅機構について簡潔に説明せよ．

8-5 細胞内シグナル伝達機構における二次メッセンジャーはどのような役割を果たしているか説明せよ．

8-6 細胞内シグナル伝達機構におけるGTP結合タンパク質の役割について説明せよ．

8-7 チロシンキナーゼ結合型受容体は酵素連結型受容体の一種である．ホルモンなどのシグナル分子がこの受容体に結合した際，チロシンキナーゼはどのように機能するか説明せよ．

8-8 視覚受容体タンパク質であるロドプシンが光の情報を神経細胞に伝達する仕組みについて説明せよ．

8-9 異なるB細胞は，それぞれ抗原への特異性が異なる抗体（免疫グロブリン）を産生する．このような抗原特異性は，免疫グロブリンのどの部位の違いによって生じるのかを図示して説明せよ．また，そのような特異性の違いを生みだす仕組みについて簡潔に説明せよ．

8-10 T細胞は，病原体が侵入した細胞や移植された細胞を認識して攻撃するが，生体内の自己成分も同時に認識することによって，正常な細胞を誤って攻撃することを回避している．どのようなメカニズムによって自己と非自己を認識しているのか説明せよ．

8-11 高等脊椎動物がもつ免疫機構のうち，自然免疫と獲得免疫の特徴について述べよ．

第9章
生物の進化と多様性

もし進化というものがなければ，現在の生物界は存在しないだろう．進化によって生物の多様性が生みだされたからこそ，生物は地球上のさまざまな環境に適応して，数十億年もの間，生きてきたのである．しかし最近では，人間の活動が原因で，多くの生物種の絶滅が危惧されており，生物多様性をいかに保っていくかが国際的な課題になっている．人間も地球の生態系の一部であり，さまざまな生物とのかかわりのなかで生きていかなければならない．生物の進化と，それによって生みだされてきた多様性について理解を深めることが，これからの人間社会の方向性を見いだすために重要な要素となるに違いない．

9.1 生物は進化する

　生物は，遺伝子に書き込まれたさまざまな情報を，状況に応じて必要なときに必要な場所で発現することによって，生命を維持している．地球上には現在，数百万種を超える生物種がいるが，それらがほぼ同じ遺伝物質と遺伝暗号を用いていることを考えれば，すべての生物は共通の祖先から分かれて進化してきたと考えるのが自然であろう．第1章で述べたように，その共通の祖先生物は，自己増殖に必要な最小限の物質を含んだ単純な形態をしていたものと考えられる．そのような単純な生物が，次第に遺伝子の数や種類を増やし，より複雑で多様な生物群に分かれていった原動力は何なのであろうか．

　「生物は進化する」という考えは，19世紀フランスの生物学者であるラマルク（J. Lamarck）によって提唱された．彼は，それまでに考えられていたように生物種は不変ではなく，時間とともに変化していくこと，また，そのような変化は，生物が環境に応じて必要な形質（特徴）を発達させるとともに，その形質が子孫に伝えられていった結果であると考えた．例えば，キリンの祖先は，本来首が短かったが，より高い木の葉を食べるように首を伸ばして

いた結果，徐々に首が長くなり(**用不用説**)，それが子孫に遺伝していったという考えである(**獲得形質の遺伝**)．これは一見ありそうに思われる考え方であるが，個体が生活のなかで獲得した身体的，行動的特性が遺伝子に刻み込まれ，さらにそれが子に遺伝するという現象は，現在の遺伝に関する知識と矛盾する．

それに対して，ダーウィン(C. Darwin)は「**自然選択**(natural selection)」が進化の原動力であると提唱した．これは，ある生物集団には，さまざまな形質に関する遺伝的多様性があり，そのなかで，より環境に適した形質をもつ個体が多くの子孫を残すことによって，特定の形質をもつ個体が集団中で増加するというものである．このような過程が何世代にも渡って続くと，より生存に有利な形質をもつ個体が集団中に次第に増加する．これが進化をもたらしたと考えられ，現在の進化論の基礎にもなっている．

一般に，進化によって種が分かれていく過程には，数千年〜数万年という長い時間が必要であると考えられているが，自然選択そのものは比較的短い期間でも観察される．有名な例として，19世紀のイギリスで工業化が急速に進むにつれて，工業地帯周辺のガ(オオシモフリエダシャク)の体色が明るい色から暗い色に変化した例(工業暗化)がある．工業地帯周辺では，木の幹が工場からの煤や煙で黒ずみ，そこにとまったガの体色が暗いものほど捕食者である鳥に見つかりにくいために，より目立たない暗い色のガが増加したものと考えられている．近年では，煤や煙が減ったため木の幹の色は元に戻り，逆に白いガの割合が急激に増加したことからも，この説が支持された．この場合に気をつけなくてはならないのは，白い色のガが黒い色に変化していったのではなく，もともとガの集団中には色の異なる変異体が存在しており，たまたま色が黒い個体に対する選択が作用したために，黒い色の個体数が集団内で増加していったということである．つまり，自然選択の考えは，もともと生物の集団に遺伝的変異が存在していることが前提とされている．

9.2　変異と進化 ──変異はどのように生じるか

第6章で見てきたように，通常の生物の遺伝子はDNAでできており，細胞分裂の際には，非常に正確に複製が行われ，遺伝情報が娘細胞へ伝えられていく．もし遺伝情報が誤って伝えられたら，その子孫(細胞)の重要な機能が大きく損なわれ，最悪の場合は生きていけない可能性がある．しかし，逆にまったく遺伝情報が変化せずに子孫に伝えられていったなら，生物の進化というものはあり得ず，現在のような多様な種は生まれなかったであろう．ダーウィンの進化論は自然選択を基礎としたものであり，そこでは生物集団内にあらかじめ存在する遺伝可能な「変異」というものが進化への大きな役

割を果たしていると考えられる．それでは，どのようにしてこのような変異が生みだされるのだろうか．

通常，突然変異は，遺伝情報の伝達過程で何らかの間違いが生じた結果として捉えられることが多いが，実は，そのように偶然に生じる遺伝情報の誤りを含め，生物は遺伝情報を積極的に変化させることによって進化してきたのである．ここでは，そのような遺伝情報の多様性を生みだす過程をいくつか見てみよう．

9.2.1 塩基の変化による突然変異

遺伝情報は決して不変ではなく，内的要因や外的要因によって，常に変化している．それは，遺伝情報を担っている核酸という物質が，その他の通常の生体物質と同様，さまざまな化学的および物理的変化を受けることによる．第6章で見てきたように，遺伝情報の最小単位は3個の核酸塩基からなるコドンである．このなかのたった一つの塩基が変化しても，その遺伝子がコードしているタンパク質のアミノ酸残基が変わってしまう場合がある．しかし，たとえアミノ酸残基が変化しても，もしその残基がタンパク質の活性や立体構造の維持にあまり重要でなければ，影響はほとんどないであろう．しかし，もしその残基が酵素タンパク質の触媒残基であったり，立体構造の安定化に重要な寄与をしたりする残基であった場合，そのタンパク質はすっかり機能を失ってしまう可能性もある．

実際に，自然の状態でも，そのように1個の塩基が突然変異することにより(**点突然変異**, point mutation)，1個のアミノ酸残基が置き換わって，タンパク質の機能や性質が大きく変化する例がしばしば見られる．たとえば，第4章で見てきた酸素運搬タンパク質であるヘモグロビンにおいて，β-グロビン中の6番目のアミノ酸がグルタミン酸(親水性で負電荷をもつ)から，バリン(疎水性)に変化するという突然変異が知られている．これは，ヘモグロビン遺伝子中のGAG(グルタミン酸のコドン)がGTG(バリンのコドン)に変化することによって生じる点突然変異である．そのような変異を含むヘモグロビン(ヘモグロビンS)は，酸素が結合していないデオキシヘモグロビンの状態で互いに会合しやすくなり，赤血球中で繊維状に沈殿を形成してしまう．その結果，ヘモグロビンSを含む赤血球は鎌状に変形し(図9.1)，毛細血管を通過するときに詰まったり，赤血球が壊れて貧血になったりする(**鎌状赤血球貧血**)．つまり，この病気はタンパク質中のたった1個のアミノ酸が突然変異により置き換わっただけで起こる病気なのである．

他の点突然変異の例として，第7章で見てきたようながん遺伝子がある．正常な細胞にもともと存在する原がん遺伝子にコードされるタンパク質中のアミノ酸残基が変異することによって機能が変化し，細胞をがん化させるこ

図9.1 正常赤血球と鎌状赤血球

ヘモグロビンSは低酸素状態で繊維状の沈殿を形成するため，赤血球が鎌状に変形する．

とがある．このようなアミノ酸残基の変異は，タンパク質をコードする遺伝子中の塩基配列の一部が変異したことによって生じる．塩基配列の変異の原因の一つには，DNA複製の際の間違いがある．

　DNAの2本鎖は複製される際に1本鎖に解離し，それぞれの鎖を鋳型にして新しい鎖が合成される．新しい鎖は，鋳型鎖の塩基配列と相補的なヌクレオチドを取り込むが，その際に誤ったヌクレオチドを取り込んでしまうことがある．そのような誤りの多くは，DNAポリメラーゼがもつ校正機能および別の修復酵素の働きによって修正される．その結果，DNAの複製の誤りの確率は，$10^{-9} \sim 10^{-10}$という非常に低いものとなっている．しかしながら，それでも数十億塩基対という長いゲノムでは，1回の複製で平均1個の誤りが生じる可能性がある．

　一方，核酸塩基は，紫外線による二量体化(例えばチミン二量体の形成)やさまざまな化学物質による脱アミノ化(図9.2)，アルキル化などの修飾も受けやすい．それらが正しい塩基対を形成できなくなったことによって生じるDNAの二重らせん構造のゆがみは，修復酵素によって多くは正しい塩基に戻される(図9.3)．しかしながら，このような修復過程においても低い確率ではあるが誤った塩基が残されてしまうこともあり，それらがDNAの変異として子孫に伝えられるのである．

修復酵素
DNA中の塩基配列の誤りや損傷を修復する酵素．DNAの2本鎖のうち片方が損傷した場合，それを直接元の状態に戻す「直接修復」と，損傷部分をまるごと切り取って，正常な方の鎖の情報をもとにDNAを合成しなおす「除去修復」がある．2本鎖の両方が損傷を受けた場合は，相同組換えによって修復されることがある．

図9.2 DNAに生じる構造変化

(a)チミン二量体．紫外線はピリミジン塩基，特にチミンの二量体形成を誘導する．(b)シトシンの脱アミノ化によりウラシルが生成する．

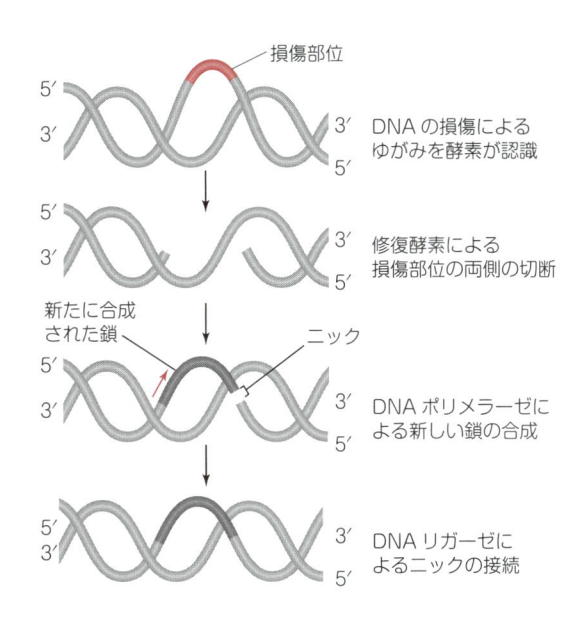

図9.3 修復酵素によるDNA修復の例
DNAの1本鎖が損傷すると，二重らせんのゆがみから修復酵素がそれを認識する．損傷部位の両側を酵素が切断し，取り除く．DNAポリメラーゼが相補鎖の情報をもとにDNAを合成し，最後にDNAリガーゼがつなぎ目（ニック）を接続する．

9.2.2 遺伝的組換え

塩基の変化による突然変異と並んで，減数分裂の際に生じる遺伝的組換えもまた，進化に関係する変異の大きな原因の一つである．第7章でも述べたように生殖細胞では，減数分裂の際に，交差によって遺伝子の**相同組換え**（homologous recombination）が起こる．これは相同染色体間の，配列が同一または類似した領域の間でDNAの乗換えが起こる現象で，これも遺伝的な多様性を生みだす原因の一つとなっている．例えば，減数分裂の第一分裂の際に相同染色体どうしが正確に並ばなかった場合，不均一な交差（不等交差）が起こる（図9.4）．その結果，子孫の細胞中に遺伝子が不均等に分配されることになり，変異の原因になる．また，このような相同組換えは相同染色体間だけではなく，ゲノムDNA上に存在する多数の反復配列領域の間でも起

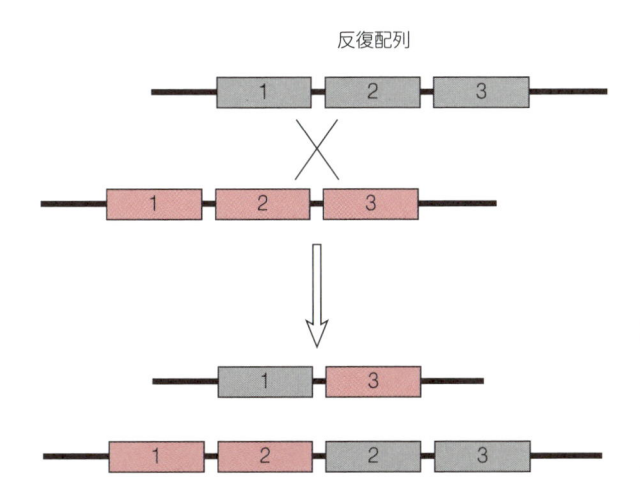

図9.4 相同組換えによる遺伝子の重複や欠失
ゲノム中には同じ配列が繰り返す反復配列（図中の四角）が存在する．2本の染色体が正確に並ばない状態で交差（染色体間の組換え）が起きると，片方の染色体は反復配列を多く取り込み，もう一方は少なくなる．

こりやすく，その際に，遺伝子の重複や欠失などが生じることもある．

9.2.3 動く遺伝子──トランスポゾン

変異を引き起こすもう一つの原因として，動く遺伝子(**トランスポゾン**, transposon)の作用があげられる．トランスポゾンは，1940年代にマクリントック(B. McClintock)によって，トウモロコシの実に斑(色素が抜けた部分)を生じさせる遺伝子として発見された．

トランスポゾンの配列には特徴があり，両末端にLTRとよばれる反復配列(特定の塩基配列の繰り返し)が互いに逆向きに存在しているものが多い．また，トランスポザーゼ(transposase)とよばれる酵素の遺伝子をその配列中に含んでおり，この酵素がトランスポゾン自体を複製したり，切りだしたりして，ゲノムの他の位置へ移動することを可能にしている(図9.5a)．トランスポゾンは，多くの生物で見つかっており，ゲノムのかなりの部分を占めている．トウモロコシでは，ゲノムの約50％の領域がトランスポゾン由来である．トランスポゾンはさまざまなゲノム領域に入り込み，多数の反復配列を形成する原因となるため，突然変異や遺伝的組換えの可能性を高める．

また，トランスポゾンの仲間には，いったんRNAに転写された後に，自分自身がコードする逆転写酵素を用いてcDNA(相補DNA)を合成し，それをゲノムへ挿入するタイプもある(図9.5b)．これは特にレトロポゾンやレトロトランスポゾンとよばれている．レトロポゾンはRNAへの転写を介して移動するため，もともとのレトロポゾンはその場所に残り，複製されたDNA配列がいろいろな場所に挿入される．その結果，ゲノム中に同じ配列が多数挿入されることになり，ゲノムのサイズを大きくする原因とも考えられている．また，このような複製機構は，HIVのようなレトロウイルス(第8章を参照)と類似していることから，レトロウイルスはもともとレトロポゾンから生じたのではないかとも考えられている．

> **トランスポゾン**
> 転移因子ともいう．「動く遺伝子」といってもトランスポゾン自体が運動するわけではなく，同じゲノムの中で，さまざまな場所にひとりでに移動する性質をもつ遺伝子という意味である．

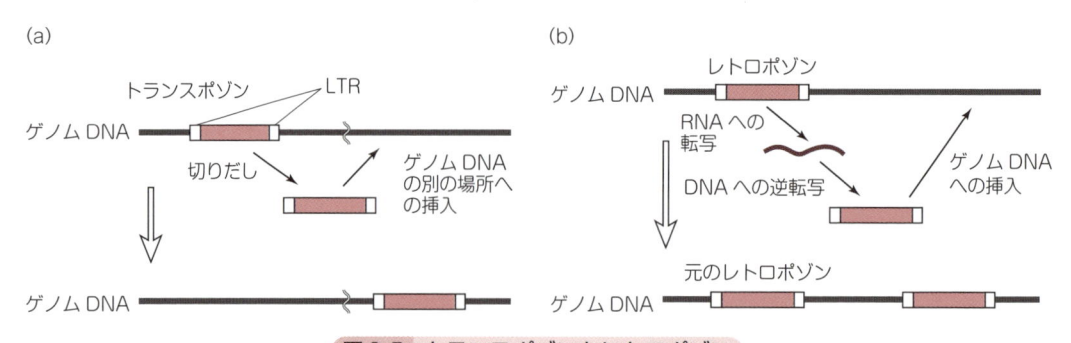

図9.5 トランスポゾンとレトロポゾン
(a)トランスポゾンは，両端に短い逆向き反復配列(LTR)をもち，トランスポザーゼによりこの部分で切りだされて他のDNA領域に挿入される．(b)レトロポゾンは，RNAへの転写とDNAへの逆転写を通じて自分自身のコピーをDNAの他の領域に挿入する．

9.2.4 変異と自然選択

突然変異や遺伝的組換えは，さまざまな内的および外的要因によって引き起こされ，遺伝的な多様性を生みだす原因となっている．自然選択によって進化が起こるためには，生物集団中に遺伝的な多様性がなければならない．突然変異や遺伝的組換えは，生物の進化に大きく寄与してきたと考えられる．

遺伝子に生じた突然変異は，それが生物の生存や増殖に有利なものである場合，自然選択によって集団中で広がり定着していく．自然選択によって生物が進化するうえで，突然変異や遺伝的組換えがもたらす遺伝的多様性の創出が非常に重要であることが示唆される．このようにして生じた変異は遺伝子に偶然に生じたものであり，生物が環境に適応するために遺伝子を変化させたのではない．遺伝的多様性をもつ生物集団中で，たまたま特定の変異をもつ個体が，その環境中でより多くの子孫を残すのに有利な形質を示した場合，その変異が集団中に広がり，ひいては進化の原動力となるのである．

9.3 分子進化と中立説

前節で述べたように，生物の遺伝子の変異は，それに対応するタンパク質のアミノ酸配列の違いとなって発現する．鎌状赤血球貧血の原因となるヘモグロビンSのように，変異の結果としてタンパク質の性質が大きく変わる場

Column

鎌状赤血球貧血とマラリアの意外な関係

鎌状赤血球貧血の原因となるヘモグロビンSの遺伝子をもつ人は，アフリカの赤道地域に多く見られる．この地域はマラリアの発生が多い地域でもあり，実はマラリアに対する適応によって，この変異型遺伝子が集団内に保持されてきたのではないかと考えられている．

マラリアは，蚊（ハマダラカ）によって媒介される．マラリア原虫を体内にもつ蚊に刺されると，血液内に入った原虫がヒトの赤血球に寄生し，赤血球を破壊するとともに貧血や高熱を引き起こす．重症化すると死に至ることもある病気である．しかし，マラリア原虫が赤血球内で増殖すると，赤血球内のpHが低下するため，ボーア効果（4.1を参照）によりデオキシヘモグロビンが多くなり，ヘモグロビンSは繊維状の沈殿を形成する．それにともなって，赤血球の形態も柔軟性のない鎌状となり，血液中から除去されやすくなる．これがマラリアへの耐性を増加させることにつながっている．

鎌状赤血球貧血の原因となるヘモグロビンSの遺伝子の場合，これを2コピーもつ（変異遺伝子を2コピーもつ）ホモ接合体の場合は致死的であるが，1コピーのみのヘテロ接合体の場合（正常遺伝子と変異遺伝子を1コピーずつもつ場合）には，貧血は発症しないうえにマラリア感染に対する抵抗性が増し，生存に有利になる．このため，特にアフリカの赤道地域一帯に住む人びとに，ヘモグロビン変異遺伝子の保有者が多いと考えられている．

*1 日本の国立遺伝学研究所の木村資生によって、1968年に発表された.

遺伝的浮動
偶然の過程によって引き起こされる、生物集団内での遺伝子の変動のこと. 比較的小さな集団のなかで起きやすい. 例えば大きな気候変動や災害などで、ある生物集団の個体数が著しく減少し、その集団内における遺伝的な特徴が大きく偏ってしまう場合(ボトルネック効果)などがあげられる.

合，それが生物個体の生存に有利であれば，その変異は自然選択を経て集団中に定着していく可能性が高い．しかしながら，そのような個体の生存や増殖への影響がない場合でも変異は常に起こっているのであり，個体にとって有利でも不利でもない中立的な変異が，進化の過程に大きな影響を与えているという説がある．分子進化の「**中立説**(neutral theory)」[*1]とよばれるものである．この説では，突然変異の多くは，生物の表現型には影響を与えず，"遺伝的浮動"とよばれるさまざまな偶然の過程によって集団内に広まっていると述べている．例えば，酵素などの特定のタンパク質をコードする遺伝子一つをとっても，そのなかには，酵素の機能(触媒活性や基質認識)を保つために重要な部分と，機能にはあまり関係のない部分がある．後者に起こる変異は，その酵素の機能にはほとんど変化を与えない「中立的変異」であるため，自然選択による選択を受けない．ゲノム全体を考えても，個体の生存や増殖に直接関与していない領域は非常に多く，このような領域における中立的な変異が進化のなかで大きな部分を占めている可能性は十分考えられる．中立的な変異が積み重なった結果，遺伝子の多様性が集団内で蓄積され，表現型としてタンパク質のアミノ酸配列の違いを生じる．その結果，異なる表現型をもつ生物が現れ，自然選択に基づく生物の進化が起こったと考えられる．

遺伝子に生じる変異の多くが中立的であることを利用して，生物種間の関係や進化がどのように進んでいったのかを調べることができる．進化による枝分かれの具合を示すのに，多くの場合は進化系統樹を作成する(図9.6).

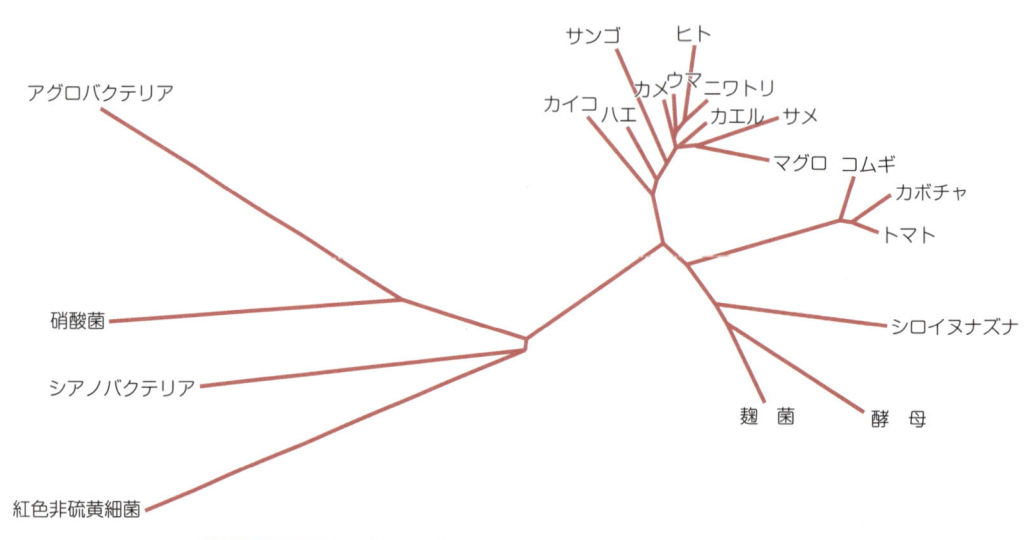

図9.6 タンパク質のアミノ酸配列をもとに作成した進化系統樹
外観などの特徴ではなく、共通してもっているタンパク質のアミノ酸配列がどれくらい一致しているかを比べることで、進化系統樹を作成することができる. この系統樹は、電子伝達系に関係するタンパク質であるシトクロム c (5.2.6を参照)のアミノ酸配列の情報をもとに作成した.

これは，ある特定の遺伝子の塩基配列やタンパク質のアミノ酸配列の相同性（どれくらい同一であるか）をもとにしており，塩基配列やアミノ酸配列が似ているものほど，枝の間の距離が短くなるように描かれている．これは本来，祖先遺伝子中では同一の配列であったものが，一定の速度で突然変異が生じることにより遺伝子の塩基配列が変わっていったことを示しており，そのタンパク質の機能が損なわれることがない範囲で中立的な変異が蓄積した結果であるといえる．特定の遺伝子やタンパク質の配列は，一定の速度で変化することも知られており，それぞれの生物が進化の過程で分岐した年代を分子の比較から推定することが可能である．これは「**分子時計**（molecular clock）」とよばれている．

近年では，さまざまな生物のゲノム解析が進み，膨大な量の遺伝情報が蓄積されてきた．今後，ますます多くの生物の進化が分子レベルで明らかになっていくだろう．

分子時計
異なる種間で特定の遺伝子の塩基配列やタンパク質のアミノ酸配列を比較した場合，より昔に分かれた種どうしの方が違いがより大きくなる．これをもとに，種が分岐した年代を推定する方法．

❖ 章末問題 ❖

9-1 ダーウィンの考えをもとに，現在受け入れられている進化に対する考え方を，「変異」と「自然選択」という言葉を用いて説明せよ．

9-2 突然変異を引き起こす原因を複数挙げて，それぞれ遺伝子にどのような変化をもたらすのかを説明せよ．

9-3 ヘモグロビンSの性質の変化は，アミノ酸残基がグルタミン酸からバリンへ変異したことが原因である．それでは，このような性質の変化を引き起こしにくいアミノ酸の変異の組合せには，どのようなものが考えられるか述べよ．

9-4 分子進化の中立説について，ダーウィンの進化論と比して説明せよ．

9-5 分子時計とは何か説明せよ．

■本書で示したタンパク質や核酸の立体構造は，Protein Data Bank(PDB)に公開されているデータを元に作成した．PDBコードを以下に示す．

図 1.2 (b)：423D，図 1.3 (b)：1GRZ，図 1.4：3I8F，図 2.8 (b)：2Z48，図 2.9：1HCJ，図 2.10：1HCJ，図 2.11：1HCJ，図 2.12 (a)：1NWQ，図 2.12 (b)：1AAY，図 2.14 リゾチーム：1HEW，コンカナバリンA：3ENR，バクテリオロドプシン：1UCQ，コレラ毒素：1CHP，図 2.15：1PKN，図 2.16：1NQP，図 2.23 (b)：1EHZ，図 4.1：1MWD，図 4.3 ヘモグロビン：1NQP，ミオグロビン：1MWD，図 4.11 (a)：1L2L，図 4.11 (b)：1GC5，図 4.11 (c)：1UA4，図 4.18 (a)：1DFL，図 6.14 (b)：1TTT，図 8.9：1IGT，図 8.15 (b)：1HHK

索引

【A-Z】

ABO式血液型	54
ADP	90
AIDS	176
AMP	91
ATP	78, 90
──合成	98
──シンターゼ	98, 99, 103
A部位	129
bp	35
B細胞	169
cAMP	158
CO	158
CoA	78
CoQ_{10}	64
C末端	24
DNA	3, 33, 107
──の塩基配列決定	115
──ヘリカーゼ	110
──ポリメラーゼ	110
──リガーゼ	114
dsDNA	35
ER	15
ES細胞	128
E部位	129
FAD	78
Fas受容体	146
FMN	78
G_1期	135
G_2期	135
GFP	28
Gタンパク質	161
──共役型受容体	161
HIV	149, 176
IgE	176
IgG	170
iPS細胞	128
K_m	80
lacオペロン	123
LTR	184
MHC	174
mRNA	118
M期	134
Na^+-K^+ポンプ	161
Na^+チャンネル	161
NAD	78, 91
NADP	78, 91
NK細胞	169
NMR	72
NO	158
N-アセチルガラクトサミン	46
N-アセチルグルコサミン	46
N-アセチルノイラミン酸	47
N-グリカン	53
N末端	24
O-グルカン	54
O結合型糖鎖	54
p53遺伝子	153
PCR	116
pK_a	22
PSI	101
PSII	101
P部位	129
Q	91
Rb遺伝子	153
RNA	37
──ポリメラーゼ	118
──ワールド説	5
RNAi	122
RNA干渉	122
rRNA	4, 37, 118
Rubisco	103
SDS	33
SSB	114
ssDNA	35
S期	135
TCA回路	96
TCR	174
tRNA	37, 118
T細胞	169
──受容体	174
UV	152
X線結晶構造解析	72

【あ】

アキシアル	44
アクチベータ	123
アクチン	82
──繊維	84
アゴニスト	157
L-アスコルビン酸	47
アスパラギン結合型糖鎖	53
アセチルCoA	95
アデニン	33
アデノシン一リン酸	91
アデノシン二リン酸	90
アデノシン三リン酸	90
アドレナリン	163
アナフィラキシー	176
アノマー	43
──炭素	43
油(脂)	57
アフラトキシン	151
アポトーシス	145, 146
アミノアシルtRNA	127
──シンテターゼ	128
アミノ酸	19, 20
──配列	24
アミノ糖	46
アミノ末端	24

索引

4-アミノ酪酸	22	インターフェロン	161	開始コドン	126
アミラーゼ	50	インテグラーゼ	177	解糖系	92
アミロース	49	イントロン	125	外胚葉	140
アミロペクチン	49	ウイルス	8,149	界面活性剤	33
アラキドン酸	65	ウーズ	7	解離定数	22
アラビノース	42	ウラシル	37	カオトロピック試薬	32
アルジトール	46	ウロン酸	45	化学合成細菌	11
アルドース	40	エイコサノイド	64	化学発がん物質	150
アルトマン	4	エイズ	149,176	鍵と鍵穴説	76
アルドン酸	45	エイムズ試験	150	核	15
α-トコフェロール	64	エキソサイトーシス	14	核酸	33
αヘリックス構造	26	エキソヌクレアーゼ	112	核磁気共鳴	72
アレルギー	176	エキソン	125	獲得形質の遺伝	180
アロステリック		液性免疫	170	獲得免疫	169
――効果	74	液胞	17	核膜孔	15
――酵素	32,74,81,94	エクアトリアル	44	学名	7
――制御	81	エストロゲン	63	加水分解酵素	24
アンタゴニスト	157	エタノール発酵	95	カスパーゼ	146
アンチコドン	128	エドマン分解法	25	――カスケード	146
アンドロゲン	63	エピネフリン	163	活性化エネルギー	75
暗反応	101	エピマー	42	滑面小胞体	15
イオン化放射線	152	塩基対	34,35	果糖	43
イオン結合	29	エンザイム	4	カプシド	8
イオンチャンネル型受容体	161	エンドウマメ	6	可変領域	170
異化反応	89	エンドサイトーシス	14,18	鎌状赤血球貧血	181,185
イス型	44	エンドソーム	18	ガラクトース	42
イソプレノイド	64	エンベロープ	8	顆粒白血球	168
イソプレン	64	横紋筋	82	カルビン回路	103
一次構造	24	岡崎フラグメント	111	カルボキシ末端	24
――決定法	24	オーガナイザー	142	がん	55,146,147
一卵性双生児	154	オプシン	166	――遺伝子	152
一倍体	138	オプソニン作用	170	――関連遺伝子	152
一酸化炭素(CO)	158	オープンリーディングフレーム	127	――原遺伝子	152
一酸化窒素(NO)	158	オペレーター	123	――腫	148
1本鎖結合タンパク質	114	オペロン	123	――の原因	149
遺伝	107	オリゴペプチド	23	――の発生率	148
――暗号	126	オルガネラ	7,14	――抑制遺伝子	153
――的組換え	140	オルニチン	22	感覚	164
――的浮動	186	オワンクラゲ	28	間期	134
遺伝子	107			ガングリオシド	62
ε-N-アセチルリジン	20	【か】		還元末端	48
インシュリン	24,158	開始因子	130	環状 AMP	158

桿体	165
キアズマ	140
記憶細胞	171
基質	75
──特異性	75
キシリトール	46
キシロース	42
キチン	51
キネシン	87
木村資生	186
逆転写酵素	177
ギャップ遺伝子	143
ギャップ結合	160
キャップ構造	125
嗅覚	164
共生細菌	16
鏡像異性体	20
協同性	73
共鳴混成体	24
共役反応	91
キラーT細胞	173
キラル炭素	40
筋原繊維	82
筋肉	82
グアニン	33
クエン酸回路	96
グラナ	101
グランザイム	174
グリコーゲン	50
グリコサミノグリカン	51
グリコシド	47
──結合	47
グリコシル化	53
グリコバイオロジー	39
グリセルアルデヒド	40
グリセロリン脂質	60
クリック	34
グルココルチコイド	63
グルコース	42, 44
グルタチオン	24
グロビン	69
クロマチン	34
クロロフィル	101
クロロプラスト	101
クローン	154
──選択	171
──動物	154
蛍光顕微鏡	13
形質細胞	171
形質膜	12
形成体	142
系統樹	7
ケトース	40
ゲノム	9, 107
限界デキストリン	50
原核細胞	10
原核生物	10
原がん遺伝子	152
減数分裂	137
原腸形成	141
ケンドルー	69
原発腫瘍	148
顕微鏡	13
コイルド-コイル	29
高エネルギーリン酸結合	90
光化学系Ⅰ	101
光化学系Ⅱ	101
光学顕微鏡	13
工業暗化	180
光合成	17, 100
──細菌	11
交差	139
酵素	75
──の分類	77
──連結型受容体	160
高速液体クロマトグラフィー	25
抗体	169
好中球	168
後天性免疫不全症候群	176
古細菌	7
コドン	126
ゴルジ装置	16
ゴルジ体	15
コレステロール	12, 63
コンセンサス配列	120
コンフォメーション	72

【さ】

再生	32
最適pH	79
サイトカイン	161
サイトゾル	15
細胞	2, 10
──外基質	51
──外マトリックス	51
──骨格	17, 82, 84
──死	145
──周期	133
──小器官	7, 14
──性免疫	169, 173
──内シグナル伝達機構	157
──板	137
──分裂	136
──壁	15, 51
──膜	14
細胞質	15
──ゾル	15
──分裂	137
サブユニット	31
サラダ油	58
サルコメア	82
サンガー	115
サンガー法	115
三次構造	29
三炭糖	40
酸素	
──運搬タンパク質	67
──分圧	71
──飽和度	71
三量体	32
三量体型Gタンパク質	162
三連塩基	126
シアノバクテリア	11, 103
シアル酸	47, 56
ジェンナー	172
紫外線	152

索引

視覚	165	ショウジョウバエ	144	セレブロシド	62
シークエンサー	116	小胞体	15	遷移状態	75
軸索	86	食細胞	168	染色体	34
シグナル分子	157	食作用	170	選択的スプライシング	125
シグモイド曲線	71	触媒	75	セントラルドグマ	4,108
自己と非自己	167	女性ホルモン	63	線虫	122,145
自己複製能	3	ショ糖	48	繊毛	85
自己免疫疾患	175	進化	5,179	桑実胚	140
脂質	56	真核細胞	10	相同組換え	183
──二重層	12	真核生物	7,10	相同染色体	139
ジスルフィド結合	29	進化系統樹	186	相補的	34
自然選択	5,180	ジンクフィンガー	29	疎水性	12
自然免疫	167	神経伝達物質	159	──相互作用	29
質量分析装置	26	親水性	12	粗面小胞体	15
2′,3′-ジデオキシヌクレオシド三リン酸		真正細菌	7		
	116	新生物	147	【た】	
ジデオキシ法	115	伸長因子	131	ダーウィン	5,180
至適pH	79	水素結合	29,34	体細胞DNA再構成	172
シトクロム c	99	錐体	165	体細胞分裂	136
シトクロムP-450酸化酵素	150	スクロース	48	胎児	140
シトシン	33	スタール	109	代謝	89
シトルリン	22	ステロイド	63	ダイニン	87
シナプス	159	──ホルモン	63	多剤耐性	153
ジヒドロキシアセトン	40	ステロール	63	多細胞生物	10
脂肪細胞	60	ストロマ	101	多糖	49
脂肪酸	57,104	──チラコイド	101	単球	168
姉妹染色体分体	139	スフィンゴ脂質	61	単細胞生物	10
下村脩	28	スフィンゴミエリン	61	炭水化物	39
シャイン・ダルガーノ配列	130	スプライシング	125	男性ホルモン	63
終結因子	131	滑り込み運動	83	ターン構造	28
終止コドン	126	制がん剤	153	単糖	40
収縮環	137	生殖	137	タンパク質	19
従属栄養生物	89	生成物	75	──の立体構造	72
修復酵素	182	性腺刺激ホルモン放出ホルモン	24	チェック	4
主溝	36	生体触媒	75	チオール基	29
樹状細胞	169	生体膜	12	チミン	33
受精	138	正の協同性	73	──二量体	182
シュペーマン	142	生命の起源	1	中間径繊維	86
腫瘍	147	赤緑色盲	167	中性脂肪	59
──マーカー	55	セグメントポラリティ遺伝子	143	中胚葉	141
主要組織適合性複合体	174	セルラーゼ	51	中立説	185
受容体	157	セルロース	50	チューブリン	85

索引

超二次構造	29
チラコイド	101
チロシンキナーゼ結合型受容体	160
デオキシ糖	46
デオキシリボ核酸	3, 33
D-デオキシリボース	33, 46
鉄-硫黄クラスター	78
転移	147
転移RNA	118
電子顕微鏡	13
電子伝達	98
――複合体	98
転写	108, 118
――因子	29
――後修復	124
――後プロセシング	124
点突然変異	181
天然変性タンパク質	76
デンプン	49
糖アルコール	46
同化反応	89
糖鎖	39
――抗原	54
――生物学	39
――のプロセシング	53
糖質	39
糖修飾	53
糖新生	92, 95
糖タンパク質	53
特異性	75
特殊アミノ酸	20
独立栄養生物	89
突然変異	6, 181
ドデシル硫酸ナトリウム	33
利根川進	172
ドメイン（生物の分類）	7
ドメイン（タンパク質）	31
トランス脂肪酸	59
トランスファーRNA	37
トランスポザーゼ	184
トランスポゾン	184
トランスロケーション	131

トリアシルグリセロール	59
ドリー	155
トリオース	40
トリカルボン酸回路	96
トリグリセリド	59
トレハロース	49
トロポニン	83
トロポミオシン	83

【な】

内胚葉	141
ナチュラルキラー細胞	169
ナノス	142
二価染色体	139
肉腫	148
ニコチンアミドアデニンジヌクレオチド	91
ニコチンアミドアデニンジヌクレオチドリン酸	91
二次構造	26
二次胚	142
二次メッセンジャー	158, 160
二重らせん	34
ニックトランスレーション	114
二糖	48
二倍体	138
二名法	6
乳酸発酵	95
乳糖	48
二量体	32
ニーレンバーグ	126
ヌクレオシド	34
ヌクレオチド	33
ネクローシス	146
濃色効果	36

【は】

胚	140
配偶子	138
配糖体	47
麦芽糖	48
バクテリア	7

バクテリオファージ	8
ハース式	43
バソプレッシン	24
バター	58
発がんイニシエーター	152
発がん物質	150
発がんプロモーター	152
白血球	168
白血病	148
発酵	95
発生	140
パーフォリン	174
パンスペルミア説	2
反応速度論	79
反応特異性	76
反復配列	184
半不連続複製	110
半保存的複製	109
ヒアルロン酸	52
皮下脂肪	60
非還元末端	48
ビコイド	142
微小管	85
微生物	10
ビタミン	78
――A	64
――C	47
――D	63
――E	64
――K	64
ピッチ	26
ヒトゲノム計画	33
ヒト腫瘍ウイルス	149
ヒト免疫不全ウイルス	149, 176
4-ヒドロキシプロリン	20
皮膚がん	152
肥満細胞	176
日和見感染	178
ピラノース	43
ピラン	43
ピリミジン	33
ピルビン酸	94

索引

ファンデルワールス力	29	ペクチン	45	ホスホジエステル結合	34
フィッシャー	76	β-N-グリコシド結合	34	ホスホフルクトキナーゼ	93
フィードバック阻害	93	β-カロテン	64	ホスホリパーゼ	60
フィロキノン	64	β酸化	104	ホスホリラーゼ	50
フェニルイソチオシアネート	25	βシート構造	27	ボート型	44
フェーリング反応	45	βターン構造	28	ホメオティック変異	144
複合糖質	52	βバレル	29	ホメオドメイン	144
複製	108, 109	ヘテログリカン	49	ホメオボックス	144
半不連続──	110	ヘテロ多糖	49	──遺伝子	143, 144
半保存的──	109	ヘテロ二量体	32	ホモグリカン	49
──起点	110	ヘパリン	52	ホモ多糖	49
──フォーク	110	ペプチジル tRNA	128	ホモ二量体	32
L-フコース	46	ペプチジルトランスフェラーゼ	129	ポリペプチド	23
不斉炭素	40	ペプチド	23	ポリメラーゼ連鎖反応	116
双子	154	──グリカン	52	ポルフィリン	69
フック	13	──結合	23	ホルボールエステル	152
副溝	36	──ホルモン	24	ホルモン	158
不等交差	183	ヘミセルロース	51	翻訳	108, 125
不飽和脂肪酸	58	ヘム	68	──後修飾	15
プライマー	112	ヘモグロビン	32, 68		
プライマーゼ	112	──S	181	**【ま】**	
フラジェリン	86	ヘリックス-ターン-ヘリックス	29	マイナーグループ	36
ブラストキノン	102	ペルオキシソーム	17	マクリントック	184
プラスマローゲン	60	ペルツ	69	マクロファージ	168
フラノース	43	ヘルパーT細胞	173	マスト細胞	176
フラン	43	変異	180	マッタイ	126
プリン	33	──原性	150	マラリア	185
フルクトース	43	変性	32	マリス	116
プログラム細胞死	146	ベンツピレン	151	マルターゼ	50
プロスタグランジン	158	鞭毛	86	マルトース	48
プロテアーゼ	24	ボーア効果	74	マンゴルド	142
プロテインワールド説	5	補因子	77	マンノース	42
プロテオグリカン	52	放射線	152	ミエリン鞘	62
プロトン濃度勾配	98, 103	紡錘体	85, 136	ミオグロビン	68
プロモーター	120	胞胚	140	ミオシン	82, 87
分化	140	飽和脂肪酸	58	ミカエリス定数	80
──全能性	155	補欠分子族	69	ミカエリス・メンテンの式	80
分子進化	185	補酵素	78, 90	味覚	164
分子時計	187	──A	78, 104	ミトコンドリア	16, 98
分類	6	──Q	64	ミネラルコルチコイド	63
分裂期	134	ポストゲノム	33	ミラー	2
ペア・ルール遺伝子	143	ホスホグリセリド	60	無性生殖	137

ムチン型糖鎖	54	ユーリー	2	——タンパク質	4
明反応	101	用不用説	180	リポ多糖	169
メジャーグルーブ	36	葉緑素	101	両性イオン	22
メセルソン	109	葉緑体	16, 17, 101	良性腫瘍	147
メッセンジャー RNA	118	——ATP シンターゼ	103	緑色蛍光タンパク質	28, 29
メナキノン	64	四次構造	31	リン酸無水物結合	90
免疫	167	読み枠	127	リン脂質	12
——寛容	175	四量体	32	リンネ	6
——記憶	171			リンパ球	169
——グロブリン	170	**【ら】**		ルビスコ	103
メンデル	5, 6	ラギング鎖	111	レチナール	64, 166
——の法則	5, 6	ラクトース	48	レチノイン酸	64
モータータンパク質	82, 86	ラマルク	179	レチノール	64
モチーフ	29	ラン藻	11	レトロウイルス	176
モルフォゲン	142	リガンド	157	レトロポゾン	184
		リソソーム	18	ロイシンジッパー	29
【や】		立体特異性	76	ロドプシン	166
融解温度	36	リーディング鎖	111		
有糸分裂	136	リプレッサー	123	**【わ】**	
有性生殖	137	リボ核酸	37	ワクチン	172
誘導適合	76	リボザイム	4, 37	ワトソン	34
誘導物質	124	D-リボース	33, 37, 42	卵割	140
ユビキノール	91	リボソーム	4, 129		
ユビキノン	64, 78, 91	——RNA	4, 37, 118		

● 編著者略歴

畠山　智充（はたけやま　ともみつ）

1959年熊本県生まれ．1981年九州大学卒業．1986年九州大学大学院農学研究科博士課程修了．現在，長崎大学大学院工学研究科教授．農学博士（九州大学）．専門は，生化学，タンパク質科学．

小田　達也（おだ　たつや）

1954年静岡県生まれ．1976年静岡大学卒業．1981年九州大学大学院農学研究科博士課程修了．現在，長崎大学大学院水産・環境科学総合研究科教授．農学博士（九州大学）．専門は，海洋生化学．

はじめて学ぶ 生命科学の基礎

2011年3月20日　第1版　第1刷　発行
2025年2月10日　　　　　第14刷　発行

編著者　畠山　智充
　　　　小田　達也
発行者　曽根　良介
発行所　㈱化学同人

〒600-8074　京都市下京区仏光寺通柳馬場西入ル
編　集　部　TEL 075-352-3711　FAX 075-352-0371
企画販売部　TEL 075-352-3373　FAX 075-351-8301
　　　　　　振　替　01010-7-5702
e-mail　webmaster@kagakudojin.co.jp
URL　https://www.kagakudojin.co.jp
印刷　創栄図書印刷㈱
製本　藤原製本㈱

検印廃止

JCOPY〈出版者著作権管理機構委託出版物〉
本書の無断複写は著作権法上での例外を除き禁じられています．複写される場合は，そのつど事前に，出版者著作権管理機構（電話 03-5244-5088，FAX 03-5244-5089，e-mail: info@jcopy.or.jp）の許諾を得てください．

本書のコピー，スキャン，デジタル化などの無断複製は著作権法上での例外を除き禁じられています．本書を代行業者などの第三者に依頼してスキャンやデジタル化することは，たとえ個人や家庭内の利用でも著作権法違反です．

無断転載・複製を禁ず

Printed in Japan　© T. Hatakeyama & T. Oda 2011　　ISBN978-4-7598-1454-5
乱丁・落丁本は送料小社負担にてお取りかえします．